高等学校土木类专业应用型本科系列教材

道路勘察设计

主 编 沈 璐 吴成智 王 东

中国水利水电出版社
www.waterpub.com.cn
·北京·

内 容 提 要

本教材结合现行道路工程相关的标准、规范，系统讲解了公路、城市道路、风电场道路勘测设计的基本理论与方法，结合我国新能源发展建设需求，介绍了风电场道路勘测设计的最新规范和内容，介绍了航测辅助选线等先进技术手段。

本教材根据土木工程专业应用型本科人才培养的特点及需求编写，可作为高等学校土木工程专业道路与桥梁工程方向、道路桥梁与渡河工程等专业本科生教学用书，也可供从事公路、风电场道路、城市道路等专业的设计、施工、管理和科研等工程技术人员参考。

图书在版编目（CIP）数据

道路勘察设计 / 沈璐，吴成智，王东主编. -- 北京 : 中国水利水电出版社，2025. 2. -- (高等学校土木类专业应用型本科系列教材). -- ISBN 978-7-5226-3310-7

Ⅰ. U412.22

中国国家版本馆CIP数据核字第2025LQ8340号

书　名	高等学校土木类专业应用型本科系列教材 **道路勘察设计** DAOLU KANCHA SHEJI
作　者	主编　沈　璐　吴成智　王　东
出版发行	中国水利水电出版社 （北京市海淀区玉渊潭南路1号D座　100038） 网址：www. waterpub. com. cn E-mail：sales@mwr. gov. cn 电话：(010) 68545888（营销中心）
经　售	北京科水图书销售有限公司 电话：(010) 68545874、63202643 全国各地新华书店和相关出版物销售网点
排　版	中国水利水电出版社微机排版中心
印　刷	天津嘉恒印务有限公司
规　格	184mm×260mm　16开本　14印张　341千字
版　次	2025年2月第1版　2025年2月第1次印刷
印　数	0001—2000册
定　价	**42.00**元

《道路勘察设计》
编委会

主　编　沈　璐　吴成智　王　东

副主编　刘佳音　门　妮　郑　明

参　编　王煜东　邹　涛　张清芳　洪鹤轩

前 言

本教材是根据土木工程专业应用型本科人才培养的特点及需求编写的，是辽宁省本科高校向应用型转变试点示范专业——大连海洋大学土木工程专业应用型本科教学改革研究成果。应用型本科人才的显著特征在于运用知识去解决实际问题，因此需要具备足够的理论基础和专业素养。本教材针对土木工程专业应用型本科对道路勘察设计相关知识和能力的培养要求，一方面侧重构建道路勘察设计的知识体系和框架，另一方面注重对道路勘察设计相关的工程技术规范进行梳理和应用讲解。本教材在工程技术规范的应用理解方面设置了较大的篇幅，并且借鉴了注册土木工程师（道路工程）考试的相关考题，旨在让学生进一步理解工程技术规范的应用，从而服务于土木工程专业应用型本科人才的培养，这是本教材特色之一。

本教材的另一特色是对风电场道路设计进行了专门介绍和讲解。风电场道路是服务于风电场工程建设的基础设施，与普通公路、城市道路相比，风电场道路设计具有不同的特点和技术指标参数。近年来，风电场建设项目日益增多，对风电场道路设计人才的需求也日益增强，但目前国内缺乏介绍风电场道路设计相关知识的教材。本教材为大连海洋大学与中国电建集团北京勘察设计研究院有限公司联合编写的校企合作教材，应用性、实用性强，可作为高等学校土木工程类专业应用型本科教材，也可作为高职院校土木工程专业教材、还可作为注册土木工程师（道路工程）考试参考用书和相关企业培训用书。

本教材分上下两篇，共十章，第一章由大连海洋大学沈璐、青岛工学院张清芳编写，第二、三、六章由大连海洋大学门妮编写，第四、五章由大连海洋大学刘佳音编写，第七、八章由大连海洋大学郑明编写，第九章由中国电建集团北京勘测设计研究院有限公司吴成智、中国三峡新能源（集团）股份有限公司王东、中国电力工程顾问集团东北电力设计院有限公司王煜东编写，第十章由王煜东、苏州科技大学天平学院洪鹤轩、无锡市锡山区厚桥水利管理站邹涛编写。本书的编写还得到了大连海洋大学卢珊老师及研究生尹富坤、蔡浚璟、钟钰、张李唯、兰锦涛、于添翼、刘宏通、王仙、张婉军、张超凡、李先河、冯鑫雨、杨宸、林仲勇、张君平、盛寒冰的支持和帮助。全书由沈璐、吴成智、王东组织和规划，编写团队经过反复讨论、修改及相互校核后，由沈璐统稿。

本书的出版得到中国电建集团北京勘测设计研究院有限公司、大连海洋大学校级规划教材建设项目、大连海洋大学辽宁省大学生校外实践教育基地建设项目的资助，在此谨向相关专家和单位表示诚挚的感谢！

由于编者水平和能力有限，书中难免有疏漏之处，敬请读者指正以便进一步修正补充。

编者

2024 年秋于大连

目　录

前言

上篇　道路勘察设计基本理论

下篇　风电场道路工程研究与实践

上　篇

道路勘察设计基本理论

第一章　道路勘察设计的一般要求

【本章要点】本章介绍了道路功能分类与道路分级；设计车辆、设计速度、设计年限等相关概念；公路和城市道路交通量、通行能力与服务水平的基本规定，交通量、通行能力、服务水平等相关计算；公路和城市道路勘察设计的阶段和任务。

第一节　道路功能分类与道路分级

道路按照其使用特点主要可以分为公路、城市道路两大类，此外还有林区道路、厂矿道路、风电场道路及乡村道路等特殊功能道路。其中，公路通常是指连接城市、乡村和工矿的，供汽车行驶的具有一定技术指标的工程设施，可分为国道、省道、县道及专用公路；而城市道路则是指在城市管辖范围内，供车辆及行人通行且具有一定技术指标的工程设施，可分为城市快速路、主干路、次干路和支路。

一、公路功能及分类

（一）公路的功能

我国的公路工程技术标准及相关的设计规范中规定，公路设计应按地区特点、交通特性、路网结构综合分析确定公路功能。应根据国家和地区路网结构与规划、地区特点、交通特性和建设目标等综合分析公路在公路网中的地位和作用，论证确定公路功能。所谓公路功能，是指公路在路网中为出行提供畅通直达、汇集疏散和出入通达的交通服务能力。其中还包含可通性和可达性两个概念。可通性是往目的地方向快速通行的难易程度，重点在于高速度、长距离；可达性是到达目的地的可能性，重点在于低速度、短距离。

（二）公路的分类

公路按照功能分为干线公路、集散公路和支线公路。干线公路可分为主要干线公路和次要干线公路；集散公路可分为主要集散公路和次要集散公路。公路分级与功能要求的关系如图 1－1 所示。

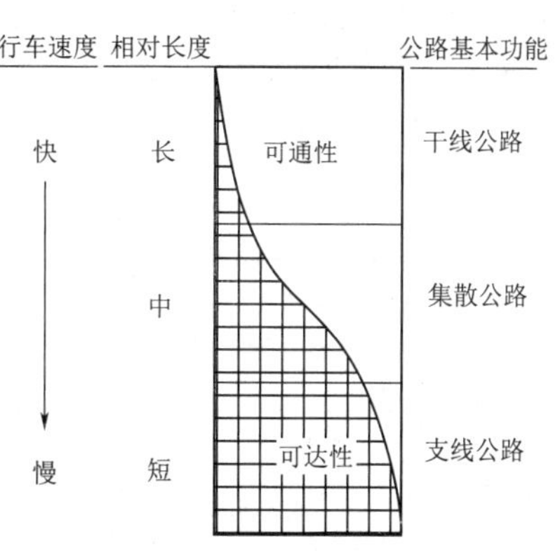

图 1－1　公路分级与功能要求的关系

1. 干线公路

干线公路具有畅通直达功能，主要满足可通达的要求，交通流不间断，交通质量高（速度、安全等）。连接大中城市、交通枢纽等，提供中长距离、大容量、高速度交通服务。

2. 集散公路

集散公路具有汇集疏散的功能，主要收集和分流交通，为公路周围的区域提供交通便利，这类交通要求的车速相对较低。集散功能可能与连接功能有部分重合。

3. 支线公路

支线公路具有出入通达功能，主要为满足居民的活动、行走、购物要求等，因此对速度没有高的要求，主要强调可达性。

公路功能分类的具体技术指标包括区域层次、路网连续性、交通流特性和公路自身特性等定性和定量指标，详见表 1-1。

表 1-1　　公路功能分类的技术指标

分类指标	主要干线公路	次要干线公路	主要集散公路	次要集散公路	支线公路
适应地域与路网连续性	人口 20 万人以上的大中城市	人口 10 万人以上重要的市县	人口 5 万人以上的县城或连接干线公路	连接干线公路与支线公路	直接对应于交通发生源
路网服务指数	≥15	10～15	5～10	1～5	<1
期望速度	80km/h 以上	60km/h 以上	40km/h 以上	30km/h 以上	不要求
出入控制	全部控制出入	部分控制出入或接入管理	接入管理	视需要控制横向干扰	不控制

（三）公路功能分类的作用

公路功能分类是确定公路技术等级和技术标准时必须考虑的主要因素。具体来说，公路的技术等级、设计速度、公路路线与路线交叉几何设计、公路设计服务水平、公路路基横断面形式、圆曲线加宽值等均需要根据公路的功能来进行确定。

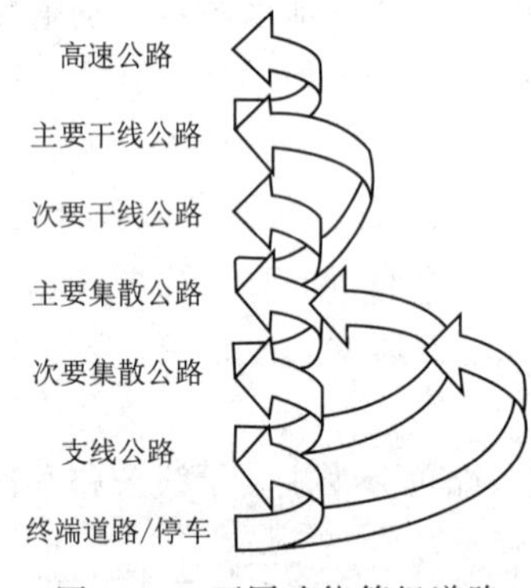

图 1-2　不同功能等级道路之间的衔接关系

公路功能还决定着路网衔接与出入口控制方式。如图 1-2 所示为不同功能等级道路之间的衔接关系。高速公路应为全部控制出入的公路，只对所选定的被相交公路、城市道路或高速公路的服务设施提供出入连接；在同公路、城市道路、乡村道路、铁路、管线等相交处必须设置立体交叉；必须设置隔离设施以防止行人、车辆、牲畜等进入。一级公路作为次要干线公路时，应实施部分控制出入。一级公路作为集散公路时，应实施接入管理，合理控制出入口的位置、数量和形式。另外，路网衔接与出入控制还决定了公路与公路立体交叉设置条件，以及平面交叉的设置条件和交叉口交通管理方式，见表 1-2。

表 1-2　　平面交叉的设置条件及交叉口交通管理方式

公路主线被交叉公路	一级公路（干线）	一级公路（集散）	二级公路（干线）	二级公路（集散）	三级、四级公路
一级公路（干线）	严格限制	—	—	—	—
一级公路（集散）	严格限制	限制	—	—	—
二级公路（干线）	严格限制	限制	限制	—	—
二级公路（集散）	严格限制	限制	限制	允许	—
三级、四级公路	严格限制	限制	限制	允许	允许

二、公路技术分级

1. 分级的依据

公路技术等级应根据路网规划、公路功能并结合交通量论证确定。根据交通特性及控制干扰的能力，公路可分为高速公路、一级公路、二级公路、三级公路及四级公路五个技术等级。具体分级依据见表1-3。

表1-3　　　　公路技术分级

公路等级	公路特性	控制干扰能力	设计交通量/(pcu/d)
高速公路	专供汽车分向、分车道行驶并全部控制出入的多车道公路	全部控制出入	＞15000
一级公路	供汽车分向、分车道行驶，可根据需要控制出入的多车道公路	部分控制出入（干线一级）、接入管理（集散一级）	＞15000
二级公路	供汽车行驶的双车道公路	可加宽硬路肩的方式增设慢行车道	5000～15000
三级公路	供汽车、非汽车交通混合行驶的双车道公路	允许拖拉机等慢行车辆和非机动车使用行车道	2000～6000
四级公路	供汽车、非汽车交通混合行驶的双车道或单车道公路		＜2000（双） ＜400（单）

注　设计交通量指各种车辆折合成小客车的年平均日交通量。

2. 公路等级的选用

公路技术等级选用应在论证确定公路功能的基础上，结合项目所在地的综合运输体系、远景发展规划及设计交通量论证确定。具体选用原则如下：

（1）主要干线公路作为公路网中结构层次最高的主通道，应选用高速公路。

（2）次要干线公路作为主要干线公路的补充，应选用二级公路及以上的技术等级。

（3）主要集散公路连接干线公路与支线公路，宜选用一级、二级公路。

（4）次要集散公路服务于县乡区域交通，宜选用二级、三级公路。

（5）支线公路宜选用三级、四级公路。当设计交通量达到5000pcu/d时，宜选用二级公路。

（6）当既有公路不能满足功能需要时，应结合公路网发展规划，有计划地进行改建。规范还根据设计交通量的大小，细化了每个公路等级选用的办法。

三、城市道路功能与分级

按照道路在城市道路网中的地位、交通功能以及对沿线的服务功能等，将城市道路分为快速路、主干路、次干路和支路四个等级。在规划阶段确定道路等级后，在设计阶段当遇特殊情况需变更级别时，应进行技术经济论证，并报规划审批部门批准。当道路为货运、防洪、消防、旅游等专用道路使用时，除应满足相应道路等级的技术要求外，还应满足专用道路和通行车辆的特殊要求。城市道路设计交通量达到饱和状态时的设计年限为：快速路、主干路为20年；次干路为15年；支路为10～15年。

第二节 设计车辆与车辆折算系数

一、公路设计车辆与车辆折算系数

(一) 公路设计车辆

公路设计车辆指公路几何设计所采用的代表车型，其外廓尺寸、载质量、运行特性是确定道路几何设计的主要依据。公路设计选用的设计车辆有五类：小客车、大型客车、铰接客车、载重汽车和铰接列车。公路设计所采用的设计车辆外廓尺寸规定见表1-4。

表1-4 设计车辆外廓尺寸规定 单位：m

车辆类型	总长	总宽	总高	前悬	轴距	后悬
小客车	6	1.8	2	0.8	3.8	1.4
大型客车	13.7	2.55	4	2.6	(6.5+1.5)①	3.1
铰接客车	18	2.5	4	1.7	(5.8+6.7)②	3.8
载重汽车	12	2.5	4	1.5	6.5	4
铰接列车	18.1	2.55	4	1.5	(3.3+11)③	2.3

① 大型客车的轴距（6.5+1.5）m：6.5m为前轴距，1.5m为后轴距。
② 铰接客车的轴距（5.8+6.7）m：5.8m为第一轴至铰接点的距离，6.7m为铰接点至最后轴的距离。
③ 铰接列车的轴距（3.3+11）m：3.3m为第一轴至铰接点的距离，11m为铰接点至最后轴的距离。

公路路线与路线交叉几何设计所采用的设计车辆应根据公路功能、车辆组成等因素选用，并应符合下列规定：干线公路和主要集散公路应满足所有设计车辆通行要求；次要集散公路应满足小客车、载重汽车和大型客车通行要求；支线公路应满足小客车和大型客车的通行要求；有特殊通行要求的公路，其设计车辆可论证确定。

(二) 公路标准车型与车辆折算系数

道路上行驶的车辆种类较多，作为道路设计的交通量应折算成某一种标准车型。我国公路工程技术标准规定，交通量换算采用小客车为标准车型。各类汽车代表车型及车辆折算系数规定见表1-5。

表1-5 各类汽车代表车型及车辆折算系数

汽车代表车型	车辆折算系数	说明
小客车	1.0	座位≤19座的客车和载质量≤2t的货车
中型车	1.2	座位>19座的客车和2t<载质量≤7t的货车
大型车	2.5	7t<载质量≤20t的货车
汽车列车	4.0	载质量>20t的货车

注 该表用于公路规划与技术等级划分的车辆折算系数，不用于公路通行能力分析。

拖拉机与非机动车等交通量换算应符合下列规定：

(1) 畜力车、人力车、自行车等非机动车按路侧干扰因素计。

(2) 公路上行驶的拖拉机，每辆可折算为4辆小客车。

(3) 公路通行能力分析所要求的车辆折算系数应针对路段、交叉口等形式，按不同地形条件和交通需求，采用相应的折算系数，详见本章第六节。

二、城市道路设计车辆与车辆折算系数

（一）城市道路设计车辆

城市道路设计车辆指控制道路几何设计，符合车辆国家标准的，具有代表性质量、外廓尺寸、运行特性的车辆。城市道路机动车设计车辆应包括小客车、大型车、铰接车。非机动车应包括自行车和三轮车。机动车设计车辆及其外廓尺寸见表1－6。非机动车设计车辆及其外廓尺寸见表1－7。

表1－6　机动车设计车辆及其外廓尺寸　单位：m

车辆类型	总长	总宽	总高	前悬	轴距	后悬
小客车	6	1.8	2.0	0.8	3.8	1.4
大型车	12	2.5	4.0	1.5	6.5	4.0
铰接车	18	2.5	4.0	1.7	5.8+6.7	3.8

表1－7　非机动车设计车辆及其外廓尺寸　单位：m

车 辆 类 型	总 长	总 高
自行车	1.93	2.25
三轮车	3.40	2.25

（二）城市道路标准车型与车辆折算系数

城市道路交通量换算采用小客车为标准车型。各类车辆的折算系数见表1－8。

表1－8　车 辆 折 算 系 数

车辆类型	小客车	大型客车	大型货车	铰接车
折算系数	1.0	2.0	2.5	3.0

第三节　设　计　速　度

一、设计速度的定义

公路工程设计速度是指确定公路设计指标并使其相互协调的设计基准速度。城市道路设计速度则指道路几何设计（包括平曲线半径、纵坡、视距等）所采用的行车速度。

二、公路设计速度的选用

公路工程设计速度的选用应根据公路的功能与技术等级，结合地形、工程经济、预期的运行速度和沿线土地利用性质等因素综合论证确定。各级公路设计速度应符合表1－9的规定。

表1－9　各 级 公 路 设 计 速 度　单位：km/h

公路等级	高速公路	一级公路	二级公路	三级公路	四级公路
设计速度	120、100、80	100、80、60	80、60、40	40、30	30、20

功能类别高的公路优先考虑较高的设计速度。公路类别较低的公路宜选用较低设计速度，即一级公路和二级、三级公路应按公路在路网中的交通功能选择设计速度，只有当受地形、地质等条件限制时，可以降低一档选用。

例如，高速公路设计速度不宜低于100km/h；当受地形、地质等条件限制时，可选用80km/h。作为干线的一级公路，设计速度宜采用100km/h；当受地形、地质等条件限制时，可选用80km/h。作为集散的一级公路，设计速度宜采用80km/h；受地形、地质等条件限制时，可选用60km/h。作为干线的二级公路，设计速度宜采用80km/h；受地形、地质等条件限制时，可选用60km/h。作为集散的二级公路，设计速度宜采用60km/h；受地形、地质等条件限制时，可采用40km/h。三级公路宜采用40km/h；当受地形、地质等条件限制时，可选用30km/h。四级公路设计速度宜采用30km/h；当受地形、地质等条件限制时，可选用20km/h。

同一公路项目可分段选用不同的技术等级，同一技术等级可分段选用不同的设计速度。不同技术等级、不同设计速度的设计路段之间应选择合理的衔接位置或地点，过渡应顺适，衔接应协调。

三、城市设计速度的选用

各级城市道路设计速度应符合表1-10的规定。

表1-10　　各级城市道路设计速度　　单位：km/h

道路等级	快速路	主干路	次干路	支路
设计速度	100、80、60	60、50、40	50、40、30	40、30、20

快速路和主干路的辅路设计速度宜为主路的0.4～0.6倍。在立体交叉范围内，主路设计速度应与路段一致，匝道及集散车道设计速度宜为主路的0.4～0.7倍。平面交叉口内的设计速度宜为路段的0.5～0.7倍。

第四节　设计年限

一、公路设计年限

新建和改扩建公路项目的设计交通量预测应符合：高速公路和一级公路设计交通量预测年限为20年；二级、三级公路设计交通量预测年限为15年；四级公路可根据实际情况确定。

公路路面结构设计使用年限应不小于表1-11的规定。

表1-11　　公路路面结构设计使用年限　　单位：年

公路等级		高速公路	一级公路	二级公路	三级公路	四级公路
设计使用年限	沥青混凝土路面	15	15	12	10	8
	水泥混凝土路面	30	20	15	10	

桥涵主体结构和可更换部件的设计使用年限规定见表1-12。

表 1-12 桥涵设计使用年限 单位：年

公路等级	主体结构			可更换部件	
	特大桥、大桥	中桥	小桥、涵洞	斜拉索、吊索、系杆等	栏杆、伸缩装置、支座等
高速公路 一级公路	100	100	50	20	15
二级公路 三级公路	100	50	30		
四级公路	100	50	30		

二、城市道路设计年限

城市道路交通量达到饱和状态时的道路设计年限为：快速路、主干路应为 20 年；次干路应为 15 年；支路宜为 10～15 年。城市道路路面结构的设计使用年限应符合表 1-13 的规定。

表 1-13 城市道路路面结构的设计使用年限 单位：年

道路等级	路面结构类型		
	沥青路面	水泥混凝土路面	砌块路面
快速路	15	30	—
主干路	15	30	—
次干路	10	20	—
支路	8（10）	15	10（20）

注 1. 支路采用沥青混凝土时，设计年限为 10 年；采用沥青表面处治时，为 8 年。
2. 砌块路面采用混凝土预制块时，设计年限为 10 年；采用石材时，为 20 年。

城市道路中的桥梁结构设计使用年限应符合表 1-14 的规定。

表 1-14 桥梁结构的设计使用年限 单位：年

类型	设计使用年限	类型	设计使用年限
特大桥、大桥、重要中桥	100	小桥	30
中桥、重要小桥	50		

注 对有特殊要求结构的设计使用年限，可在上述规定基础上经技术经济论证后予以调整。

第五节 交 通 量

一、设计交通量

设计交通量是指拟建道路到预测年限时所能达到的年平均日交通量（辆/日，pcu/d），其值根据历年交通观测资料预测求得。新建和改扩建公路项目的设计交通量预测应符合下列规定：

（1）高速公路和一级公路设计交通量预测年限为 20 年；二级、三级公路设计交通量预测年限为 15 年；四级公路可根据实际情况确定。

（2）设计交通量的预测年限起算年应为该项目的可行性研究报告中计划通车年。设计交通量在确定道路等级、论证道路的计划费用或各项结构设计等有重要作用，但不宜直接用于道路几何设计。

多车道公路远景年不同服务水平下的年平均日交通量，可按式（1－1）计算

$$AADT=\frac{C_{D}N}{KD} \tag{1-1}$$

式中　$AADT$——换算成标准车辆数的年平均日交通量（annual average daily traffic，AADT），pcu/d；

C_{D}——设计服务水平下单车道服务交通量，pcu/(h·ln)；

K——设计小时交通量系数，由当地交通量观测数据确定；

D——方向不均匀系数；

N——单方向车道数。

双车道二级、三级、四级公路设计小时交通量应按整个断面交通量计算，其年年平均日交通量可按式（1－2）计算

$$AADT=\frac{C_{D}R_{D}}{K} \tag{1-2}$$

式中　$AADT$——换算成标准车辆数的年平均日交通量，pcu/d；

C_{D}——二级、三级、四级公路的设计通行能力，pcu/h；

R_{D}——二级、三级、四级公路的方向分布修正系数；

K——设计小时交通系数，由当地交通量观测数据确定。

二、设计小时交通量

设计小时交通量是指根据预测的交通量所选定的作为道路几何设计依据的小时交通量，是确定车道数和车道宽度或评价服务水平的依据。公路设计小时交通量宜采用年第 30 位小时交通量，也可根据当地公路小时交通量的变化特征，采用年第 20～40 位小时之间最为经济合理时位的交通量。

高速公路、一级公路的设计小时交通量应按式（1－3）计算

$$DDHV=AADT\times D\times K \tag{1-3}$$

式中　$DDHV$——单向设计小时交通量，veh/h；

$AADT$——预测年度的年平均日交通量，veh/d；

D——方向不均匀系数（%），宜采用 50%～60%，也可根据当地交通量观测资料确定，城市道路采用 60%；

K——设计小时交通量系数，为选定时位的小时交通量与年平均日交通量的比值。

二级、三级公路的设计小时交通量应按式（1－4）计算

$$DHV=AADT\times K \tag{1-4}$$

式中　DHV——设计小时交通量，veh/h；

$AADT$——预测年的年平均日交通量，veh/h；

K——设计小时交通量系数，为选定时位的小时交通量与年平均日交通量的比值。

新建公路的设计小时交通量系数可参照公路功能、交通量、地区气候、地形等条件相似的公路观测数据确定，缺乏观测数据地区可参照表 1-15 取值。改扩建公路的设计小时交通量系数宜结合既有公路的观测数据综合确定。

表 1-15　　各地区新建公路设计小时交通量系数参考取值

地区		华北	东北	华东	中南	西南	西北
		京、津、冀、晋、蒙	辽、吉、黑	沪、苏、浙、皖、闽、赣、鲁	豫、湘、鄂、粤、桂、琼	川、滇、黔、藏、渝	陕、甘、青、宁、新
近郊	高速公路	8.0	9.5	8.5	8.5	9.0	9.5
	一级公路	9.5	11.0	10.0	10.0	10.5	11.0
	双车道公路	11.5	13.5	12.0	12.5	13..0	13.5
城间	高速公路	12.0	13.5	12.5	12.5	13.0	13.5
	一级公路	13.5	15.0	14.0	14.0	14.5	15.0
	双车道公路	15.5	17.5	16.0	16.5	17.0	17.5

【例 1-1】某城郊公路经调查交通流中有小客车 4300veh/d，2t 载货车 1300veh/d，24 座客车 1600veh/d，6t 载货汽车 1800veh/d，18t 载货车 1000veh/d，25t 载货车 50veh/d，自行车 6806veh/d，拖拉机 20veh/d。则该公路的每日当量交通量为（　　）pcu/d。

A. 13480　　B. 16880　　C. 14950　　D. 18350

【参考答案】A

【考核点】交通量

【解析】小客车和 2t 载货车均为小客车，折算系数为 1.0；24 座客车和 6t 载货汽车均为中型车，折算系数为 1.5；18t 载货车为大型车，折算系数为 2.5；25t 载货车为汽车列车，折算系数为 4.0；拖拉机折算系数为 4.0；自行车按路侧干扰因素计，不折算。

公路交通量折算为小客车的每日当量交通量为

$$(4300+1300)\times 1.0+(1600+1800)\times 1.5+1000\times 2.5+(50+20)\times 4.0=13480(\text{pcu/d})$$

在备选答案中，只有 A 符合。因此，应选择 A。

第六节　通行能力与服务水平

一、通行能力和服务水平分析

（一）通行能力和服务水平分析目的

通行能力和服务水平分析与评价包括公路规划和设计分析、运营分析两个阶段。其中，公路规划和设计分析的目的就是在已知交通的情况下，确定规定服务水平的标准横断面宽度；运营分析的目的为在现有或规划交通需求下，确定交通流的运行状况和公路设施所能提供的服务水平等级，并计算实际条件下的通行能力，可评价公路运行状况。

（二）通行能力和服务水平分析与评价

1. 公路通行能力和服务水平分析与评价

公路设计应进行通行能力和服务水平的分析与评价，使服务水平保持协调均衡，并应符合下列规定：

（1）高速公路、一级公路的路段和互通式立体交叉的匝道、分合流区段、交织区及收费站等设施必须分别进行通行能力和服务水平的分析与评价。

（2）二级、三级公路的路段和一级公路、二级干线公路的平面交叉，应进行通行能力和服务水平的分析与评价。

（3）二级集散公路、三级公路的平面交叉，宜进行通行能力和服务水平的分析与评价。

此外，高速公路、一级公路的通行能力和服务水平分析评价应分方向进行，二级、三级公路应按双向整体交通流进行。三级及以上公路的连续上坡路段，应单独进行通行能力和服务水平的分析与评价。

2. 城市道路通行能力和服务水平分析

城市道路通行能力和服务水平的分析应符合下列规定：

（1）快速路的路段、分合流区、交织区段及互通式立体交叉的匝道，应分别进行通行能力分析，使其服务水平均衡一致。

（2）主干路的路段和主干路、次干路相交的平面交叉口，应进行通行能力和服务水平分析。

（3）次干路、支路路段及其平面交叉口，宜进行通行能力和服务水平分析。

二、服务水平分级

服务水平是用路者在不同的交通流状况下，所能得到的速度、舒适性、经济性等方面的服务程度，即道路在某种交通条件下为驾驶员和乘客所能提供的运行服务质量。通常用平均行驶速度、交通密度、行驶自由度和交通延误等指标表征。

服务交通量是指在通常的道路条件、交通条件和管制条件下，并保持规定的服务水平时，道路的某一断面或均匀路段在单位时间内所能通过的最大小时交通量。可以这样理解，允许服务交通量小，服务水平高；允许的服务交通量大，服务水平低。

（一）公路服务水平

1. 公路服务水平分级

公路服务水平划分为六级，以交通流状态为划分条件，定性地描述交通流从自由流、稳定流到饱和流和强制流的变化阶段。关于服务水平的划分，高速公路、一级公路以饱和度 v/C 值衡量拥挤程度，作为评价服务水平的主要指标，同时采用小客车实际行驶速度与自由流速度之差作为次要评价指标；二级、三级公路以延误率和平均运行速度为主要指标；交叉口则以车辆延误来描述其服务水平。具体服务水平如下：

一级：自由流；

二级：相对自由行驶，驾驶员可按意愿选择速度；

三级：稳定流上半段，驾驶员对速度的选择受其他车辆影响；

四级：稳定流下半段，行驶自由度明显下降；

五级：拥堵流上半段；

六级：拥堵流下半段。

各级公路的服务水平与服务交通量应符合表1－16和表1－17。

表1－16　　高速公路路段服务水平分级

服务水平	v/C 值	设计速度/(km/h)		
		120	100	80
		最大服务交通量/[pcu/(h·ln)]		
一级	$v/C\leqslant 0.35$	750	730	700
二级	$0.35<v/C\leqslant 0.55$	1200	1150	1100
三级	$0.55<v/C\leqslant 0.75$	1650	1600	1500
四级	$0.75<v/C\leqslant 0.90$	1980	1850	1800
五级	$0.90<v/C\leqslant 1.00$	2200	2100	2000
六级	$v/C>1.00$	0～2200	0～2100	0～2000

注　v/C 是在基准条件下，最大服务交通量与基准通行能力之比。基准通行能力是五级服务水平条件下对应的最大服务交通量。

表1－17　　二级公路、三级公路路段服务水平分级

服务水平	延误率/%	设计速度/(km/h)										
		80				60				≤40		
		速度/(km/h)	v/C			速度/(km/h)	v/C			v/C		
			禁止超车区/%				禁止超车区/%			禁止超车区/%		
			<30	30～70	≥70		<30	30～70	≥70	<30	30～70	≥70
一级	≤35	≥76	0.15	0.13	0.12	≥58	0.15	0.13	0.11	0.14	0.12	0.10
二级	≤50	≥72	0.27	0.24	0.22	≥56	0.26	0.22	0.20	0.25	0.19	0.15
三级	≤65	≥67	0.40	0.34	0.31	≥54	0.38	0.31	0.28	0.37	0.25	0.20
四级	≤80	≥58	0.64	0.60	0.57	≥48	0.58	0.48	0.43	0.54	0.42	0.35
五级	≤90	≥48	1.00	1.00	1.00	≥40	1.00	1.00	1.00	1.00	1.00	1.00
六级	>90	<48	—	—	—	<40	—	—	—	—	—	—

2. 公路设计服务水平

公路设计服务水平应根据公路功能、地形条件等合理选用，并不低于表1－18的规定。

表1－18　　各级公路设计服务水平

公路技术等级	高速公路	一级公路	二级公路	三级公路	四级公路
服务水平	三级	三级	四级	四级	—

一级公路用作集散公路时，设计服务水平可降低一级。公路的长隧道及特长隧道路段、非机动车及行人密集路段、互通式立体交叉匝道、分合流及交织区段，其设计服务水平也可降低一级。

（二）城市道路服务水平

1. 城市道路服务水平分级

城市道路服务水平划分为四个等级，分别为一级、二级、三级和四级。其中，一级为自由流；二级为稳定流上段；三级为稳定流；四级为饱和流及强制流。

2. 城市快速路通行能力与服务水平

快速路服务水平以交通密度、平均速度、饱和度 v/C 值作为评价指标，以交通流状态为划分条件，定性地描述交通流从自由流、稳定流到饱和流及强制流的变化阶段。

快速路基本路段服务水平应符合表 1－19 的规定。新建道路应按三级服务水平设计。

表 1－19　　快速路基本路段服务水平分级

设计速度/(km/h)	服务水平		交通密度/[pcu/(km·ln)]	平均速度/(km/h)	饱和度 v/C	最大服务交通量/[pcu/(h·ln)]
100	一级（自由流）		⩽10	⩾88	0.40	880
	二级（稳定流上段）		⩽20	⩾76	0.69	1520
	三级（稳定流）		⩽32	⩾62	0.91	2000
	四级	（饱和流）	⩽42	⩾53	≈1.00	2200
		（强制流）	＞42	＜53	＞1.00	—
80	一级（自由流）		⩽10	⩾72	0.34	720
	二级（稳定流上段）		⩽20	⩾64	0.61	1280
	三级（稳定流）		⩽32	⩾55	0.83	1750
	四级	（饱和流）	⩾50	⩾40	≈1.00	2100
		（强制流）	＜50	＜40	＞1.00	—
60	一级（自由流）		⩽10	⩾55	0.30	590
	二级（稳定流上段）		⩽20	⩾50	0.55	990
	三级（稳定流）		⩽32	⩾44	0.77	1400
	四级	（饱和流）	⩽57	⩾30	≈1.00	1800
		（强制流）	＞57	＜30	＞1.00	—

3. 其他等级城市道路服务水平

其他等级城市道路根据交通流特性和交通管理方式，可分为路段、信号交叉口、无信号交叉口等，应分别采用相应的通行能力和服务水平。信号交叉口服务水平分级应符合表 1－20 的规定，新建道路应按三级服务水平设计。无信号交叉口可分为次要道路停车让行、全部道路停车让行和环形交叉口三种形式。次要道路停车让行交叉口通行能力应保证次要道路上车辆可利用的穿越空档能满足次要道路上交通需求。

表 1－20　　信号交叉口服务水平

指　标	服务水平			
	一级	二级	三级	四级
控制延误/(s/veh)	＜30	30～50	50～60	＞60
负荷度	＜0.6	0.6～0.8	0.8～0.9	＞0.9
排队长度/m	＜30	30～80	80～100	＞100

4. 自行车道服务水平

路段自行车服务水平分级标准应符合表1－21的规定，设计时宜采用三级服务水平。交叉口自行车服务水平分级标准应符合表1－22的规定，设计时宜采用三级服务水平。

表1－21　　自行车道路段服务水平

指　标	服务水平			
	一级（自由骑行）	二级（稳定骑行）	三级（骑行受限）	四级（间断骑行）
骑行速度/(km/h)	＞20	20～15	15～10	10～5
占用道路面积/m^2	＞7	7～5	5～3	＜3
负荷度	＜0.40	0.55～0.70	0.70～0.85	＞0.85

表1－22　　自行车道交叉口服务水平

指　标	服务水平			
	一级	二级	三级	四级
人均占用面积/m^2	＞2.0	1.2～2.0	0.5～1.2	＜0.5
人均纵向间距/m	＞2.5	1.8～2.5	1.4～1.8	＜1.4
人均横向间距/m	＞1.0	0.8～1.0	0.7～0.8	＜0.7
步行速度/(m/s)	＞1.1	1.0～1.1	0.8～1.0	＜0.8
最大服务交通量/[人/(h·m)]	1580	2500	2940	3600

三、通行能力

1. 定义

道路设施在正常的道路、交通条件和驾驶行为情况下，某一路段最大所能承受的交通量称为通行能力，也称道路容量，以单位时间内通过的最大车辆数表示（辆/小时）。

2. 分类

根据车辆运行状态的特征不同，通行能力可分为路段通行能力、匝道和匝道连接点通行能力、交织路段通行能力、交叉口通行能力、匝道通行能力（高速公路和城市快速路根据交通流行驶特征的不同，分为基本路段、分合流区、交织区等路段）。

根据通行能力的性质和使用要求的不同，通行能力可分为基准通行能力、实际通行能力、设计通行能力。

3. 公路设计通行能力

高速公路、一级公路一条车道设计服务水平下的最大服务交通量见表1－23和表1－24。

表1－23　　高速公路一条车道设计服务水平下的最大服务交通量

设计速度/(km/h)	120	100	80
二级服务水平的最大服务交通量/[pcu/(h·ln)]	1200	1150	1100
三级服务水平的最大服务交通量/[pcu/(h·ln)]	1650	1600	1500

表 1-24 一级公路一条车道设计服务水平下的最大服务交通量

设计速度/(km/h)	100	80	60
三级服务水平的最大服务交通量/[pcu/(h·ln)]	1400	1250	1100
四级服务水平的最大服务交通量/[pcu/(h·ln)]	1800	1600	1450

二级、三级公路设计服务水平下的最大服务交通量应按表 1-25 选用。

表 1-25 二级、三级公路设计服务水平下的最大服务交通量

公路技术等级	设计速度/(km/h)	基准通行能力/(pcu/h)	不准超车区比例/%	v/C	最大服务交通量/(pcu/h)
二级公路	80	2800	<30	0.64	550～1800
	60	1400	30～70	0.48	
	40	1300	>70	0.42	
三级公路	40	1300	<30	0.54	400～700
	30	1200	>70	0.35	

4. 城市道路设计通行能力

快速路基本路段一条车道的基本通行能力和设计通行能力应符合表 1-26 的规定。其他等级道路路段一条车道的基本通行能力和设计通行能力应符合表 1-27 的规定。

表 1-26 快速路基本路段一条车道的通行能力

设计速度/(km/h)	100	80	60
基本通行能力/(pcu/h)	2200	2100	1800
设计通行能力/(pcu/h)	2000	1750	1400

表 1-27 其他等级道路路段一条车道的通行能力

设计速度/(km/h)	60	50	40	30	20
基本通行能力/[pcu/(km·ln)]	1800	1700	1650	1600	1400
设计通行能力/[pcu/(km·ln)]	1400	1350	1300	1300	1100

关于自行车道设计通行能力，不受平面交叉口影响的一条自行车道的路段设计通行能力，当有机非分隔设施时，应取 1600～1800veh/h；当无分隔时，应取 1400～1600veh/h。受平面交叉口影响的一条自行车道的路段设计通行能力，当有机非分隔设施时，应取 1000～1200veh/h；当无分隔时，应取 800～1000veh/h。信号交叉口进口道一条自行车道的设计通行能力可取为 800～1000veh/h。

人行设施的基本通行能力和设计通行能力应符合表 1-28 的规定。行人较多的重要区域设计通行能力宜采用低值，非重要区域宜采用高值。

表 1-28　　人行设施基本通行能力和设计通行能力　　单位：人/(h・m)

人行设施类型	基本通行能力	设计通行能力
人行道	2400	1800～2100
人行横道	2700	2000～2400
人行天桥	2400	1800～2000
人行地道	2400	1440～1640
车站码头的人行天桥、人行地道	1850	1400

四、通行能力与服务水平的运用

(一) 通行能力计算

高速公路、一级公路路段的设计通行能力按式（1-5）计算

$$C_d = MSF_i f_{Hv} f_p f_f \tag{1-5}$$

其中

$$f_{Hv} = \frac{1}{1 + \sum P_i (E_i + 1)} \tag{1-6}$$

式中　C_d——设计通行能力，veh/(h・ln)；

MSF_i——设计服务水平下的最大服务交通量，pcu/(h・ln)；

f_{Hv}——交通组成修正系数；

P_i——车型 i 的交通量占总交通量的百分比；

E_i——车型 i 的车辆折算系数，按表 1-29 选取；

f_p——驾驶人总体特征修正系数，通过调查确定，通常为 0.95～1.00；

f_f——路侧干扰修正系数，高速公路取 1.0，一级公路路侧干扰等级可按表 1-30 选用。

表 1-29　　高速公路、一级公路路段车辆折算系数

汽车代表车型	交通量 /[pcu/(h・ln)]	设计速度/(km/h)		
		120	100	≤80
中型车	≤800	1.5	1.5	2.0
	800～1200	2.0	2.5	3.0
	1200～1600	2.5	3.0	4.0
	>1600	2.5	2.0	2.5
大型车	≤800	2.0	2.5	3.0
	800～1200	3.5	4.0	5.0
	1200～1600	4.5	5.0	6.0
	>1600	2.5	3.0	4.0
汽车列车	≤800	3.0	4.0	5.0
	800～1200	4.5	5.0	7.0
	1200～1600	6.0	7.0	9.0
	>1600	3.5	4.5	6.0

表1-30　路侧干扰修正系数

路侧干扰等级	1	2	3	4	5
修正系数	0.98	0.95	0.90	0.85	0.80

二级、三级公路路段的设计通行能力按式（1-7）计算

$$C_d = MSF_i f_{Hv} f_d f_w f_f \tag{1-7}$$

式中　C_d——设计通行能力，veh/h；

MSF_i——设计服务水平下的最大服务交通量，pcu/h；

f_{Hv}——交通组成修正系数，按式（1-6）计算，式中车辆折算系数 E_i 按表1-31选取；

f_d——方向分布修正系数，按《公路路线设计规范》（JTG D20—2017）表8-17取值；

f_w——车道宽度、路肩宽度修正系数，按表1-32取值；

f_f——路侧干扰修正系数，按表1-30取值。

表1-31　双车道公路路段内的车辆折算系数

汽车代表车型	交通量/(veh/h)	设计速度/(km/h)		
		80	60	40
中型车	≤400	2.0	2.0	2.5
	400～900	2.0	2.5	3.0
	900～1400	2.0	2.5	3.0
	>1400	2.0	2.0	2.5
大型车	≤400	2.5	2.5	3.0
	400～900	2.5	3.0	4.0
	900～1400	3.5	5.0	7.0
	>1400	2.5	3.5	3.5
汽车列车	≤400	2.5	2.5	3.0
	400～900	3.0	3.5	5.0
	900～1400	4.0	5.0	6.0
	>1400	3.5	4.5	5.5

表1-32　车道宽度、路肩宽度修正系数

车道宽度/m	3	3.25	3.5	3.75			
路肩宽度/m	0	0.5	1	1.5	2.5	3.5	≥4.5
修正系数	0.52	0.56	0.84	1	1.16	1.32	1.48

（二）车道数计算

高速公路、一级公路和城市快速路设计服务水平下，车道数可按式（1-8）计算

$$N = \frac{AADT}{C_D} KD \tag{1-8}$$

式中　N——单方向车道数；

$AADT$——设计交通量（年平均日交通量），pcu/d；

C_D——设计服务水平下单车道服务交通量，pcu/(h·ln)；

K——设计小时交通系数，由当地交通量观测数据确定；

D——方向不均匀系数。

人行道宽度按式（1-9）计算

$$W_p=\frac{N_W}{N_{W1}} \tag{1-9}$$

式中　W_p——人行道宽度，m；

N_W——人行道高峰小时行人流量，人/h；

N_{W1}——1m 宽人行道的设计通行能力，人/(h·m)。

【例 1-2】某高速公路，设计速度 120km/h，预测年限的年平均日交通量为 86510pcu/d，该公路的交通流方向分布为 52/48，设计小时交通量系数为 9%，如该高速公路设计服务水平采用三级，试计算该高速公路双向需要的车道数为（　　）条。

A. 2

B. 4

C. 6

D. 8

【参考答案】C

【考核点】交通量、通行能力与服务水平

【解析】高速公路的单向设计小时交通量为

$$DDHV=AADT\times D\times K=86510\times 0.52\times 0.09=4049(\text{pcu/d})$$

高速公路当设计速度为 120km/h 时的三级服务水平的最大服务交通量为 1650pcu/(h·ln)。故高速公路单向需修建的车道数为

$$N=\frac{AADT}{C_D}KD=\frac{4049}{1650}=2.45(\text{条})$$

单向车道为 3 条，双向为 6 条。

第七节　道路勘测设计阶段与任务

一、工程可行性研究阶段

工程可行性研究的主要内容包括项目影响区域社会经济及交通运输的现状与发展、交通量预测、建设的必要性、技术标准、建设条件、建设方案及规模、投资估算及资金筹措、经济评价、实施安排等。公路工程可行性研究阶段可以分为预可研和可研两个阶段，具体可以参考《公路建设项目可行性研究报告编制办法》(2010 版)。

1. 预可行性研究

编制预可行性研究报告，应以项目所在地区域经济社会发展规划、交通发展规划和其他相关规划为依据。要求通过实地踏勘和调查，重点研究项目建设的必要性和建设时机，

初步确定建设项目的通道或走廊带，并对项目的建设规模、技术标准、建设资金、经济效益等进行必要的分析论证，编制研究报告，作为项目建议书的依据。

2. 工程可行性研究

编制工程可行性研究报告，原则上以批准的项目建议书为依据。公路建设项目工程可行性研究，要求进行充分的调查研究，通过必要的测量和地质勘探，对可能的建设方案从技术、经济、安全、环境等方面进行综合比选论证，研究确定项目起、终点，提出推荐方案，明确建设规模，确定技术标准，估算项目投资，分析投资效益，编制研究报告。

工程可行性研究报告一经批准，即为初步设计应遵循的依据。工程可行性研究阶段的投资估算与初步设计概算之差，应控制在投资估算的10%以内。

二、设计阶段及其主要内容

（一）设计阶段与适用性

根据《公路工程基本建设项目设计文件编制办法》，公路设计阶段分为一阶段设计、两阶段设计或三阶段设计。

1. 一阶段设计

一阶段设计即一阶段施工图设计，适用于技术简单、方案明确的小型建设项目。

2. 两阶段设计

两阶段设计即初步设计和施工图设计，建设项目一般采用两阶段设计。适用于一般建设项目，高速公路、一级公路必须采用两阶段设计。

3. 三阶段设计

三阶段设计即初步设计、技术设计和施工图设计，适用于技术复杂、基础资料缺乏和不足的建设项目或建设项目中的个别路段、特大桥、互通式立体交叉、隧道等。

（二）各设计阶段的主要内容

1. 初步设计阶段

初步设计阶段的目的是基本确定设计方案。必须根据批复的可行性研究报告、测设合同的要求，拟定修建原则，选定设计方案、拟定施工方案，计算工程数量及主要材料数量，编制设计概算，提供文字说明及图表资料。经审查批复后的初步设计文件，则为订购主要材料、机具、设备，安排重大科研试验项目，联系征用土地、拆迁，进行施工准备，编制施工图设计文件和控制建设项目投资等的依据。采用三阶段设计时，经审查批复的初步设计为编制技术设计文件的依据。

2. 技术设计阶段

技术设计阶段根据初步设计批复意见、测设合同的要求，对重大、复杂的技术问题通过科学试验、专题研究，加深勘探调查及分析比较，解决初步设计中未解决的问题，落实技术方案，计算工程数量，提出修正的施工方案，修正设计概算，批准后则为编制施工图设计的依据。

3. 施工图设计阶段

两阶段（或三阶段）施工图设计阶段应根据初步设计（或技术设计）批复意见、测设合同，进一步对所审定的修建原则、设计方案、技术决定加以具体和深化，最终确定各项工程数量，提出文字说明和适应施工需要的图表资料以及施工组织计划，并编制施工图预算。

一阶段施工图设计应根据可行性研究报告批复意见、测设合同的要求，拟定修建原则，确定设计方案和工程数量，提出文字说明和图表资料以及施工组织计划，并编制施工图预算，满足审批的要求，适应施工的需要。

（三）设计文件组成

以公路设计为例，根据《公路工程基本建设项目设计文件编制办法》规定编制。

1. 初步设计文件

初步设计文件由总体设计、路线、路基路面、桥梁涵洞、隧道、路线交叉、交通工程及沿线设施、环境保护与景观设计、其他工程、筑路材料、施工方案、设计概算等12篇和基础资料组成。

2. 施工图设计文件

施工图设计文件由总体设计、路线、路基路面、桥梁涵洞、隧道、路线交叉、交通工程及沿线设施、环境保护与景观设计、其他工程、筑路材料、施工组织计划、施工图预算等共12篇和基础资料组成。

第二章　总　体　设　计

【本章要点】

本章介绍了道路工程总体设计的范围、内容和目的；速度分段、建设规模、建设方案、横断面布置等总体方面的规定；项目与沿线路网、建设条件、路线方案论证、改扩建项目等在总体方面的要求；项目在环境保护与资源节约、设计检验与安全评价方面相关要求；城市道路工程在敷设形式、交叉口设置、出入口设置以及公共交通设施、人行与非机动车设施、交通设施、安全和运营管理设施、施工方法等方面的总体要求；城市道路工程与国土空间规划、城市总体规划、控制性详细规划、交通专项规划、排水专项规划、管线综合规划等方面的相互关系。

第一节　总体设计概述

1. 总体设计的概念

总体设计是在综合考虑建设规模、设计标准的前提下，对方案拟定、设计构思、工程内外各专业间协调等方面做出的综合设计。总体设计是勘察设计的总纲，既要体现道路使用安全、功能、质量、环保、节约的基本要求，又要处理好主体工程与附属工程、各专业之间的衔接与协调配合，是一项系统工程。

总体设计为系统、全面地协调道路工程项目外部和内部各专业间的关系，如农业、水利、林业、考古、土地利用、路线、路基路面、桥梁工程等，论证确定公路功能、技术标准、建设规模及建设方案，完成道路工程建设项目各阶段的总体目标而进行的设计。

对于公路而言，总体设计应统一协调路线、路基、桥涵、隧道、路线交叉、交通工程与沿线设施等各专业内、外部的关系，明确相关设计界面和接口，使之成为完整的系统工程，符合安全、环保、可持续发展的总体目标，保障用路者的安全，提高公路交通的服务质量。公路总体设计内容包括：①公路功能与技术标准论证；②建设规模与建设方案论证；③环境保护与资源节约；④设计检验与安全评价。

对于城市道路而言，总体设计应贯穿于道路设计的各个阶段，应系统、全面地协调道路工程项目外部与内部各专业间的关系，确定本项目及其各分项的技术标准、建设规模、主要技术指标和设计方案，并应符合安全、环保、可持续发展的总体目标。城市道路总体设计内容包括：①制定设计原则；②明确道路性质、功能定位、服务对象；③确定技术标准、建设规模、主要技术指标；④确定工程范围、总体方案和道路用地，并协调与相邻工程的衔接；⑤提出交通组织设计方案；⑥落实节能环保、风险控制措施。

2. 总体设计的范围与承担单位

因公路与城市道路总体设计范围不同，各级公路均应进行总体设计。总体设计应贯穿于公路建设项目从可行性研究到施工图设计全过程的各个阶段，并覆盖公路建设项目的各相关专业。城市道路快速路、主干路、大桥和特大桥、隧道、交通枢纽应进行总体设计，其他道路可根据相关因素、重要程度进行总体设计。

公路建设项目周期长，故一个建设项目由两个或两个以上单位设计时，应由一个设计单位负责总体设计，统一设计原则，编写说明书，绘制总体设计图，编制主要工程数量表和汇编总概（预）算，协调统一文件的编制。

第二节 公路总体设计

一、公路功能与技术标准论证

公路功能与技术标准论证的具体内容包括：公路功能论证、公路技术等级论证、设计车辆论证、车道数的确定、设计速度的选用，以及平面、纵断面、横断面的主要控制指标的确定。如图 2－1 所示，各部分论证依据如下：

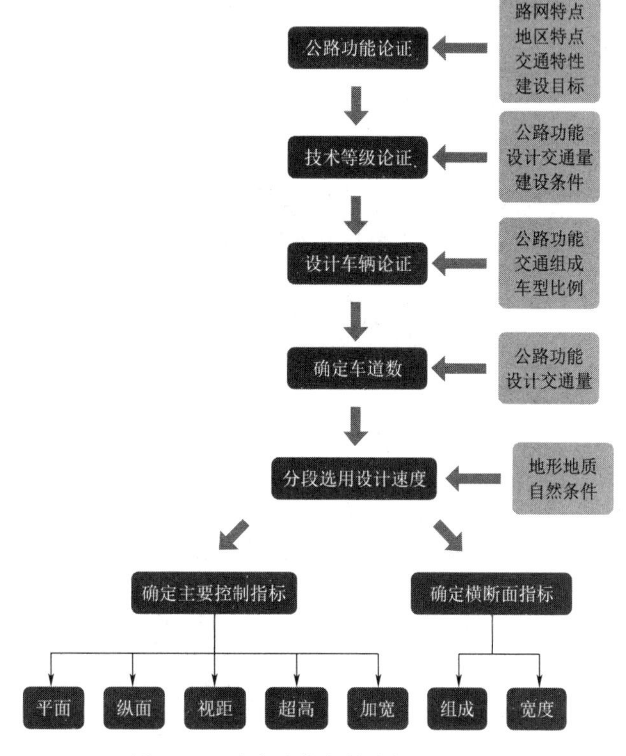

图 2－1 公路功能与技术标准流程

（1）根据路网特点、地区特点、交通特性、建设目标进行公路功能论证。

（2）根据公路功能、设计交通量、建设条件进行技术等级论证。

（3）根据公路功能、交通组成、车型比例进行设计车辆论证。

（4）根据公路功能、设计交通量确定车道数。

（5）根据地形地质、自然条件分段选用设计速度。

（6）依据平面、纵面、视距、超高、加宽等方面确定主要控制指标。

（7）依据组成、宽度等方面确定横断面指标。

二、建设规模与建设方案

1. 建设规模论证

根据公路网规划和公路功能来进行以下规划：

（1）综合交通运输体系布局与规划，多用于公路、铁路、水用、管线，有时在航空领域会有应用。

（2）城市现状与发展规划，其对路线方案的影响较大，一般而言，等级高的公路要铺设在城市或城镇的远期规划区外侧。

（3）工矿企业布局与规划。

（4）自然资源开发利用状况。

根据以上控制因素确定路线起终点、主要控制点、路线长度、交叉数量、管理与服务设施配置，最终确定建设规模，如图 2－2 所示。

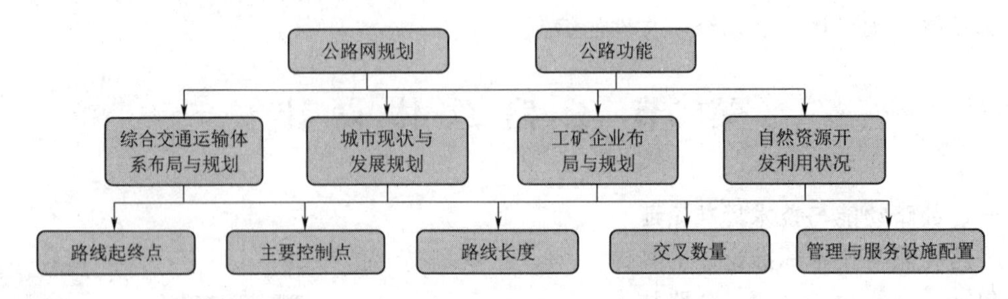

图 2－2 建设规模论证流程

2. 建设方式论证

应从项目总体建设规模、控制性工程施工条件、交通量发展需求、项目资金筹措四方面来进行项目建设方式论证。项目建设分为一次建设和分期修建，分期修建又包括纵向分段、工程项目分期、分离式路基分期分幅，其中分离式路基要按照二级公路标准管理，如图 2－3 所示。分期修建的项目应使前期工程在后期仍能充分利用，分期修建应充分考虑项目建设对周边环境、沿线群众交通出行、交通组织、安全等的影响，还应该注意高速公路整体式路基路段不得采用分期分幅的建设方式。

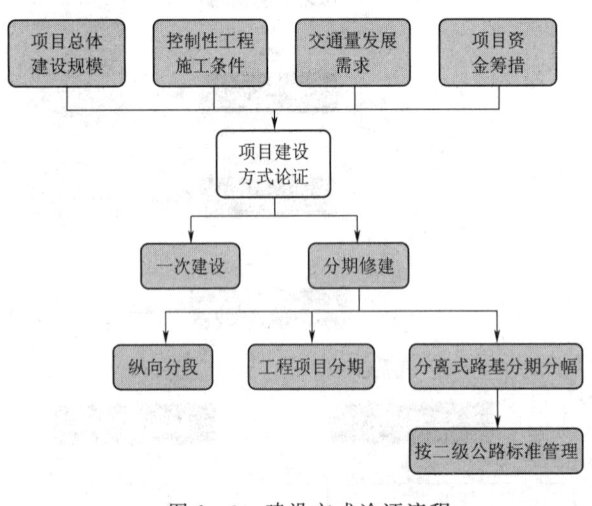

图 2－3 建设方式论证流程

3. 建设方案论证

（1）路线方案的论证。论证时，应注意地质灾害对线路方案选择的影响，当规划路线出现大型地质灾害时，一般采取绕避的做法，将地质灾害对规划路线的影响最小化，还应注意特大桥梁、特长隧道等布置方案对路线走廊及线位布局的影响。在公路路基高填深挖的路段，高填路基与桥梁、深挖路堑与隧道方案应综合比选论证。高填路基、桥梁、深挖路堑与隧道的设计标高会很大程度地影响路线的整体设计。

（2）公路路基横断面形式论证。高速公路和一级公路应根据沿线地形、地质等条件，选用整体式路基断面形式或分离式路基断面形式。在戈壁、沙漠和草原等地区，高速公路和一级公路宜选择宽中央分隔带、低路基、缓边坡、宽浅边沟等形式。二级、三级公路和四级公路应选择整体式路基断面形式。一级、二级公路应根据功能、混合交通量及其交通组成论证设置慢车道的条件，并确定其设置方式、横断面形式与宽度。公路不同断面形式及宽度变化应设置必要的过渡段，其位置宜选择在城镇、交叉等节点。公路路基横断面布置应满足交通工程和安全设施等设置的需求，如三级公路、四级公路要布置护栏，导致路基宽度不够，需要对路基加宽以满足要求。

(3) 公路与临近铁路、管线相互布置关系论证。应合理减少公路与铁路、管线等的交叉次数。必须交叉时，应论证确定交叉位置和方式，采用较大的交叉角度，同时确保铁路、管线及其附属设施不得侵入公路建筑限界、不得影响公路视距。当公路与铁路和管线设施平行相邻时，应保持必要的距离，且保证铁路、管线及其附属构筑物不得进入公路两侧建筑控制区范围，高速公路的建筑控制区是30m、国省道建筑控制区是20m、县乡道路建筑控制区是15m或10m。

(4) 公路与公路交叉方式论证。承担干线功能的公路，应充分结合既有路网条件，通过合并、分流、设置辅道等措施，减少各类交叉数量、加大交叉间距，提高公路通行的效率和安全性。高速公路与其他等级公路交叉时，必须采用立体交叉方式。应视交通流转换需求论证采用互通式立体交叉或分离式立体交叉。一级公路与其他一级及以下公路交叉时，应根据其所承担的主要功能确定交叉方式。承担干线功能时，与交通量大的公路相交宜采用立体交叉方式；承担集散功能时，应控制平面交叉间距，减少平面交叉的数量。二级、三级、四级公路与其他二级及以下公路交叉时，可采用平面交叉方式。一级及以下公路穿越或靠近城镇路段，应根据沿线实际情况考虑设置必要的隔离设施。

(5) 交通工程及沿线设施位置与形式论证。交通工程及沿线设施应与主体工程同步设计，并应根据公路功能及等级、交通组织方式，以及安全与运营管理等需要，合理确定公路收费站场、服务区、停车区等管理和服务设施的位置、形式、间距和配置规模。必要时，可根据交通量等发展需求，论证采用一次规划、分期建设的方案。

(6) 改扩建公路方案论证。改扩建公路应遵循利用与改造相结合的原则，应在原有公路交通安全性评价，以及原有路基、桥梁、隧道检测与评价的基础上，综合论证对既有路线和构造物等的利用原则和利用方案，合理、充分地利用原有工程，并应符合下列要求：

1) 公路改扩建时机应根据实际服务水平论证确定，高速公路、一级公路服务水平宜在降低到三级服务水平下限之前，二级、三级公路服务水平宜在降低到四级服务水平下限之前，四级公路可根据具体情况确定。

2) 改扩建公路应采用改扩建后的公路技术标准与指标，利用现有公路局部路段因地形、地物限制，提高设计速度将诱发工程地质灾害，大幅增加工程造价或对保护环境、文物有较大影响时，该局部路段的设计可维持原设计速度，但其长度高速公路不宜大于15km，一级、二级公路不宜大于10km，但不应降低技术等级。

3) 对于改扩建期间维持交通的项目，应在进行交通组织设计、交通安全评价等基础上做出项目建设期间交通流组织与疏导方案。在工程实施中，应减少对既有公路的干扰，并应有保证通行安全措施，高速公路改扩建项目维持通车路段，服务水平可降低一级，设计速度不宜低于60km/h 。

4) 一级、二级、三级公路改扩建时，应做保通设计方案。

5) 沙漠、戈壁、草原等小交通量地区的高速公路分离式断面路段利用现有二级公路改建为一幅时，其设计洪水频率可维持原标准不变，设计速度不宜大于80km/h，并应根据需要设置区域交通出行的辅道。

6）公路改扩建项目应充分利用公路废旧材料，节约工程建设资源。

三、环境保护与资源节约

在环境保护方面，首先应坚持保护优先、以防为主、以治为辅、综合治理的原则，严格执行工程建设项目环境影响评价、水土保持方案编制和环境保护“三同时”制度，在总体设计中落实环境保护相关措施和意见，结合项目实际协调好公路建设与环境的关系，减少对环境的不利影响。其次，应合理设置取土场，路侧取土不宜距离路基过近，取土场避免直接开挖路侧山坡坡体。当路基、隧道弃方或弃渣量大时，应结合项目施工组织设计最大限度利用弃方和弃渣；难以利用时，应合理设置弃土、弃渣场地，做好专项设计，保证其稳定，防止水土流失。再次，应加强对路域施工范围及取弃土场地的表土收集与利用，做好对取弃土场、施工便道等临时用地的植被保护与恢复。

在资源节约方面，要减少土地压占、矿产压覆。具体措施有：加强路线走廊带、路线方案的综合比选，采用节地的工程方案与构造物。服务区、停车区等公路附属设施水资源要做到循环利用。如果有条件，可以利用风能、太阳能、地热能等可再生能源；同时要注重对钢材、复合材料等的循环利用，以及粉煤灰、建筑废料等在公路路基填筑及混凝土浇筑中的综合利用。对沥青、水泥混凝土路面及结构物拆除构件等也要力争做到再生利用。

四、设计检验与安全评价

公路设计应运用运行速度方法，对路线设计、几何指标和线形组合设计进行分析检验，检验运行速度的协调性和一致性。各级公路均应采用运行速度方法，对平、纵线形组合设计、技术指标的协调性和一致性、视距以及路线视觉连续性等进行检验，依此优化线形设计、调整技术指标、完善交通工程与安全设施。

高速公路、一级公路和二级干线公路应在设计时进行交通安全性评价，其他公路在有条件时也可进行交通安全性评价。应根据交通安全性评价结论，对线形设计、几何指标取用等进行调整优化，对交通安全设施及管理措施进行检查完善。评价重点路段包括：

(1) 连续长陡纵坡路段的上坡方向的通行能力和服务水平评价，提出交通组织与管理措施方案，必要时论证增设爬坡车道。

(2) 连续长陡纵坡路段的下坡方向分析评价车辆连续下坡的交通安全性，对应完善和加强路段交通工程和路侧安全设施，提出路段交通组织管理、速度控制措施方案，必要时论证增设避险车道。

(3) 路侧临水、临崖、高填方等路段根据安全设施设置方案分析路侧安全风险，完善路侧安全防护设计。

第三节　城市道路总体设计

一、城市道路总体设计要点

城市道路在进行总体设计时，应该注意以下几点：

(1) 路线走向应符合城市路网总体规划。确定工程起终点位置时，应有利于相邻工程及后续项目的衔接，或拟定具体实施设计方案，城市道路路线的线位是城市道路总体规划中确定的，工程的起终点也是确定的，如需改变工程起终点位置，需得到审批部门的同意。

（2）设计速度应根据道路等级、功能定位和交通特性，并结合沿线地形、地质与自然条件等因素，经论证确定。当不同设计速度衔接时，路段前后的线形技术指标应协调与配合。

（3）快速路、主干路应根据预测交通量进行通行能力和服务水平评价，并结合定性分析，确定机动车车道数规模。非机动车车道数、人行道宽度也可根据预测交通量和使用要求，按通行能力论证确定。

（4）横断面布置应根据道路等级、红线宽度、交通组织和建设条件等，划分机动车道、非机动车道、人行道、分车带、设施带、绿化带等宽度，并应满足地下管线综合布置要求；特殊断面还应包括停车带、港湾式公交停靠站、路肩和排水沟的宽度。

（5）高架路或隧道的设置应根据道路等级、相交道路或铁路的间距、交通组织以及道路用地、地形地质、沿线环境等实施条件，经多方案比选和技术经济论证，确定总体设计方案以及布设长度、横断面布置、匝道和出入口布置、结构形式、衔接段设计等。

（6）交叉口节点设置应根据相交道路等级、使用要求、交通流量流向、车流运行特征、控制条件以及社会经济效益、环境等因素，合理确定交叉口的位置、间距、分类、选型、交通组织和交叉口用地范围等；并应在交叉口范围内提出行人、非机动车系统和公交站点的布置方案。

（7）跨江、跨河桥梁应结合航道或水利部门提出的通航、排洪等控制要求，进行总体布置以及环境景观、附属设施的配套设计。

（8）人行过街设施应根据道路等级、横断面形式、车流量、行人过街流量和流线确定，可分别采用人行横道、人行天桥或人行地道的形式，并应提出设置行人过街设施的规模及配套要求。

（9）公共交通设施应结合公交线网规划设计，提出公交专用道、公交站点的布置形式，当公交线路比较密集时，可以设计公交专用道，在布设公交站点时，要注意到公交站点对主线通行能力、通行次序的影响，站点布置的形式和位置要慎重考虑。

（10）道路设计应分别对路段、交叉口、出入口提出机动车、非机动车、行人以及客车、公交车、货车的交通组织设计方案。在进行平面设计时往往需要考虑交通组织方案，只有交通组织方案合理，整个城市的平面和整体设计才能更加合理。

（11）交通安全和管理设施应按主体工程的技术标准、建设规模及项目交通特性，确定其相应的技术标准、设施等级、设置内容和设计方案，并应协调各设施间的衔接与配合。

（12）分期修建的道路工程，应按远期规划的技术标准进行总体设计，并应制定分期修建的设计方案，应近远期工程相结合。

二、城市道路工程与各项规划之间的相互关系

1. 城市总体规划

城市规划分为总体规划和详细规划两个阶段。详细规划又分为控制性详细规划和修建性详细规划。城市总体规划和城市综合交通规划是城市发展的战略体现，而控制性详细规划和道路工程专项规划正是规划管理的控制点。

控制性详细规划中的道路交通规划一般只确定红线、横断面、坐标、高程等，深度还

不足以合理指导施工图的设计。

2. 城市道路交通规划

城市道路交通规划必须以城市总体规划为基础，满足土地使用对交通运输的需求，发挥城市道路交通对土地开发强度的促进和制约作用。城市道路交通规划应包括城市道路交通发展战略规划和城市道路交通综合网络规划两个组成部分。

城市道路交通发展战略规划的内容包括：

（1）确定交通发展目标和水平。

（2）确定城市交通方式和交通结构。

（3）确定城市道路交通综合网络布局、城市对外交通和市内的客货运设施的选址和用地规模。

（4）提出实施城市道路交通规划过程中的重要技术经济对策。

（5）提出有关交通发展政策和交通需求管理政策的建议。

城市道路交通综合网络规划的内容包括：

（1）确定城市公共交通系统、各种交通的衔接方式、大型公共换乘枢纽和公共交通场站设施的分布和用地范围。

（2）确定各级城市道路红线宽度、横断面形式、主要交叉口的形式和用地范围，以及广场、公共停车场、桥梁、渡口的位置和用地范围。

（3）平衡各种交通方式的运输能力的运量。

（4）对网络规划方案作技术经济评估。

（5）提出分期建设与交通建设项目排序的建议。

3. 城市工程管线综合规划

城市工程管线综合规划是综合协调各类工程管线，安排工程管线各自的合理空间，解决管线之间矛盾的有效途径，为管线的设计、施工和管理提供良好的条件，是城市基础设施的有效保证。城市工程管线综合规划应能够指导各工程管线的工程设计，并应满足工程管线的施工、运行和维护的要求。

4. 道路工程规划

道路工程规划就是从交通的角度出发，对原有的道路红线进行优化和最终定位，对道路交通进行设计，从而直接指导工程的实施，方便规划的管理控制。道路工程专项规划是道路施工图的前一道工序，没有这个环节，道路在实施使用时就易出现功能不全的问题，例如，路口、路段通行能力不匹配，公交停靠站无法做成港湾式或无处布置，横断面布设不合理等。道路工程规划是交通规划的具体实施体现，直接指导施工图设计并作为规划管理的确定依据。

道路工程规划主要包括：地面道路（公路）工程的规划控制；高架道路工程的规划控制；城市桥梁、隧道、立交桥等的规划控制。具体内容包括道路的等级、红线位置、桥隧的宽度、净空、道路走向及坐标、道路横断面、城市道路高程、道路交叉口、路面结构类型、道路附属设施以及其他交通设施等，是道路交通工程施工图的上道工序。市政管线规划一般应与道路工程规划同步完成，构成工程规划的完整文件。

第三章 选　　线

【本章要点】

本章介绍了不同设计阶段选线所必须遵循的原则与要点；选线所包括的确定路线基本走向、起终点、控制点、走廊带及路线方案选定等全过程的基本内容和设计要求；常用的选线方法及应符合的规定；选线步骤与方法（路线基本走向、路线方案、路线走廊带以至选定选线原则与要求线位等全过程的基本设计要求和内容）。

第一节 概　　述

一、选线的定义

选线是在规划道路的起终点之间选定一条技术上可行，经济上合理，又能符合使用要求的道路中心线的工作。选线是道路建设的基础工作，面对的自然环境和社会经济环境十分复杂，需要综合考虑多方面因素。为了保证选线和勘测设计质量，降低工程造价，必须全面考虑，应满足：范围从大到小；深度由粗到细；由轮廓到具体。

选线应包括确定路线基本走向、路线走廊带、路线方案至选定线位的全过程。其工作内容包括：

（1）确定路线基本走向：确定大的控制点，解决基本走向，选定“走廊带”（宽带）。

（2）路线布局：进一步加密控制点，解决局部性路线方案，细化“走廊带”（窄带）。

上述两项工作在工程可行性研究阶段解决。

（3）具体定线：根据初步施工图计算，结合自然条件、工程、安全、经济等，把中线落实到实地。

二、公路选线的一般原则

公路选线应遵循下列原则：路线是道路的骨架，它的优劣影响道路功能的发挥和在路网中的作用。路线设计除受自然条件影响外，尚受诸多社会因素的制约，既要考虑经济方面的限制，也要考虑安全、环保、快速和美观的要求。选线要综合考虑多种因素，妥善处理好各方面的关系。其基本原则如下：

（1）确定路线走廊带。应考虑走廊带内各种运输体系及不同层次路网间的分工与配合，按照其功能统筹规划，近远期结合，合理布局。

（2）应由面到带、由带到线，在对地形地貌、地质水文、气候气象、自然保护区、环境敏感区等调查与勘察的基础上论证、确定路线方案。同一起终点的路段内有多个可行路线方案时，应对各设计方案进行综合比选。

（3）应考虑同农田与水利建设、矿产资源开发和城市发展等规划的配合。

（4）应充分利用建设用地，严格保护农用耕地；应保护生态环境，尽量不侵犯城市的绿化建设，并同当地景观相协调。

（5）应尽可能避让不可移动文物、水源地和自然保护区。

（6）应保持与易燃、易爆及污染等危险源间的安全距离。

（7）公路改扩建工程应注重节约资源，利用与改扩建相结合，尽可能避免废弃旧路（增加位置可调整），选定合理的路线方案。

（8）路线布设应有利于特大地质灾害、特殊地基的处理和整治。

（9）公路选线应与自然景观相协调，保护生态环境，注意由于修建道路及汽车运行对生态环境的影响和污染等问题，应尽量避免穿过自然保护区、风景名胜区、湿地、水资源保护地、地质公园等环境敏感区；尽量避免切断动物迁徙通道，无法避免时，应设置足够数量的动物通道或天桥。

（10）应尽可能避让不可移动的文物。

（11）高速公路具有干线功能的一级公路通过作为路线控制点的城镇时，应与城市发展规划相协调，宜与城市环线或支线相连接；新建的二级、三级公路应与城镇周边路网布设相协调，不宜穿越城镇。

（12）选线工作应从三维角度考虑公路的平、纵、横立体线形的组合与合理搭配，并考虑挖方材料的利用和取、弃土场的分布。

（13）不同标准路段之间的过渡应考虑平纵线形的渐变性；路线起终点前后路段应合理衔接。

（14）应选择有利的地形布设路线，尽量降低工程造价和实施难度。对于高速公路和一级公路，由于其路幅宽，可根据通过地区的地形、地物、自然环境等条件，利用其上下行车道分离的特点，本着因地制宜的原则，合理采用上下行车道分离的形式设线。

（15）应听取沿线地方政府和群众的意见。

上述选线原则，除特别指明外，对于各级道路都是适用的。但在掌握这些原则时，不同的项目应有侧重，设计者应在充分了解项目所在区域特殊性的基础上，综合考虑道路的功能和等级，提出拟建项目的选线原则，为下一步路线方案的选择和设计提供理念层面的指导。如高速公路和一级公路主要是为起终点及中间重要控制点间快速直达交通服务的，该功能决定了它的基本方向不应偏离总方向太远，需要与沿线城镇连接时，宜用支线连接。对于等级低的地方道路主要是为地方交通服务，在合理的范围内，应多联系一些城镇。

三、选线的步骤和方法

一条路线的起终点确定以后，它们之间有很多走法。选线的任务就是在这众多的方案中选出一个符合设计要求、经济合理的最优方案。因为影响选线的因素很多，这些因素有的互相矛盾，有的又相互制约，各因素在不同场合的重要程度也不相同，不可能一次就找出理想方案。最有效的做法是从大面着手，由面到线，由粗到细，逐步接近优化路线方案，经过经济、技术综合比较确定路线具体位置。选线按工作内容一般分以下三步进行。

1. 路线走向选择

路线走向选择主要应对拟建公路路线起终点、重要控制点进行研究，分析、研究、论证提出确保建设项目在路网中的功能和作用能够充分发挥的路线走向。必须按照公路网规划的系统性要求，做好拟建项目路线总体布设与相关项目的协调与衔接，发挥公路网的整体功能。应处理好与沿线城镇、其他交通运输方式等的衔接关系，选定跨越大江大河或穿越重要山岭可能出现的特大型桥梁特长隧道的位置。此项工作通常是先在小比例尺（1∶50000～1∶100000）地形图上从较大面积范围内找出各种可能的方案，收集各可能方案的有关资料，进行初步评选，列出所有可能的路线走向方案。然后进行现场勘察，通过多方案的比选论证后基本确定重要控制点和路线走向。当没有地形图时，可采用调查或踏勘方法现场收集资料，进行方案评选。当地形复杂或地区范围很大时，可以通过现代航空技术手段（如航空摄影、遥感等）收集资料进行方案比选。

2. 路线走廊带选择

在预可行性研究阶段初步确定路线起终点、重要控制点和路线走向的基础上，按地形、地质、水文等自然条件定出一些细部控制点，连接这些控制点，即构成路线走廊带，也称为路线带或路线布局。对不同的路线走廊带方案和局部路线方案进行总体设计，估算工程规模，完成工程估算，进行方案比选论证，基本确定路线走廊带。路线走廊带的确定一般应在1∶5000～1∶10000比例尺的地形图上进行。只有在地形简单、方案明确的路段，才可以在现场直接选定。

3. 确定路线具体位置

经过上述两步的工作，路线雏形已经明显勾画出来。确定路线具体位置（或称定线）就是根据技术标准和路线方案结合有关条件在有利的定线带内进行平、纵、横综合设计，具体定出道路中线的工作。

上述选线工作的具体实施是分阶段进行的，预可行性研究阶段应主要研究路线方案，如果拟建项目不需要进行预可行性研究，那么在可行性研究阶段应首先进行路线方案的研究；工程可行性研究应主要选定路线走廊带；设计阶段首先应确定路线具体位置。

需要明确的是，路线走向、路线走廊带，最终都要通过一个线条方案表达出来，在设计工作中，这个线条方案称为路线方案。

第二节　可行性研究阶段路线方案的选择

一、影响路线方案的主要因素

路线方案的选择是路线设计中最根本的问题，目的是合理地确定设计道路的起终点和走向。一般新建公路的走向，已在国家或当地路网规划中有了初步规划，但由于我国社会经济的快速发展，工矿资源的不断发现和开发，国家对公路建设不断提出新的要求，因此在勘测设计过程中，要结合路线的性质及其在路网中的作用、政治经济控制点近远期交通量、主要技术标准、自然条件等因素，进一步研究落实。影响路线方案选择的因素很多，应综合考虑以下主要因素。

1. 拟建项目的功能定位

项目的功能定位体现了国家或地方建设对拟建项目使用任务、性质的要求。确定路线走向时，首先应根据国家和地方的公路网规划综合交通运输现状及规划、社会经济发展规划、产业布局等分析拟建项目在公路网中的地位和作用，确定拟建项目的功能、性质和任务。高速公路和一级公路的功能主要是解决起终点间繁重的直达客货运输。因此，路线除必须经过的控制点外，一般对沿线城镇不宜过多靠近，路线的走向应力求顺直，不可过多偏离路线总方向，以缩短直通客货运输的距离和时间。对有些政治、经济控制点，路线经过有困难时，应与支线连接的方案做比较。对于地方公路则宜靠近城镇和工矿区，以满足当地客货运输的需要。

2. 拟建项目区域路网的分布

路线方案的选择应考虑拟建项目区域路网的分布以及项目在铁路、公路、水运、航空等综合交通运输系统中的作用，与沿线工矿、城镇等规划的关系，以及与沿线农田水利等建设的配合及用地情况。拟建项目在区域路网中处于骨干地位或在综合交通运输系统中处于联络地位的，并且远景交通量较大时，除必须经过的控制点外，一般对沿线市镇不宜过多靠近，特别是货车混入率较大的干线，必须以保证过境货运便捷为主。

3. 沿线自然条件的影响

地形、地质、水文、气象等自然条件，决定了工程难易和运营质量，对选择路线走向有直接的影响。对于严重不良地质的地区、缺水地区、高烈度地震区以及高大山岭、困难峡谷等自然障碍，选线时宜考虑绕避。

4. 设计道路主要技术标准和施工条件的影响

设计道路的主要技术标准如最大纵坡在一定程度上影响路线走向的选择。例如，同一条三级公路，在翻越垭口时，若采用的最大坡度不同，路线的走向是不同的。采用较大的路线纵坡，可使路线更靠近短直方向。施工期限、施工技术水平等，对困难山区的路线方向选择具有重大影响，有时甚至成为决定性的因素。

5. 其他

影响路线方案选择的因素是多方面的，各种因素又多是互相联系和互相影响的，如与沿线旅游景点、历史文物、风景名胜的联系等。路线应在满足使用任务和性质要求的前提下，综合考虑自然条件、技术标准和技术指标、工程投资、施工期限和施工设备等因素，通过多方案的比较，精心选择，提出合理的推荐方案。

二、预可行性研究阶段路线走向选择

如前所述，路线方案选择牵涉面广，问题复杂，相关因素较多，需要分阶段分步骤进行，才能得到满意的结果。路线方案的筛选、比选与优化工作贯穿于从预可行性研究（可行性研究）到公路初步设计、技术设计和施工图设计各个阶段。但是，各个阶段对路线方案的研究和工作重点有所区别。

预可行性研究阶段主要是解决拟建项目起终点间路线的基本走向问题。从建设项目在公路网中的功能和作用出发，分析、研究、论证提出确保其功能和作用发挥的路线走向，必须按照公路网规划的系统性要求，做好拟建项目路线总体布设与相关项目的协调与衔接，发挥公路网的整体功能。

一条路线的起终点及中间必须经过的重要城镇或地点，通常是由公路网规划所规定或相关部门根据国家或地方经济建设需要指定的。这些指定的点称为“据点”，把据点连接成线，就是路线的总方向或称大走向。路线走向方案应处理好与沿线城镇、其他交通运输方式等的衔接关系，选择跨越大江大河或穿越重要山岭可能出现的特大型桥梁、特长隧道的位置；应列出所有可能的路线走向方案，论证后基本确定重要控制点和路线走向。

路线走向的确定应按照基础资料调查收集、筛选可能的路线走向方案、方案综合比选三个阶段进行，其步骤和方法如图3-1所示。

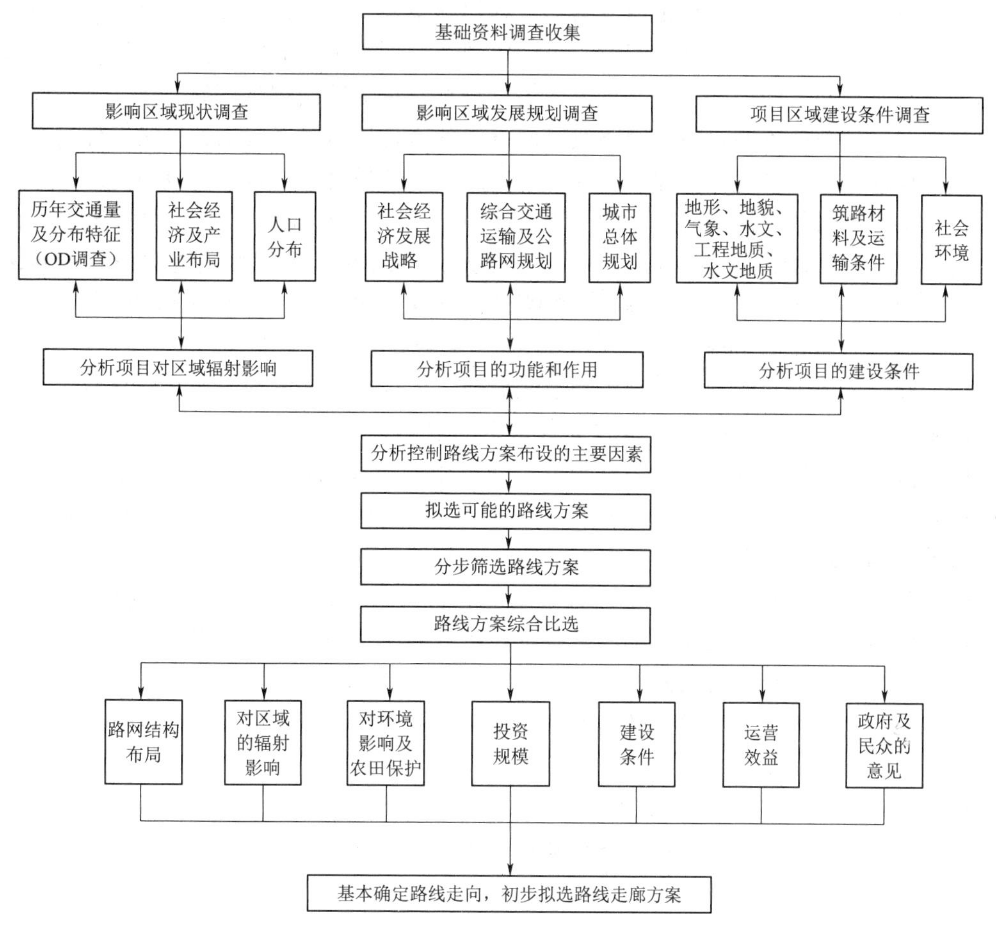

图3-1　预可行性研究阶段路线走向确定的步骤和方法流程

（一）路线走向确定需要的资料

路线走向的确定应通过调查和实地踏勘进行，并收集以下必要的资料。

1. 项目影响区域现状调查

收集现有公路历年交通量及交通出行分布特征（包括起讫点间的交通出行量调查，即交通量OD调查）、经济发展现状及产业布局特征、人口分布状况等资料，分析项目影响区域交通出行特征及路网现状交通量分布状况，预测拟建项目及区域路网的交通量发展趋势；分析论证不同的路线走向方案对区域辐射影响的范围及带动地方经济发展、满足区域交通需求的程度。

2. 项目影响区域发展规划调查

收集项目影响区域社会经济现状和发展规划、综合交通运输发展规划和公路网规划、城市总体规划及土地利用规划进行调查，分析论证拟建项目在综合运输网及公路网中的功能和作用，分析不同的路线走向方案在公路网中的合理性及与城市规划的协调性。

3. 项目区域建设条件调查

（1）地形、地貌、气象、水文、工程地质及水文地质，不良地质及特殊岩土等特征调查。应调查分析论证不同路线走向方案的工程实施条件、工程建设规模及建设项目对自然环境的影响程度，调查宜以搜集资料为主，以观测测量为辅，应在项目区域沿线市、县收集总体方案研究必需的工程资料。宜采用遥感判释、现场踏勘相结合的工作方法，收集研究项目所在区域地质资料，对控制路线走向方案的不良地质和区域工程地质条件进行综合研究，工程地质勘察的内容和深度应执行《公路工程地质勘察规范》(JTG C20—2011)。

（2）工程项目的筑路材料来源及运输条件调查。主要包括自采加工材料如块石、片石、料石、砾石、砂、黏土、料源的质量和数量；矿层的产状、水文地质条件、开采季节、工作面大小、废土堆置场地等；了解当地的交通运输情况以及道路建设中所需材料料源，以及运输所需要的费用等。

（3）社会环境分析调查。调查了解沿线城镇总体规划、土地利用规划及其对路线走向方案的影响；调查了解沿线综合运输方式的分布及其对路线走向方案的影响，如高速公路、国省道路、铁路、机场、港口码头等；调查了解沿线农田、水利设施、自然保护区、环保设施、电力电信设施、旅游、文物保护区等对路线走向方案的影响；调查了解沿线地方政府及人民群众对公路路线走向方案的意见和建议。

除了收集上述资料外，路线走向方案的选择应充分考虑公路沿线地方经济的发展需求，应征询地方政府及相关主管部门（包括城市规划、交通、农田、水利、环保、铁路旅游、文物、航道等）对拟建公路路线方案的意见，听取对拟建公路路线起终点、主要控制点路线走向、与城市出入口道路及其他公路衔接方式等的意见和建议，并取得地方政府及相关部门的正式书面意见。

（二）路线走向确定的步骤和方法

路线走向确定一般包括路线起终点及重要控制节点研究、重要控制节点的选择、路线走向方案的初步拟订、现场踏勘、综合比选推荐主要控制点和走向方案等几个步骤。

1. 路线起终点及重要控制节点研究

路线起终点的选择应在批准的公路网规划确定的节点基础上，由政府和交通主管部门在拟建项目可行性研究任务委托书中提出初步节点位置或城镇名称，从技术和经济等方面进行论证比选确定，应根据路网衔接和交通转换的要求，提出不同的起终点连接方案。

拟建项目系两个城市连接时，应结合两城市总体规划和干线公路过境规划，研究分析论证路线的连接方式和地点；路线起终点应选择在有利于公路网的合理构成、过境交通流快速通过、干线交通流快速转换、城市出入交通流快速集散的位置；其前后一定长度范围内的路线走向应有接线方案和近期实施的具体方案；一般不同的起终点将组合形成不同的路线方案，应从技术、经济等方面进行比选论证后提出推荐意见；重要交通区位的大中城市有多条干线公路汇合和过境时应作为重要的交通枢纽城市，一般应对城市的过境交通规划作专题研究，其成果作为项目可行性研究的主要依据。

拟建项目路线起终点为路网规划中的两个节点或有明确的接线原则时，应在服从公路网规划主要控制点的基础上，研究拟建项目路线的起终点与其他现状公路及规划公路连接状况，分析形成路网后衔接的协调性，并满足交通转换的要求。

2. 重要控制节点的选择

重要控制节点的选择应考虑城市化水平、人口分布、资源分布、生产力布局、自然地理条件等众多因素的影响，一般应遵循如下基本原则：

（1）满足交通运输的需求，带动和引导区域经济及城市化发展。

（2）最大限度地吸引交通流，提高运输通道的使用效率。

（3）路线走向的选择应与区域的整体规划相协调。

3. 路线走向方案的初步拟订

根据初步论证拟订的路线起终点、中间重要控制点初步拟订路线走向方案。

（1）对平原区公路，一般可在 1∶100000、1∶50000 地形图上初步研究可能的路线走向方案，经筛选和调整，确定外业踏勘方案，并在 1∶50000 或 1∶10000 地形图上进行方案研究。

（2）对山岭区公路，除在 1∶100000、1∶50000 地形图上初步研究可能的路线走向方案外，宜考虑利用遥感地质影像图、卫星图片、航空图片等，采用数字地面模型技术，建立区域三维模型，对山脉走向、河谷、盆地等重要地形特征进行研究，综合考虑路网、主要控制点、工程规模等因素，初步拟选可能的路线走向方案，确定外业踏勘的方案，并在 1∶50000 或 1∶10000 地形图上进行方案研究。

4. 现场踏勘

对于初步选定的路线方案，应充分征求地方政府意见，对区域内的地形条件、地质条件等自然环境和社会环境进行踏勘，现场核实和研究，反复调整，通过初步分析筛选，提出有比选价值的路线方案，进行路线方案综合比选。

5. 综合比选推荐主要控制点和路线走向方案

对路线走向方案的综合比选，应采取定性与定量相结合的原则，避免仅从个别指标，如工程量、经济角度片面评价方案的优劣，而应从以下几个方面进行多目标分析论证：

（1）路线走向方案应符合公路网规划的要求，路网结构应合理，与沿线城市路网规划的衔接应协调。

（2）最大程度地带动区域经济的发展，形成有效的辐射影响范围。

（3）与自然环境和社会环境相协调。

（4）进行工程数量和工程投资估算比较，并对大型构造物等控制性工程的建设条件进行分析，降低工程造价，节约工程投资，方便施工。

（5）对所经区域地形地质条件、不良地质分布、筑路材料和运输条件、施工场地布置、施工便道、地方政府支持力度等方面进行评价和比较。

（6）最大限度地满足区域交通需求，吸引地方交通，充分发挥公路的整体运营效益。

（7）地方政府及相关部门对路线方案选择的意见和建议。

论证后，推荐路线主要控制点及路线走向方案。

（三）路线走向及主要控制点的选定原则

（1）路线起终点，必须连接的城镇、重要园区、工矿企业、综合交通枢纽，以及特定（跨越大江大河）的特大桥、特长隧道等的位置，应为路线基本走向的控制点。

（2）特大桥、大桥、特长隧道、长隧道、互通式立体交叉、铁路交叉等的位置，应为路线走向控制点，原则上应服从路线基本走向。

（3）中、小桥涵，中、短隧道，以及一般构造物的位置应服从路线走向。不同的设计阶段，选线工作内容应各有侧重，后一阶段应复查并优化前一阶段的路线方案，使路线线位更臻完善。

三、可行性研究阶段路线走廊选择

1. 路线走廊及其确定步骤

如前所述，预可行性研究阶段确定的路线起终点及重要控制节点，一般是由政府和交通主管部门根据国家或地方建设需要指定的，在指定这些重要控制点时，考虑的问题较宏观，对技术层面的问题考虑较少。可以归纳路线走向与路线走廊的区别和联系，即将公路网规划所确定的路线起终点和控制点依次连接，就是路线走廊的基本走向。走廊内的控制点间有不同的连接方法，构成了路线走廊的可能方案。路线走廊方案确定后，就决定了路线的大致长度、对环境的影响程度、对经济的带动作用、施工难易程度和工程的基本造价等。

确定路线走廊的步骤，按先后顺序包括：在预可行性研究的基础上进行社会环境、建设条件和自然条件等的补充调查；对控制路线走廊方案布设的主要因素进一步分析，拟选可能的路线走廊方案；对提出的路线走廊方案，进行必要的实地踏勘和专业调查，并听取有关部门意见；对不同的路线走廊方案进行概略总体设计，估算工程数量，进行投资估算；通过路线走廊方案比选论证，提出推荐方案。

2. 路线方案研究应补充调查、勘察的主要工作内容

补充和加深对项目社会环境和建设条件的调查。包括调查项目影响区域社会经济、综合交通运输现状及发展规划，沿线城镇总体规划、土地利用规划、沿线重大建筑物，农田、水利设施，环境保护设施，电力设施，旅游、文物古迹保护区，进一步分析控制路线走廊方案布设的因素，与当地有关主管部门协调，取得地方政府及相关部门的正式书面意见。

补充和加深对项目自然条件的调查、测量和工程地质勘察。工程所在区域的自然条件调查包括地形、地貌、气象、水文、地震、工程地质、水文地质、不良地质及特殊性岩土等基础资料。工程地质勘察的目的和任务是进一步了解项目所在区域工程地质特征，查明工程可行性研究确定的路线走廊方案的一般工程地质条件，以及控制性工程方案的主要地质状况，为拟订路线走廊方案、桥位、隧址工程的比选及编制工程可行性研究报告提供地质资料。工程可行性研究阶段，地质勘察应采用遥感判释和工程地质调绘（1∶50000 或 1∶10000）的方法进行，对路线走廊区域内不良地质地段、特殊岩土和控制性工程应补充必要的地质勘察，基本查明全线的地质状况。工程地质勘察的内容和深度要求按照《公路工程地质勘察规范》（JTG C20—2011）执行，调查成果应形成项目工程地质勘察专题报告。

3. 工程可行性研究阶段路线走廊方案比选的步骤、方法和要求

（1）路线走廊方案研究应在预可行性研究成果及初步评估意见的基础上，针对初步论证拟订的路线走向方案和起终点、中间重要控制点，充分听取沿线地方政府、交通主管、

城市规划、环境保护等部门对路线方案的意见和建议，在1∶10000（或1∶5000）地形图上进行走廊方案布设并进行研究分析，经优化筛选、论证，选择路线走廊方案和比较方案。

（2）工程可行性研究阶段应对不同的起终点方案从路网衔接的合理性、满足交通需求、工程投资规模等方面进行分析比较，合理确定路线的起终点。

（3）路线走廊方案的研究应坚持全面、协调、可持续的科学发展观，充分利用有利地形，尽量绕避不良地质地段，考虑安全、环保、保护农田和水资源等因素选择线形均衡、纵坡平缓、行车安全及与环境相协调的方案。

（4）应根据选择的路线走廊方案和比较方案，各专业进行现场踏勘和必要的勘察工作，并与地方政府所属规划、交通、水利、土地、环保、铁路、机场、军事设施、文物等部门及相关单位就路线走廊、重要桥梁、隧道方案及互通式立交的设置等重大事项作进一步协调，基本确定路线走廊方案。

（5）综合比选。路线走廊方案的综合比选应采取定性与定量相结合的方法进行。重点考虑以下几个方面：路网结构布局合理、路线顺直；带动地方经济发展，方便区域交通出行；建设条件（地形条件、工程地质条件、建设环境及施工难易程度等）；环境影响和占用农田；主要工程数量和投资规模；路线平纵面设计总体技术指标；公路养护、综合管理及运营效益；地方政府及民众意见。

（6）根据不同的路线走廊方案，在1∶10000地形图（大型控制性工程可采用1∶5000地形图）上进行概略总体设计，包括路线、路基、路面、桥涵、隧道、立交、交通工程及沿线设施等，估算工程数量，进行投资估算。

（7）推荐路线走廊方案及主要控制点，并推荐路线走廊方案主要技术指标及工程规模。

第三节　设计阶段不同地形条件下的道路选线

工程可行性研究报告批复后，批准的路线走廊是一条具有一定宽度的带，路线中线的具体位置仍待设计阶段确定，这项工作是初步设计、技术设计和施工图设计的主要任务之一。确定路线的具体位置时，由于项目所在区域的自然特征不同，考虑问题的侧重点也有所不同，掌握的原则和工作要点也不同，甚至采用的方法也有所区别。本节主要讨论不同地形条件下道路选线、定线的要点和方法。

一、各设计阶段选线的主要内容与方法

公路选线工作应贯穿于公路工程初步设计、技术设计和施工图设计的各个阶段，并随着设计阶段的进展由面到带、由带到线、由线到点，逐步加深。

（一）各设计阶段选线的主要内容

1. 初步设计阶段

在初步设计阶段，应根据批复的可行性研究报告、测设合同的要求，收集有关基础资料，拟订选线原则，确定路线设计方案。要收集的基础资料包括：①各种比例尺的地形图、卫星相片、航摄像片及已有勘测设计资料；②工程可行性研究阶段的地质、环境等评

估报告；③路线经过地区的地质、水文、气候等有关资料；④路线经过地区的城镇、工矿、公路、铁路、航空、水利建设和规划资料；⑤村镇、建筑、管线等分布资料；⑥环境分区和环境敏感区（点）及动、植物保护区的分布资料；⑦动物迁徙路径和日常穿行的通道资料；⑧文化、文物遗迹资料；⑨土地资源及自然风景点分布资料；⑩料场分布资料。

资料收集工作完成后，需对工程可行性研究阶段推荐的路线走廊进行研究，提出推荐的路线方案。接下来基本确定路线起终点的平面位置和纵断面衔接关系；基本确定一般路段的平面和纵断面设计方案；基本确定特殊路段的平面和纵断面设计方案；基本确定大型构造物路段的路线平面和纵断面设计方案。

2. 技术设计阶段

在技术设计阶段，应根据初步设计批复意见、测设合同的要求，进一步修改完善选线原则，重点解决初步设计中未解决的重大、复杂技术问题，并完成以下工作内容：①根据路线方案分析比较结果，对初步设计推荐的路线方案进行优化调整，确定路线方案；②对于关系到路线方案的重大技术问题应反复比较，按照施工图要求的深度进行放线，确定路线的具体位置。

3. 施工图设计阶段

在施工图设计阶段，应根据初步设计或技术设计的批复意见、测设合同的要求，审定选线原则，确定路线方案。在该阶段，要对初步设计阶段或技术设计阶段推荐的路线方案进行核查、审定，确定路线方案；确定路线起终点的平面位置和纵断面衔接关系；完成一般路段的平面和纵断面设计；完成特殊路段的平面和纵断面设计；完成大型构造物路段平面和纵断面设计。

（二）各设计阶段的工作方法

初步设计阶段应将所收集的资料进行归纳整理，展布在选线所需的不同比例尺地形图上，并根据公路等级选用现场定线、纸上定线或三维互动定线。二级、三级、四级公路一般可采用现场定线，有条件时宜采用纸上定线，地形受限时应采用现场定线与纸上移线、现场核查相结合的方法；高速公路、一级公路应采用纸上定线与现场核查相结合的方法；高速公路、一级公路及景观要求高的公路宜采用计算机三维互动定线并现场进行核查。

技术设计阶段应在初步设计收集资料的基础上补充收集技术设计所需的基础资料，测量影响路线线位的控制点和控制断面，采用纸上定线并进行现场核对。

施工图设计阶段应进一步补充收集基础资料，测量影响路线线位的控制点和控制断面，根据控制要素进行纸上定线并现场核对，测量放线，并根据需要进行动态调整。

二、平原区选线

平原地区地形平坦，坡度平缓，除草原、戈壁外，一般城镇、居民点、工业区稠密，土地资源宝贵，河流水网发达。公路、铁路及管线等交通运输设施密集。村镇、农田、河流、湖泊、水塘、沼泽、盐渍土等为平原地区较常遇到的自然障碍。所以，平原地区选线的主要特征是克服平面障碍，路线方案应根据拟建项目的功能和性质合理布设。其要点如下：

(1) 平原区地形对路线的限制不大，路线的基本线形应是短捷顺直，转角应控制得当，曲线长度搭配均匀，平纵技术指标均衡，当采用较小指标时，应注意线形的渐变过渡，避免采用长直线。两控制点之间，如无地物地质等障碍和应趋就的风景、文物及居民点等时，则两点间直接连线是最理想的。而在一般地区，农田密布，灌溉渠道网纵横交错，城镇、工业区较多，居民点也较稠密。按照公路的使用任务和性质，有的需要靠近，有的需要绕避，从而产生了路线的转折，虽增加了距离，但这是必要的。因此，平原区的选线方法为：先把路线总方向规定经过的地点如城市、工厂、农场和乡镇以及文物风景地点作为大控制点；然后在大控制点之间进行实地勘察，了解农田优劣及地物分布情况，确定可穿越、该绕避、应趋就的点，从而建立起一系列中间控制点。路线一般应由一个控制点直达另一个控制点，不做任意的扭曲。

（2）路线应尽可能采用较高的平纵面技术指标，在满足路基最小填土高度、桥涵建筑高度的情况下，应适应地形起伏，尽量降低路基高度，节省工程造价。同时，便于将来提高道路等级时能充分利用原路基、桥涵等工程。

（3）公路选线、定线应针对路线沿线社会环境、生态环境的区域性质，分别采取相应的环境保护措施。公路选线、定线应绕避居民饮用水水源区、珍稀动植物栖息地及生长区，宜避让主要农作物生长区、果园、苗圃及自然保护区，如无法绕避时，应采取相应的保护治理措施；应绕避学校、医院、养老院等敏感区，宜绕避居民小区、房屋密集的村镇，如无法绕避时，采取相应的保护防治措施；应综合考虑桥涵交叉、通道等构造物设置的条件，充分利用有利地形，降低路基高度，减少取土数量，取土坑应尽可能选择在荒山荒坡上，如必须在公路两侧取土时，应做好复垦改造设计。

（4）正确处理道路与农业的关系。路线布设应尽量少占耕地，避免切割大块良田，节约土地资源。平原区新建道路要占用一些农田，这是不可避免的，但要尽量做到少占和不占高产田。布线要从路线的地位、支农运输、地形条件、工程数量、运营费用等方面全面分析比较，既不片面求直占用大片良田，也不片面强调不占某块田使路线弯曲，造成行车条件恶化。

（5）路线平面位置的布设应有利于交通组织和地方路网功能的发挥，对于相对发达、密集的路网，可结合各条道路的等级、交通量及重要性归纳整理，适当合并，减少路网与拟建项目的交叉次数。

（6）合理考虑路线与城镇的关系。平原区有较多的城镇、村庄、工业及其他设施，路线应尽量避绕城镇密集区，尽量不破坏或少破坏，并采用较高的技术指标通过。路线与城镇边缘的距离要合理，既要为城镇的发展预留足够空间，又要方便居民出行。路线选择应绕避城镇规划用地和备用水源地。当条件受限路线必须从城镇密集区附近通过时，布线应注意路线平面布置应与城镇周边路网协调，利于城镇路网衔接，避免纵断面出现“阻断、隔离"现象；高速公路选线时宜考虑设置集散道路，纵断面宜优先考虑高架桥方案，以利于城镇的拓展延伸，其次宜考虑低填或浅挖方案，以利于设置跨线构造物。

（7）在河网区布线时，应根据灌溉渠、排涝渠和自然沟、河的组成及其比降小、流速缓慢的特点，对河网进行归纳整理，分清主次关系，合理布设路线位置。有条件时可合并小型沟、河，以减少构造物数量，降低路基填土高度，减小工程规模，节约工程造价。特大桥是路线基本走向的控制点。大桥原则上应服从路线总方向，应综合考虑桥、路线形组合设计。桥位中线应尽可能与洪水的主流流向正交，桥梁及其引道宜采用直线，位于直线上的桥梁，两端引道设置曲线时，应使桥梁与引道的线形合理组合，使路线视野开阔，视线诱导良好。

当条件受限时，也可设置斜桥或曲线桥。要防止两种倾向：一种是只强调桥位，造成路线过多地迂绕，或过分强调正交桥位，出现桥头急弯影响行车安全；另一种是只顾线形顺直，不顾桥位，造成桥位不合适或斜交角过大，增加建桥难度。

中、小桥和涵洞位置应服从路线走向，当桥轴线与洪水流向的夹角小于45°或河沟过于弯曲时，可采取改河或改移路线，调整桥轴线与洪水流向的夹角，避免过分增加施工难度和加大工程投资；当河流有通航要求时，路线应选择在河道顺直、岸坡稳定的河段跨越，纵断面应考虑足够的通航净空；对于泄洪能力要求高的河流，路线应选择在河道通畅顺直、稳定的河段通过，当路线为曲线时，宜使曲线的凹面正对水流方向，路线与河流的夹角宜为90°或接近90°，纵断面设计应考虑救援、抢险通道的净空需求。

(8) 合理确定与被交叉道路的交叉形式。当两条路为平面交叉时，应根据主路优先的原则选择路线的位置；当两条路为立体交叉时，应根据纵段面前后的线形综合考虑上跨或下穿形式。

(9) 路线与各种管网管线相交或平行时，应满足相关行业标准规范的规定。路线应尽量避开重要的电力、电信设施，当必须靠近或穿越时，应保持足够的距离和净空，尽量不拆或少拆各种电力、电信设施；原油、天然气输送管道与高速公路、一级公路相交时，应采用下穿方式，埋置地下专用通道；与二级、三级、四级公路相交时，应埋置保护套管，埋置深度除满足相关行业规定外，还应符合《公路桥涵设计通用规范》(JTG D60—2015) 有关规定，并按所穿越公路的车辆荷载等级进行验算，穿越公路的保护套管顶面距路面底层的底面不应小于1.0m。

(10) 路线宜采用大半径平曲线绕避障碍，保证路线顺直流畅；路线绕避山嘴、跨越沟谷或其他障碍时，宜使曲线交点正对主要障碍物，使障碍物在曲线的内侧并采用较小的偏角；若曲线半径不大，视距受限时，曲线交点与障碍物宜错开，保证视距要求。

三、山岭区河谷选线

沿河（溪）线是沿河（溪）走向布设的路线。山区河流，谷底一般不宽，两岸台地宽窄不一，谷坡时缓时陡，间或为浅滩和悬崖峭壁。河流多呈弯曲状，凹岸较陡而凸岸较缓，如沿一侧而行，陡岸缓岸相间出现。两岸均为陡崖处为峡谷，开阔处常有较宽台地，多是山区仅有的良好耕地。河谷地质情况复杂，常有滑坡、岩堆、泥石流等病害存在。寒冷地区的峡谷因日照少，常有积雪、雪崩和涎流冰等现象。山区河流，平时流量不大，但一遇暴雨，山洪暴发，洪流常夹带泥沙、砾石、树木等急速下泄，冲刷河岸，毁坏桥涵，淹没田园，危害甚大。

上述自然条件给选线工作造成一些困难，但和山区其他线形相比，沿河（溪）线具有路线走向明确，平、纵线形指标高，联系居民点多，便于为工农业生产服务，建筑材料来源方便，水源充足，便于施工、养护，工程造价低等优点。只要善于利用有利地形，克服不良地质、水文等不利因素，山区选线应优先考虑沿河（溪）线。利用山区河谷选线，需处理好如下几个方面的问题。

（一）河谷选择

河谷选择是确定路线走廊的基础，在定线阶段，应对路线走廊所确定的河谷的水系分布、水文、地质、地形、自然环境、人文环境、土地资源等进行核查，如果存在影响路线方案的重大问题，应重新进行河谷走廊的选定工作。河谷的选择应注意以下要点：

(1) 河谷走向应与路线走向基本一致，偏离路线走向的河谷应及早放弃。

(2) 应注意选择两岸开阔、地质条件较好、纵坡及岸坡较平缓的河谷。

(3) 当河谷上下游纵坡相差较大时，应根据定线的平均坡度，处理好上下游的衔接。

(4) 应避免选择人口密集、土地资源珍贵、自然景观秀美的河谷作为路线走廊。

（二）路线布局

河谷选择以后，沿河（溪）线的路线布局，主要解决河岸选择、高度选择和桥位选择三个问题。这三个问题往往是互相联系和互相影响的，选线时要抓主要矛盾，结合路线性质、等级标准，合理解决。

1. 河岸选择

对于所选的河谷，应结合地形、地质、水文、农田及城镇分布等情况，选择有利的一岸定线。当有利的岸侧分布在河谷两侧时，应注意选择有利的地点跨河换岸。需要展线时，应选在支沟较大，利于展线的一岸。有利的条件常交错出现在两岸，选线时应深入调查，综合比较，全面考虑，决定取舍。选择河岸时应考虑以下主要因素：

(1) 地质条件。如遇不良地质时，应进行不良地质评估，对跨河绕避与综合整治方案进行比较确定；在山区河谷中，如山体为单斜构造，路线宜选择山体稳固的一岸；两岸均有不良地质分布时，应对设置高架桥、隧道及不良地质的治理等方案进行综合比较，确定路线布设位置。对区域性地质构造、滑坡、岩堆、崩塌、泥石流、岩溶等严重不良地质地段，应认真调查其特征、范围及对路线的影响。如不易处理时，应跨河绕避。

(2) 地形条件。当河谷两岸地质条件较好或差异不大时，路线应选择在地形平坦顺直、支沟较少和不受水流冲刷一岸的阶地上；当需要展线时，应选择在支沟较开阔，利于展线的一岸。

(3) 农田及城镇分布条件。路线一般应选择在居民点和工矿企业较多、经济较发达的一岸，以便于为地方服务，但为避免大量拆迁民房和不妨碍城镇发展等原因，也可能需要绕避，此时应根据具体情况进行比选；土地稀少、珍贵是河谷地带最为突出的问题，选线中应采取必要的措施，少占或不占农田。而当遇到积雪和冰冻地区时，由于积雪和冰冻地区的阳坡和阴坡、迎风面和背风面的气候差异很大，在选线时应在不影响路线整体布局的前提下，尽可能选择阳坡和迎风的一岸，以减少积雪、涎流冰等病害。有时即使阳坡工程量大些，也应从保证行车安全考虑，选择阳坡方案为宜。

2. 高度选择

路线高度一般应避免路基直接遭受洪水侵蚀，当无法避免时，应采取切实可行、安全可靠的防护措施。路线设计高程与洪水位之间应预留足够的安全高度（0.5m），预留安全高度应包括河道沙石淤积高度、急弯处水位由于离心作用的抬升高度等。

沿河线按路线高度与设计洪水位的关系，有低线和高线两种。

低线是指高出设计水位（包括浪高加安全高度）不多，路基临水一侧边坡常受洪水威胁的路线。低线的优点是平纵面线形比较顺直、平缓，易争取到较高标准；土石方数量较小，边坡低易稳定；路线活动范围较大，便于利用有利地形和避让不良地形、地质；跨支流方便，必须跨越主流时也易处理。缺点是受洪水威胁，防护工程较多。

高线是指高出设计水位较多，基本不受洪水威胁的路线，一般多用在利用大段较高台地，或傍山临河低线易被积雪掩埋以及为避让艰巨工程而提高线位等情况。它的优点是不受洪水侵袭，废方较易处理。但由于高线一般位于山坡上，路线必然随山势弯曲，线形差，工程量大；遇缺口时，常需设置较高的挡土墙或其他构造物；避让不良地质和路线跨河换岸困难。

沿河（溪）线的线位高低，是根据两岸地形、地质条件以及水文情况，结合路线等级和工程经济选定。沿河线的路肩设计高程既要保证路肩高出规定洪水频率的设计水位，又要避免路线高悬于山坡之上。路线一般以低线位为主，但必须做好洪水位的调查，以保证路基稳定和安全。在安全的前提下做到“宁低勿高”。

高度选择时，需全面掌握河谷特征，统筹规划纵断面设计。

（1）坡度受限地段应根据路线纵坡，尽量利用支沟和其他有利地形、地质条件适当展线。一般“晚展不如早展”，使路线高度尽早降低至河谷台地上，以便利用下游平缓河段，减少路基、桥隧工程，也利于跨河换岸。

（2）自由坡度地段可结合地形、水文及工程的需要，使路线适当起伏。路基最低高程应在设计洪水位以上，但不宜过高，以减小桥涵工程，便于河岸选择。

3. 桥位选择

按路线与河流的关系，有跨支流和跨主流两类桥位。跨支流桥位选择，一般属于局部方案问题，而跨主流桥位选择多属于路线布局的问题。跨主流桥位常是决定路线走向的控制点，应与河岸选择同时考虑。当路线因地形、地质需换岸布线时，若桥位选择不当，会造成桥头线形差，或增加桥梁工程。因此在选择河岸的同时，需处理好桥位及桥头路线的布设问题。

路线跨越主河，因路线与河流接近平行，桥头布线一般比较困难。在选择桥位时应处理好桥位与路线的关系。对于高速公路和一级公路，在选线时还应注意以下几个问题：

（1）线位与村镇关系的处理。在狭窄的河道两岸分布有村镇时，路线布设应尽可能远离村镇，减少对居民的声、水及光污染，减少房屋拆迁。

1）泉水或地下水是山区居民主要的饮用水水源，路线应布设在村庄周围地势较低的一侧，避免污染饮用水水源。

2）路线布设应考虑汽车灯光污染，当线形为右偏曲线时路线应布设在村庄左侧，当线形为左偏曲线时路线应布设在村庄右侧，如果条件不允许时，则应采取栽植遮光林等遮挡措施。

3）路线布设应尽量避免或减少对当地居民出行的干扰，应避免村庄被围在山凹之中，如无法避免时，应设置通道或高架桥保证居民出行。

4）线位选择应避免大规模的拆迁安置。

（2）傍山隧道的线位选择。傍山隧道方案具有提高路线线形指标、绕避不良地质、减少土方开挖数量、保护自然环境等诸多优点，在沿溪线中广泛采用，布线时应注意以下要点：

1）线位应尽量向山体内部偏移，以减少隧道偏压，当路线沿溪右侧（相对于路线前进方向）布设时，隧址段线形宜采用左偏曲线；反之，宜采用右偏曲线。

2）隧址段平面线形宜采用灵活的布线方式，以适应洞外线形衔接的需要。如果洞口段地形狭窄，宜采用小间距隧道形式，以减小洞外工程规模。

3）长隧道、特长隧道平面线形布设在确保隧道不受偏压的情况下，可将线位外移，为隧道侧向通风方案和侧向逃逸救援方案提供条件。

4）在有条件时，宜采用半路半隧的形式，以节约工程造价。

（3）跨河换岸位置的确定。

1）跨河换岸宜选择在河道主河槽稳定、两岸边坡稳定、桥址处无隐伏的地质断裂带、地质条件良好的位置；宜使路线与河流接近正交，桥梁最短。

2）两岸的线形布设应有利于洪水迅速宣泄。

3）当路线与河道交角较小时，路线纵断面必须充分考虑洪水位变化的影响，确定桥梁起点、中心及终点等多处位置的洪水控制高程和路线设计高程。

（4）互通式立交。

1）互通式立交是沿溪线的重要控制点，应进行多位置、多方案的论证比选。

2）互通式立交位置的选择应与环境相协调，与自然景观有机结合，避免破坏自然环境和景观。

3）立交区主线平纵面应具有良好的通视条件。

4）互通式立交形式应灵活多样，可根据地形条件采用分体式、变异式等多种形式，在充分论证的前提下灵活掌握立交的线形指标。

（5）横断面形式。沿溪线应采用灵活的断面形式适应地形需要，具体应注意以下要点：

1）根据地形条件可采用纵向分离式路基，以减少路基上边坡的开挖高度和下边坡的填筑高度，线位布设应适度把握左右线分离距离和纵断面分离高度。

2）分离式路基可采用沿河两岸布设，也可采用左右线交叉换位的布线方式，以减轻对沿线自然景观的破坏。

3）岸坡陡峻、河道狭窄的路段可采用半桥半路基或半隧半路基的横断面方式，减少对山体的开挖和路基对河道泄洪断面的挤压。

4）河谷宽度仅允许布设一侧路基且傍山隧道布设条件困难时，路线线位布设可采用左右幅叠加的高架桥方案。

（6）土方平衡。

1）如河谷内有大量的填方材料可供利用，应采用多填少挖的布线方式，减少挖方数量，以减轻对自然环境的破坏。

2）如河谷内天然填方材料较少，挖方材料适合于再利用时，应采用填挖平衡的布线方式。

3）如河谷内天然填方材料较少，挖方材料不适合再利用时，应采用多挖少填的布线方式。

四、山区越岭选线

越岭线指翻越山岭布设的路线。其特点是需克服很大高差，路线长度和平面位置主要取决于路线纵坡的安排。在越岭线选线中，须以安排路线纵坡为主导，处理好平面和横断面的布设。

越岭线选线主要解决垭口选择、过岭高程选择和垭口两侧路线展线三个问题。它们是相互联系、相互影响的，布局时应结合水文及地质条件，处理好三者的关系。对海拔较高、气候恶劣、雾雪严重的越岭线，应结合道路的使用任务及功能，要求常年保持畅通的干线道路，应与在雪线以下或气候较好地段，以采用隧道方案通过进行比较。高速公路、一级公路因纵坡控制较严，要求路线短捷，越岭线必须根据地形、地质及气候条件，对越岭隧道与越岭展线进行详细的技术、经济比较。

（一）垭口选择

垭口是山脊上呈马鞍状的明显下凹地形。垭口是体现越岭线方案的主要控制点，应在基本符合路线走向的较大范围内选择，全面考虑垭口的位置、高程、展线条件和地质条件等。一般应选择基本符合路线走向、高程较低、地质条件较好、两侧山坡利于展线的垭口。

1. 垭口位置选择

垭口位置在基本符合路线走向的前提下，与两侧山坡展线方案结合考虑。先考虑高差较小，且展线降坡后能与山下控制点顺直连接的方案，不无效延长路线。再考虑稍微偏离路线方向，但接线较顺，且不过于增长里程的其他垭口方案。

2. 垭口高程选择

垭口海拔高低及其与山下控制点的高差，对路线长短、工程量大小和运营条件影响较大。在高寒地区，特别是积雪、结冰地区，海拔高的路线对行车不利。有时为走低垭口，即使方向有些偏离，距离有些绕远，也应注意比较。但如积雪、结冰不太严重，对基本符合路线走向、展线条件较好、接线较顺、地质条件较好的垭口，即使稍高，也不应放弃。

3. 垭口展线条件选择

山坡线是越岭线的主要组成部分。山坡坡面的曲折程度、横坡陡缓、地质好坏等条件，与线形指标和工程量大小有直接关系。因此，选择垭口必须结合山坡展线条件一起考虑。如有地质较好、地形平缓、利于展线降坡的山坡，即使垭口位置略偏或较高，也应进行比较。

4. 垭口地质条件选择

垭口一般地质构造薄弱，常有不良地质存在，应深入调查地层构造，查清其性质和对路线的影响。对软弱层型、构造型和松软土侵蚀型的垭口，只要注意岩层产状及水的影响，路线通过一般问题不大。对断层破碎带型及断层陷落型垭口，一般应尽量避开；必须通过时，应查清破碎带的大小及程度，选择有利部位通过，并采取工程措施（如设置挡土墙、明洞）保证路基稳定。对地质条件差的垭口，局部移动路线或采取工程措施也不能保证安全时，应予放弃。

（二）过岭高程选择

路线过岭，可采用路堑或隧道通过。过岭高程越低，路线也会越短，但路堑或隧道就会变深、变长，工程量也会增加。因此过岭高程应结合路线等级、垭口地形、地质以及两侧展线方案、过岭方式等因素经技术经济比较选定，这些因素互相影响，应全面分析各种可能的比较方案，作出合理选择。过岭方式主要有如下几种。

1. 浅挖低填

对宽而缓的垭口，有的达到数公里，偶有沼泽出现时，宜采用浅挖低填的方式过岭，过岭高程基本是垭口高程。

2. 深挖垭口

当垭口比较瘦削时，常采用深挖的方式过岭。深挖垭口，虽土石方工程较集中，但因降低了过岭高程，缩短了展线长度，总工程量不一定增加。即使有所增加，也可从改善行车条件、节约运营费中得到补偿。对垭口挖深，应视地形、地质、气候条件以及展线对垭口高程的要求等因素确定。地质条件良好时，一般挖深在 30m 以内。垭口越瘦，越宜深挖。深挖垭口工程量集中，要处理大量挖方，且施工条件差，影响施工期限，同时运营期边坡病害较多，稳定性差，这些都应在选定过岭高程时充分考虑。

3. 隧道穿越

当垭口挖深在 30m 以上时，应与隧道穿越方案进行技术经济比较。垭口瘦薄时，采用隧道能降低路线高度，缩短里程，提高线形指标，减轻积雪、结冰的影响。

一般情况下，隧道高程越低，路线越短，技术指标越高，运营也越有利。但高程低，隧道就长，工期也长，造价就高。因此，隧道高程的选定应根据越岭地段的地质条件，以临界高程作为参考依据。临界高程是隧道造价和路线造价总和最小的过岭高程。设计高程如高于临界高程，则路线展长费用将多于缩短隧道；设计高程如低于临界高程，则隧道加长费用将多于缩短路线。设计高程降低，可节约运营费用，对交通量大的路线为重点考虑的因素。

隧道高程的选定除经济因素外，还应考虑以下因素：

(1) 地质和水文地质条件是隧道选择的重要因素，尽可能将隧道设在较好的地层中。

(2) 隧道高程应设在常年冰冻线和常年积雪线以下，以保证施工和行车安全。

(3) 要考虑施工期限和施工技术条件等。

(4) 在不过多增加工程造价的情况下，要适当考虑远期发展，尽可能将隧道高程降低一些。

（三）垭口两侧路线展线

展线是为使山岭区路线纵坡能符合技术标准，利用地形延伸路线长度用以克服高差的布线方法。

1. 展线布局

越岭线的高程主要是通过垭口两侧山坡上的展线来克服的，路线布局应以纵坡为主导。

越岭线展线利用有利地形、地质，避让不良地形、地质，是通过合理调整纵坡和设置必要的回头曲线来实现的，而回头曲线的布置，也要根据纵坡选定。只有符合纵坡标准的路线方案，才能成立。因此，展线布局必须从纵坡的安排开始，其工作步骤如下：

(1) 拟订路线大致走法。在视察或踏勘阶段确定的主要控制点间，进行广泛勘察，调查周围地形及地质情况，以水准仪粗略勘定纵坡作为指引，利用有利地形、地质，拟订路线大致走法。

（2）试坡布线。试坡的目的是进一步落实初拟路线走法的可能性；发现和加密中间控制点，发现局部比较方案，拟订路线布局。试坡由已定的控制点开始，通常先固定垭口，由上而下，视野开阔，便于利用有利地形。试坡选用的平均纵坡，应根据标准规定。在地形曲折，小半径曲线多的地段，可略低于规定值。在试坡过程中，遇到必须避让的地物、工程艰巨与地质不良地段，以及拟用作回头的地点，应将路线最适宜通过的位置暂作为中间控制点。若适宜位置与试坡线接近，并与前面一个暂定控制点间的纵坡不超过最大纵坡或过于平缓，将该点大致里程、高程及可活动范围记录，供调整落实时参考。若该点与试坡线的高差较大，则应返回重新试坡，或修改前面暂定控制点，认为合适后再向前试坡。如经修改后的路线纵断面或路线行经位置不尽合理，应另寻比较线。这是通过试坡发现控制点和局部比较线的大致过程。主要控制点间，可能有几个方案，经比选后保留一两个较好的方案，进行下一步工作。

（3）分析、落实控制点，决定布局方案。控制点有固定和活动之分：第一种是位置和高程都不能改变，如工程特别艰巨地点的路线和某些受限制很严的回头地点，必须利用的桥梁，必须通过的街道等；第二种是位置固定，高程可以活动，如垭口、重要桥位等；第三种是位置、高程都可活动，如侧沟展线的跨沟地点，宽阔平缓山坡的回头地点等。第一种情况较少，第二、第三种情况居多，多数控制点是有活动余地的，但活动范围大小不一。对活动范围小的控制点，可视为固定控制点，将位置、高程确定。再研究固定控制点之间活动范围较大的控制点，通过适当调整，满足线形和工程经济要求。

活动控制点的调整，有以下两种做法：

1）活动性较大的回头地点，可从前后两个固定控制点以适当纵坡分别放坡交汇得出。

2）两固定控制点间的非回头活控制点，在其可活动范围内调整，以使固定控制点间纵坡尽量均匀。

2. 展线方式

越岭线的展线方式主要有自然展线、回头展线、螺旋展线三种。

（1）自然展线。自然展线是以适当的纵坡顺着自然地形绕山嘴、侧沟来延展距离，克服高差的布线方式。自然展线的优点是方向符合路线基本走向，行程与升降统一，路线最短。与回头展线相比，线形简单，技术指标一般较高，特别是路线不重叠，对行车、施工、养护均有利。如路线所经地带地质稳定，无割裂地形阻碍，布线应尽可能采用自然展线。缺点是避让艰巨工程或不良地质的自由度不大，只有调整纵坡这一途径。如遇到高崖、深谷或大面积地质病害很难避开，不得不采取其他展线方式。

（2）回头展线。回头展线是路线沿山坡一侧延展，选择合适地点，用回头曲线作方向相反的回头后再回到该山坡的布线方式。当控制点间高差大，靠自然展线无法取得需要的距离以克服高差，或因地形地质条件限制，不宜采用自然展线时，路线可利用有利地形设置回头曲线进行展线。回头展线的优点是便于利用有利地形，避让不良地形、地质和难点工程。其缺点是在同一坡面上、下线重叠，尤其靠近回头曲线前后的上、下线相距很近，对行车、施工养护都不利，因此不得已时方可采用这种展线方式。

为消除或减轻回头展线对行车、施工、养护的不利影响，要尽量将回头曲线间的距离拉长，以分散回头曲线、减少回头个数。回头展线对不良地形、地质的避让有较大自由度，但不应遇到难点工程，不分困难大小和能否克服就轻易回头，致使路线在小范围内重叠盘绕。对障碍应具体分析，当突破一点而有利于全局时，应设法突破。

(3) 螺旋展线。螺旋展线是当路线受到限制，需要在某处集中提高或降低某一高度才能充分利用前后有利地形或位置时，而采用的螺旋状展线方式。螺旋展线一般多在山脊利用山包盘旋，以隧道跨线；或在山谷内就地迂回，用桥跨线；也可在山体内以隧道方式旋转。

与回头展线相比，螺旋展线具有线形较好、避免路线重叠的优点，但因建隧道或高长桥造价较高，因而较少采用。必须采用时，应根据路线性质和任务，与回头展线方式作详细比较。

五、山岭区山脊线选线

(一) 山脊线的特点及选择条件

大体上沿山脊布设的路线，称为山脊线。山脊又称分水岭，山脊顺直平缓、起伏不大、岭肥脊宽的地形是布设路线的理想地带，路线大部或全部设在山脊上。山脊常是峰峦、垭口相间排列，有时相对高差较大，山脊线多为一些较低垭口控制，路线须沿山脊的侧坡在垭口之间穿行，线位大部分设在山坡上。山脊线一般线形大多起伏、曲折，其起伏和曲折程度视山脊的形状、控制垭口间的高差和地形而异。

山脊线一般具有土石方工程小、水文和地质情况好、桥涵构造物较少等优点。山脊线线位较高，一般远离居民点，不便为沿线工农业生产服务；有时筑路材料及水缺乏，施工困难；地势较高，空气稀薄，有云雾、积雪、结冰等对行车和养护不利等缺点。山脊线方案主要应考虑以下条件决定取舍：

(1) 山脊的方向不能偏离路线总方向过远。

(2) 山脊平面不能过于迂回曲折，纵面上各垭口间的高差不过于悬殊。

(3) 控制垭口间山坡的地质情况较好，地形不过于陡峻零乱。

(4) 上下山脊的引线要有合适的地形可利用，这是能否采用山脊线的主要条件之一。

完全具备上述条件的山脊不多，很长的山脊线比较少，常作为沿河线或山坡线的局部比较线及越岭线两侧路线的连接段。

(二) 山脊线布局

山脊线布局主要解决控制垭口选择、侧坡选择和试坡布线三个问题。

1. 控制垭口选择

每一组控制垭口代表着一个山脊线的方案，选择控制垭口是山脊线选线的关键。当山脊方向顺直起伏不大时，几乎每个垭口都可暂定为控制点。如地形复杂，各垭口高低悬殊，则高垭口之间的低垭口一般为路线的控制点，突出的高垭口可舍去；在有支脉横隔时，相距不远、并排的几个垭口，只选择其中一个与前后联系条件较好的垭口。

控制垭口的选择还应与山脊两侧山坡的布线条件综合考虑，在侧坡选择和试坡布线中，对初步选定的控制点加以取舍、落实。

2. 侧坡选择

山脊的侧坡是山脊线的主要布线地带。应选择布线条件较好的一侧，以保证平、纵线形好、工程量小和路基稳定。坡面整齐、横坡平缓、地质情况好、无支脉横隔的向阳山坡较为理想。除两侧坡优劣明显外，两侧都要比较取舍。同一侧坡可能有不同的路线方案，可通过试坡布线决定。多数初选的控制垭口，在侧坡选择过程中可决定取舍，少数则需在试坡布线中落实。

3. 试坡布线

在两固定控制点间布线，力求距离短捷，坡度平缓。山脊线有时因控制点间高差很大，需要展线，有时避免路线过于迂绕，要采用起伏坡，以缩短距离。山脊线难免有曲折、起伏，但不应过于急促、频繁，平、竖曲线和视距等指标应尽量高些，以利行车。

山脊布线常有三种情况：

（1）控制垭口间平均纵坡不超过规定。两控制垭口间，地形、地质无大障碍时，应以均匀坡度沿侧坡布线。如控制垭口间平均纵坡较缓，而其间遇有障碍或难点工程时，可加设中间控制点，调整纵坡避让，中间控制点和各垭口间仍以均匀坡度布线。

（2）控制垭口间有支脉横隔。路线穿过支脉，要在支脉上选择合适垭口作为中间控制点。该垭口应不使路线过于迂绕，合理深挖后两翼路线纵坡都不超过规定，路线能在较好地形、地质地带通过。有时在支脉上选择的控制垭口虽能满足纵坡要求，但线形过于迂绕，为缩短距离，控制点可不选在垭口上。

（3）控制垭口间平均纵坡超过规定。根据地形、地质条件，采用填挖、旱桥、隧道等工程措施提高低垭口，降低高垭口，也可利用侧坡、山脊有利地形设置回头展线或螺旋展线。选线方法详见本节越岭线。

六、丘陵区选线

与山岭区相比，丘陵区的地貌特点是：山丘连绵，岗坳交错，此起彼伏，山形迂回曲折，岭低脊宽，山坡较缓，丘谷相对高差不大。重丘区与山区无明显界线，微丘区与平原区也难于区别。

丘陵区路线特点：局部方案多，且为充分适应地形，路线纵断面有起伏，平面线形以曲线为主。

（一）丘陵区选线、定线要点

丘陵地区选线应充分利用有利地形，根据地形起伏，考虑平纵面配合，以曲线定线方法为主，布设优美流畅的线形。其要点如下：

（1）当地形开阔布线条件理想时，路线技术指标应选择中偏高水平；当地形起伏较大布线条件相对较差时，指标可选择中偏低水平。

（2）对于山体外形不规则、分布凌乱的丘陵地形，应首先确定地形控制点，初步拟订路线布设位置，然后进行局部调整；对构造物数量、规模及土石方数量影响较大的地形应充分利用，可采用适当偏高的路线技术指标；当采用小半径曲线时，应注意前后线形的过渡。

（3）对于山体外形规则、坡面顺滑舒展、分布错落有致的丘陵地形，应充分利用各类曲线要素组合搭配布线。根据山体的自然条件，可采用曲线定线手法，选择整体式、分离式或高低错落式路基等，使路线适应地形变化，与自然相融合。

(4) 对于宽浅河川式丘陵地形，宜选择沿河堤布线，路堤兼做防洪堤，减少通道设置数量；也可沿山脚布线，避免切割农田；也可距山脚一定高度的坡面布线减少民房拆迁等；合理利用既有道路。

(5) 丘陵区固有的地形特点为公路景观设计提供了有利条件，在选线中应充分利用有利地形，将公路美学设计贯穿于选线的全过程。

1) 优美的线形是公路自身景观设计的基础，选线过程中在不过多增加工程造价的前提下应把握以下要点：①曲线是美的主要元素，在丘陵区的选线过程中应尽量提高曲线比例；②各曲线半径应分布均匀，避免突变；曲线长度搭配合理，不宜设置短曲线；平纵配合力争做到一一对应；凸曲线半径尽量选用较大值以消除线形自身视觉缺陷；③横断面可采用半分离、完全分离、高低错位甚至左右幅路基交叉换位等多种形式。平面位置的确定宜考虑为路基边坡形态模拟周围环境创造条件。

2) 路线沿线景观分自然景观和人文景观，首先应按景观重要性进行分类排序，对自然景观、风景名胜、文化遗址、民俗风情等重要景点应采取绕避、保护等相应的措施。

3) 选线过程中应最大限度地维护丘陵区的主要地形走势，不宜改变区域固有的地势特点，当无法避绕而产生改变时，路线布设应有利于修复和模拟还原自然形态。

4) 对于具有代表性的重要景观，路线位置的布设应适当把握空间关系。对于规模宏大的景观，路线布设应远离景区，给观赏者提供足够的视野；对于点式景观，路线位置宜适当靠近。

5) 公路景观是动态景观，在路线布设完成后，应采用三维设计系统对道路的总体景观进行检验，对不协调和考虑不周之处应进行修改完善，使公路真正地融入自然景观之中。

(6) 丘陵区公路选线主要是对生态环境和自然环境产生影响。选线时应注意以下事项：

1) 丘陵区的地形条件特点使路线的方案具有更多的选择余地，线位布设应尽量绕避生态敏感区（植被茂盛区、物种分布连续区以及独特珍稀物种分布区），尽量减少破坏和避免切断生态链。

2) 精心布设平、纵线位，合理控制填挖高度，严格控制土石方数量，从源头解决水土流失问题。

3) 纵断面布设应考虑土石方综合平衡。①如果挖方材料品质较好易于利用，则纵面设计应采用填挖基本平衡原则，考虑土方调配的因素，挖方与填方的比例应控制在6∶4左右；②如果挖方材料品质差不能作为路基填料，则纵面设计应采用挖方大于填方的原则，填、挖方的比例应根据弃方和借方的费用综合比选确定。

4) 慎重选择弃土场位置，并采取有效的水土保持措施。

(7) 丘陵区土地资源珍贵，选线时应采取必要的措施，少占或不占农田。

1) 线路宜靠近山坡，应少占耕地、不占良田，但应避免因靠近山坡过多增大工程量。应作出不同的路线方案，征求地方政府意见后，综合比选确定。

2) 当路线通过个别高台地或山鞍时，应结合地质、水文条件，进行深路堑与隧道方案的比选。

3）当路线跨越宽阔沟谷或洼地时，应按照节约用地的要求进行高架桥与高填路堤方案的比选，并将占地指标作为比选的重要内容。

4）应根据流量要求，结合灌溉系统设置相应的桥涵，避免引起水害，冲毁或淹没农田。

5）应充分利用丘陵区丰富的石材，合理选用护坡、挡土墙等防护方案，收缩坡脚减少占地数量。

(8) 路线布设应避开动物迁徙路径和日常穿行通道分布密集的区域，避免穿行、切割动物日常集中活动区；无法绕避时，应结合便利性和隐蔽性，设置动物天桥和穿行通道。

(二) 丘陵区路线布设方式

丘陵区地形复杂，布线方法应随路线行经地带的具体地形而采用不同的布线方式。根据经验，可概括为三类地形地带和相应的三种布线方式。

1. 平坦地带——走直连线

两已知控制点间的地势平坦，应按平原区以方向为主导的原则布设路线。如其间无地物、地质障碍或应趋就的风景、文物以及居民点时，路线应走直连线；如有障碍或应趋就的地点，则加设中间控制点，相邻控制点间仍以直线相连，路线转折处设长而缓的平曲线。

2. 较陡横坡地带——走匀坡线

匀坡线是两控制点之间，顺自然地形，以均匀坡度定的地面点连线。匀坡线须多次试放才能获得。

在具有较陡横坡的地带，两已定控制点间，如无地物、地形、地质障碍，路线应沿匀坡线布线；如有障碍，则在障碍处加设控制点，相邻控制点间仍沿匀坡线布线。

上述两类地带的布线方式，与前述平原区和山岭区无明显区别。

3. 起伏地带——走直连线和匀坡线之间

起伏地带也属于具有横坡的地带，其特点是地面横坡较缓，匀坡线迂回。

(1) 两已定控制点间包括一组起伏。路线交替跨越丘陵和坳谷，两相邻梁顶（或谷底）间，存在一组起伏。此类地形布线，如沿直连线走，路线最短，但起伏很大，为减缓起伏，将出现高填深挖，增加工程量；如沿匀坡线走，纵坡较缓，但路线绕长过多，也不经济。这种“硬拉直线”和“弯曲求平”的做法，都不可取。

如路线走在直连线和匀坡线之间，则比直连线的起伏小，比匀坡线的距离短，工程造价较低。路线在平面上的具体位置，应根据路线等级确定，并做到平、纵、横合理组合。

对较小起伏地带，先应纵坡平缓，再考虑平面与横断面。低等级道路工程量小，平面上稍迂回增长距离是可行的，即路线可离直连线远些；高等级道路则应尽可能缩短距离，使路线离直连线近些。

较大起伏地带，两控制点间梁谷高差不同，高差大的侧坡坡度常成为决定因素，应根据采用的合理纵坡，结合梁顶挖深和谷底填高确定路线的平面位置。

(2) 两已定控制点间有多组起伏。两已定控制点间有多组起伏时，需在每个梁顶（或谷底）定出控制点，再按上述方法处理各组起伏。已定控制点间的起伏组数越多，直连线和匀坡线间范围越大，路线方案越多。可分别从两已定控制点向中间布线，逐步减少起伏组数。

两已定控制点间，有时因地形、地质、地物障碍，路线会突破直连线与匀坡线的范围。为避让障碍所定的中间控制点，应视为增加的已定控制点，将原已定控制点间的路线分为两段，分别按“走直连线和匀坡线之间”的原则布线。

第四节　定　线　方　法

定线是根据既定的技术标准和路线方案，结合地形地质等条件，综合考虑路线的平面、纵断面、横断面，具体定出道路中线的工作。这是一项涉及面很广、技术要求较高的工作。除受地形、地质、地物等有形因素限制外，道路定线还要受技术标准、国家政策、社会需求、道路美学、风俗习惯等因素的制约。

要求设计人员具有广博的知识、熟练的定线技巧和精益求精的工作态度。设计者很难一次就定出理想线位，复杂条件下的定线往往存在多个设计方案供研究比选，每一个方案都是众多相互制约因素的一种折中方案，理想的路线只能通过比较的方法选定。定线按工作对象的不同分为纸上定线、现场定线和航测定线。按照现行设计文件编制要求，除少数特殊（如山区四级公路，所在区域又没有地形图）情况外，定线均应采用纸上定线。本节主要讲述纸上定线的方法和步骤。

纸上定线是在 1：1000～1：2000 大比例尺地形图上确定道路中线位置的方法。地形图范围大，视野开阔，定线人员在室内容易定出合理的路线。不同的地形定线中有不同的侧重点，平原、微丘区地形平坦，路线一般不受高程限制，定线中主要是正确绕避平面上的障碍，力争控制点间路线短捷顺直；而山岭、重丘区地形复杂，横坡陡峻，定线时要充分利用有利地形，避让艰巨工程、不良地质地段或地物等。

限于篇幅，本节只介绍平原、微丘区定线步骤，具体如下：

（1）认真分析路线走向范围内的地形地质及建筑物和其他地物的分布情况，确定中间控制点及其可活动的范围。若沿线有需要跨越的河流应估算桥梁的长度，如果是大桥或特大桥跨河位置一般应作为控制点。

（2）通过或靠近大部分控制点连直线，交汇出交点。分析前后直线的合理性，如该直线是否会引起大量建筑物拆迁、是否经过了大面积水田或不良地质地区、前后直线长度是否过短等。若不合理，则应根据控制点的可活动范围调整个别控制点位置后重新穿线或调整穿线方案。

（3）用量角器和直尺量出偏角和交点间距或通过交点坐标计算出偏角和交点间距，根据交点位置处的实际情况，分析该平曲线半径的控制因素并选配平曲线半径和缓和曲线长度。推荐半径时应考虑《公路工程技术标准》（JTG B01—2014）的有关规定、地形地质特点和有关技术经济要求。平曲线半径一般受曲线内侧障碍物和切线长控制，设计中可以根据实际控制因素反算平曲线半径。

（4）计算曲线要素和路线里程，按切线长在地形图上定出曲线的直缓点和缓直点并画出整个曲线。由设计起点或后方曲线的缓直点开始，量出各公里桩、百米桩和主点桩。

(5) 按里程及地面特征点（设加桩）的高程，以规定的比例尺绘出纵断面图的地面线，在纵断面图“直线及平曲线”栏按里程绘出平面示意图，曲线内侧填注曲线要素。

(6) 根据地面起伏、地面横坡、地质条件和规范有关规定，进行纵断面设计，定出各个坡段长度（一般取 50m 的整数倍）及坡度大小，计算变坡点处的设计高程，绘出设计坡度线。

(7) 通常在定出一段平面后，紧接着设计纵断面。在试定出 3～5km 路线后，进行全面的检查、分析，看路线是否合理。经过修改，直到满意为止。重复以上步骤，设计下一段线路，直至设计终点。最后，按标准图式绘制平面图与纵断面图。

(8) 桥涵及其他单项工程的布置。路线设计的合理性，要结合单项工程的布置与设计综合考虑。应进行桥梁、涵洞的分布，流量与孔径的计算，确定交叉口的位置及形式，以及布置挡土墙等。这些工作应由有关的专业配合进行，综合反映到平、纵断面设计中。

第四章 路 线 平 面 设 计

【本章要点】

本章介绍了平面设计中各线形要素的性质与作用；各线形要素主要技术指标的规定与运用；平面线形要素的组合类型及其设计方法；平面线形设计中超高、加宽、视距、回头曲线等的规定与运用；平面设计结合交通组织设计的相关要求。计算部分的内容包括：圆曲线半径计算；回旋线参数计算；基本型和S型曲线计算；圆曲线加宽计算；超高过渡段长度和超高渐变率计算。

第一节 平 面 线 形 要 素

道路的路线位置受社会经济、自然条件和技术标准等因素的制约。路线设计者的任务就是在综合考虑各种制约因素的前提下，合理确定路线的几何参数，满足技术标准、行车安全和工程经济等要求，并与地形地物、环境和景观等相协调。

通常情况下，公路平面线形由直线、圆曲线、缓和曲线三种线形要素组成。公路平面缓和曲线应采用回旋线。而城市道路平面线形宜由直线、平曲线组成，平曲线宜由圆曲线、缓和曲线组成，其中缓和曲线近年来也被广泛使用。应处理好直线与平曲线的衔接，合理地设置缓和曲线、超高、加宽等。

一、直线

作为平面线形要素之一，直线在道路设计中被广泛采用。

（一）直线的特点

直线线形要素具有很多优点，例如，两点之间的距离最短；便捷、直达；行驶受力简单，方向明确，驾驶操作简易；测设简单方便，用简单设备就可以精确量距、放样等；在直线上设构造物更具经济性。但同时也存在一些缺点，例如：直线单一无变化，与地形及线形自身难以协调；过长的直线在交通量不大且景观缺乏变化时，易使驾驶员感到单调、疲倦；在直线纵坡路段，易错误估计车间距离、行车速度及上坡坡度；易对长直线估计得过短或产生急躁情绪，超速行驶。

（二）直线的最大长度

我国公路工程设计标准对于直线的最大长度并没有具体的规定，只是强调直线的长度不宜过长。受地形条件或其他特殊情况限制采用长直线时，应结合沿线具体情况采取相应的技术措施。最大长度主要应根据驾驶员的视觉反应及心理上的承受能力来确定。

经对不同路段调查，按100km/h的车速行驶时，驾驶员和乘客的心理反应如下：

（1）位于城市附近的道路，作为城市干道部分，因路旁高大建筑和城市景观，无论路基高低均被纳入视线范围，驾驶员和乘客无直线过长希望驶出的不良反应。

（2）位于乡间平原区的公路，随季节和地区不同，驾驶员有不同反应。北方的冬季，植物枯萎，景色单调，过长的直线会使人的情绪受到影响。夏季虽有所改善，但驾驶员希望尽快驶出直线的心理依然普遍存在。

（3）位于戈壁、草原的公路，直线长度可达数十公里，驾驶员极易疲劳，车速往往会超过设计速度很多。但在这种特殊的地形条件下，除了直线别无其他选择，若故意设置弯道，不但不能改善其单调，反而增加路线长度。

因此，直线的最大长度（以 m 计），在城镇及其附近或其他景色有变化的地点可以大于 20 倍设计时速（以 km/h 计）；在景色单调的地点最好控制在 20 倍设计时速以内；而在特殊的地理条件下应特殊处理，不宜过度限制。

但必须强调，无论是高速路还是低速路，在任何情况下都要避免直线段过长。

（三）直线的最小长度

考虑到线形的连续和驾驶的方便，相邻两曲线之间应有一定长度的直线，这个长度是指前一曲线的终点到后一曲线的起点之间的长度。我国公路及城市道路设计标准对于直线的最小长度有详细的规定，见表 4－1。具体要区分同向圆曲线间最小直线段长度和反向圆曲线间最小直线段长度两种情况。

表 4－1　公路与城市道路直线标准

道路类型	内　容
公路	1. 直线的长度不宜过长，受地形条件或其他特殊情况限制而采用长直线时，应结合沿线具体情况采取相应的技术措施； 2. 两圆曲线以直线径向连接时，直线的长度不宜过短： （1）设计速度大于或等于 60km/h 时，同向圆曲线间最小直线长度（以 m 计）以不小于设计速度（以 km/h 计）的 6 倍为宜；反向圆曲线间最小直线长度（以 m 计）以不小于设计速度（以 km/h 计）的 2 倍为宜； （2）设计速度小于或等于 40km/h 时，参照上述规定执行
城市道路	1. 两相邻平曲线间的直线段最小长度应大于或等于缓和曲线最小长度； 2. 两圆曲线间以直线径向连接时，直线的长度宜符合下列规定： （1）当设计速度大于或等于 60km/h 时，同向圆曲线间最小直线长度（以 m 计）不宜小于设计速度（以 km/h 计）数值的 6 倍；反向圆曲线间最小直线长度（以 m 计）不宜小于设计速度（以 km/h 计）数值的 2 倍； （2）当设计速度小于 60km/h 时，可不受上述限制

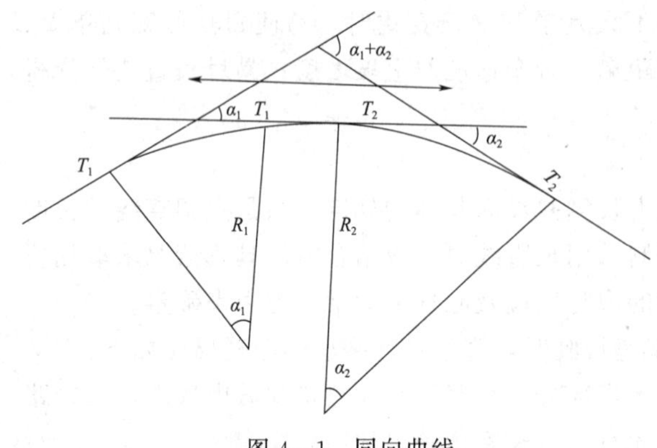

图 4－1　同向曲线

1. 同向曲线间直线的最小长度

同向曲线是指两个转向相同的圆曲线中间用直线或缓和曲线或径向连接（径向连接指两个半径不同的圆曲线在其径向所指公切点处直接连接）而成的平面线形，如图 4－1 所示。当同向曲线间插入的直线较短时，此时的曲线组合称为断背曲线。断背曲线容易在视觉上将两个曲线看成一个曲线，或者容易将直线看作与两段曲线构成反弯而形成错觉。因此，断背曲线容易造成驾驶操作失误，破坏了线形的连续性，其危害不容忽视，应该尽量避免。避免断背曲线的最好办法就是在两同向曲线间插入长的直线段，让驾驶员在前一个曲线上看不到下一个曲线，或者直接用一个曲线去代替原来的两个曲线。

设计速度大于或等于 60km/h 时，同向圆曲线间最小直线长度（以 m 计）以不小于设计速度（以 km/h 计）的 6 倍为宜。设计速度小于或等于 40km/h 时，可参照上述规定执行，而城市道路则不受上述限制。在受到条件限制时，宜将同向曲线改为大半径曲线或将两曲线作成复合型曲线、卵型曲线或 C 型曲线。

当同向圆曲线间设置了小于 6 倍设计速度的直线段时，宜采用一些改善措施：在满足行车视距的前提下，采取借用曲线内侧的山丘地形或人工种植遮挡性树木等手段，避免两个曲线和中间直线同时全部进入驾驶员视野；或者是在中间直线段上尽量避免设置凹型竖曲线，以避免反弯错觉的加剧。

2. 反向曲线间直线的最小长度

反向曲线是指两个转向相反的圆曲线之间以直线或缓和曲线或径向连接而成的平面线形，如图 4-2 所示。

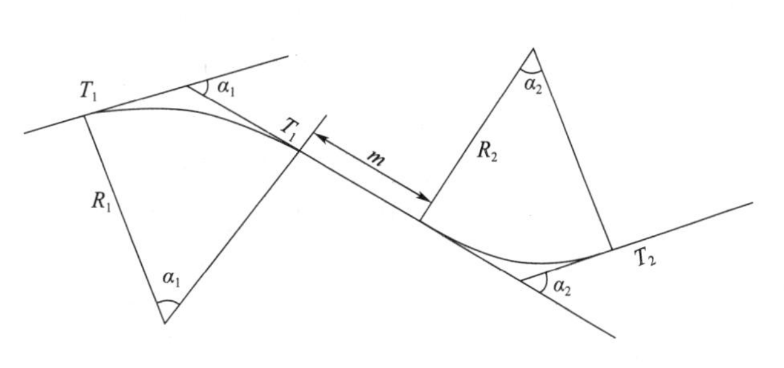

图 4-2　反向曲线

对反向曲线间直线最小长度的规定，主要考虑考虑到其超高和加宽缓和的需要，以及驾驶人员操作的方便。当设计速度大于或等于 60km/h 时，反向圆曲线间直线最小长度（以 m 计）以不小于设计速度（以 km/h 计）的 2 倍为宜。当设计速度小于等于 40km/h 时，参照上述规定执行，而城市道路则不受上述限制。

当两反向曲线两端设有缓和曲线时，在受到限制的地点也可将两反向曲线首尾相接，构成 S 型曲线。但被连接的两缓和曲线和圆曲线宜满足一定的条件。

（四）直线的运用

道路平面线形采用直线时应注意线形与地形的关系，并应符合上述直线的最大长度和最小长度的采用原则；在运用直线线形并确定其长度时，必须慎重考虑。

对于公路线形设计而言，直线的运用应遵循下列要求：

(1) 直线的运用应注意同地形、环境的协调与配合。采用直线线形时，其长度不宜过长。

(2) 农田、河渠规整的平坦地区、城镇近郊规划等以直线条为主体时，宜采用直线线形。

(3) 特长、长隧道或结构特殊的桥梁等构造物所处的路段，以及路线交叉点前后的路段宜采用直线线形。

(4) 双车道公路为超车所提供的路段宜采用直线线形。

当不得已而采用了长直线时，应注意：其对应的纵坡不宜过大；若两侧地形过于空旷时，以采取种植不同树种或设置一定建筑物等技术措施予以改善；在长直线尽头设置的平曲线，结合运行速度分析和安全性评价，长直线尽头的平曲线半径、超高、视距等采用运行速度进行检验，还必须采取设置必要的警告和禁令标志，增大路面抗滑能力等安全保护措施。

二、圆曲线

圆曲线是平面线形中常用的线形要素，各级公路和城市道路不论转角大小均应设置圆曲线。圆曲线设计主要是确定其半径值，本节将主要介绍圆曲线半径的确定及圆曲线运用等问题。

（一）圆曲线的特点

圆曲线作为公路平面线形具有以下主要特点：优点方面，曲率半径 R 不变，曲率 $1/R$ 不变，测设和计算简单，另外比直线更能适应地形的变化，对地形、地物和环境有更强的适应能力；缺点方面，在圆曲线上行驶要受到离心力的作用，对行车的安全性和舒适性等产生不利影响，比在直线上行驶多占用路面宽度，在小半径的圆曲线内侧行驶时，视距条件交叉，视线会受到路堑边坡或其他障碍物的阻挡，易发生交通事故。

（二）公路圆曲线设计原则

各级公路平面不论转角大小，均应设置圆曲线。在选用圆曲线半径时，应与设计速度相适应。圆曲线最小半径应根据设计速度，按表 4-2 确定。圆曲线最大半径不宜超过 1000m。

表 4-2　圆曲线最小半径

设计速度/(km/h)		120	100	80	60	40	30	20
圆曲线最小半径（一般值）/m		1000	700	400	200	100	65	30
圆曲线最小半径（极限值）/m	$I_{max}=4\%$	810	500	300	150	65	40	20
	$I_{max}=6\%$	710	270	270	135	60	35	15
	$I_{max}=8\%$	650	250	250	125	60	30	15
	$I_{max}=10\%$	570	220	220	115	—	—	—

注　“一般值”为正常情况下的采用值；“极限值”为条件受限制时可采用的值；“I_{max}”为采用的最大超高值；“—”为不考虑采用对应最大超高值的情况。

高速公路、一级公路、二级公路、三级公路的直线同小于表 4-3 中不设超高的圆曲线最小半径径向连接处，应设置回旋线。四级公路的直线同小于表 4-3 中不设超高的圆曲线最小半径径向连接处，可不设置回旋线，但应设置超高、加宽过渡段。

表 4-3　不设超高的圆曲线最小半径

设计速度/(km/h)		120	100	80	60	40	30	20
不设超高圆曲线最小半径/m	路拱≤2%	5500	4000	2500	1500	600	350	250
	路拱>2%	7500	5250	3350	1900	800	450	200

（三）城市道路圆曲线设计原则

城市道路圆曲线最小半径应符合表 4-4 的规定。当地形条件受限制时，可采用设超高圆曲线最小半径的一般值；当地形条件特别困难时，可采用设超高圆曲线最小半径的极限值。当设计速度大于或等于40km/h时，其圆曲线半径应大于或等于不设超高的最小半径。当受条件限制而采用设超高最小半径时，应采取防护措施。

表4-4　城市道路圆曲线最小半径

设计速度/(km/h)		100	80	60	50	40	30	20
不设超高圆曲线最小半径/m		1600	1000	600	400	300	150	70
设超高圆曲线最小半径/m	一般值	650	400	300	200	150	85	40
	极限值	400	250	150	100	70	40	20

（四）圆曲线半径计算

确定圆曲线半径时，可按照下式进行计算

$$R=\frac{V^2}{127(\mu+i_h)} \tag{4-1}$$

式中　R——曲线半径，m；

V——车辆速度，km/h；

μ——横向力系数，极限值为路面与轮胎之间的横向摩阻系数，见表4-5；

i_h——路面的横向坡度。

表4-5　不同速度下的横向力系数

设计速度/(km/h)	120	100	80	60	40	30	20
横向力系数	0.1	0.12	0.13	0.15	0.15	0.16	0.17

1. 公路最小半径的计算

根据不同横向摩阻系数值，对于不同等级的公路规定了极限最小半径、一般最小半径和不设超高最小半径三个最小半径。

（1）圆曲线最小半径极限值。圆曲线最小半径极限值是指为保证车辆按设计速度安全行驶所规定的圆曲线半径最小值。圆曲线最小半径极限值见表4-2，其中数据是根据$i_h=4\%\sim10\%$，$\mu=0.1\sim0.17$计算确定的。极限最小半径是路线设计中的极限值，是在特殊困难条件下不得已才使用的，一般不轻易采用。

（2）圆曲线最小半径一般值。圆曲线最小半径一般值是指各级公路对按设计速度行驶的车辆能保证其安全、舒适的最小圆曲线半径，圆曲线最小半径一般值见表4-2，其中数据是按$i_h=4\%\sim10\%$，$\mu=0.05\sim0.06$计算取整得到的。

（3）不设超高最小半径。不设超高最小半径是指平曲线半径较大、离心力较小时，汽车沿双向路拱（不设超高）外侧行驶的路面摩阻力足以保证汽车行驶安全稳定所采用的最小半径，路面不设超高。从舒适和安全的角度考虑，应把横向力系数控制到最小值，以使乘客在圆曲线上与在直线上有大致相同的感觉。不设超高圆曲线最小半径值见表4-3，其数值计算的依据为：$i_h\leqslant2\%$时，$\mu=0.035\sim0.040$；$i_h>2\%$时，$\mu=0.040\sim0.050$。

2. 城市道路最小半径的计算

城市道路圆曲线设计时，根据不同横向摩阻系数值，对于不同等级的城市道路规定了不设超高的最小半径、设超高的最小半径极限值、设超高的最小半径一般值三类圆曲线最小半径。

(1) 设超高的最小半径极限值，按照 $i_h=2\%\sim6\%$、$\mu=0.14\sim0.16$ 计算得到。

(2) 设超高的最小半径一般值，按照 $i_h=2\%\sim6\%$ 、$\mu=0.067$ 计算得到。

(3) 不设超高的最小半径，按照 $i_h=-2\%$、$\mu=0.067$ 计算得到。

(五) 圆曲线的最小长度

汽车在曲线线形的道路上行驶时，如果曲线很短，则驾驶员操作转向盘频繁而紧张，这在高速行驶的情况下是危险的。在平面设计中，公路平曲线一般由前后缓和曲线和中间圆曲线三段曲线组成，为便于驾驶操作和行车安全与舒适，汽车在任何一段线形上行驶的时间都不应短于 3s，即在曲线上行驶时间不短于 9s；如果中间的圆曲线为零，则会形成两回旋曲线直接衔接的凸形曲线，这对行车不利，只有在受地形条件限制的山嘴或特殊困难情况下方可使用。因此，在平曲线设计时，圆曲线的最小长度一般要达到 3s 行程。

(六) 圆曲线的运用

道路平面设计时，应根据沿线地形、地物等条件，尽量选用较大半径，以保证行车安全舒适。在选定半径时既要技术合理，又要经济适用；既不盲目采用大半径圆曲线的高标准而过分增加工程量，也不只考虑眼前通行要求而采用低标准。

圆曲线的运用可以参考如下原则：

(1) 设置圆曲线时应与地形相适应，宜采用超高为 2%～4%对应的圆曲线半径。

(2) 条件受限制时，可采用大于或接近于圆曲线最小半径的“一般值”：地形条件特殊困难而不得已时，方可采用圆曲线最小半径的“极限值”，并应采取措施保证视距的要求。

(3) 设置圆曲线时，应同相衔接路段的平、纵线形要素相协调，使之构成连续、均衡的曲线线形，避免小半径圆曲线与陡坡相重合的线形。

(4) 当交点转角不得已小于 7°时，应按规定设置足够长的曲线。

【例 4-1】拟建某城市快速路，设计速度 100km/h，μ 取 0.067，圆曲线半径为 800m 时的最小超高值拟定为（　　）。(百分数按四舍五入取整)

A. 1%　　B. 2%　　C. 3%　　D. 4%

【参考答案】C

【考核点】圆曲线

【解析】汽车行驶在曲线上的力的平衡式如下

$$R=\frac{V^2}{127(\mu+i_h)},\ i_h=\frac{100^2}{127\times800}-0.067=0.031$$

四舍五入取整为 3%。

三、缓和曲线

缓和曲线是道路平面线形三要素之一，是设置在直线和圆曲线之间或半径相差较大的两个转向相同的圆曲线之间的一种曲率连续变化的曲线。在现代高速公路上，有时缓和曲线所占比例超过了直线和圆曲线，成为平面线形主要组成部分。在城市道路上也被广泛使用。

（一）缓和曲线的作用

（1）曲率连续变化，便于车辆遵循，保障行驶安全。汽车转弯行驶的过程中，存在一条曲率连续变化的轨迹线，无论车速高低，这条轨迹线都是客观存在的，它的形式和长度则随行驶速度、曲率半径和驾驶员转动转向盘的快慢而定。在低速行驶时，驾驶员尚可利用路面的富余宽度将汽车保持在车道范围内，缓和曲线似乎没有必要。但在高速行驶时，汽车有可能超越自己的车道驶出一条很长的过渡性轨迹线。从安全性考虑，有必要设置一条驾驶员易于遵循的缓和曲线，使车辆在进入或离开圆曲线时不致侵入邻近的车道。

（2）保证汽车离心加速度逐渐变化，乘客感觉舒适，提高行车舒适性。汽车行驶在圆曲线上产生离心力，离心力的大小与圆曲线的曲率成正比。汽车由直线驶入圆曲线或由圆曲线驶入直线，曲率的突变会使乘客有不舒适的感觉。所以应在曲率不同的直线和圆曲线、圆曲线和圆曲线之间，设置一条过渡性的曲线以缓和离心加速度的变化，使乘客感到舒适。

（3）超高及加宽逐渐变化，行车更加平稳，提高安全性、舒适性。道路横断面从直线上的双坡断面过渡到圆曲线上的单坡断面和由直线上的正常宽度过渡到圆曲线上的加宽宽度，一般是在缓和曲线长度内完成的。为避免车辆在这一过渡行驶中急剧地左右摇摆，并保证路容的美观，需设置一定长度的缓和曲线。

（4）与圆曲线配合，增加线形美观，提高公路的美观程度。圆曲线与直线直接衔接，在连接处曲率突变，视觉上有不平顺的感觉。设置缓和曲线后，线形连续圆滑，增加线形的美观，同时从外观上看也感到安全。

（二）缓和曲线的基本公式

汽车匀速由直线驶入圆曲线或由圆曲线驶入直线，其行驶轨迹的弧长与曲率半径之乘积为一常数，即

$$l=\frac{C}{r} \tag{4-2}$$

或

$$rl=C$$

式中 r——任意点的曲率半径；

l——弧长；

C——常数。

此式为汽车以不变角速度转动转向盘等速行驶的轨迹，说明汽车匀速由直线驶入圆曲线或由圆曲线驶入直线，其行驶轨迹的弧长与曲率半径之乘积为一常数，这一性质与数学上的回旋线正好相符。

（三）缓和曲线的形式

对于缓和曲线形式，虽然学者提出过三次抛物线、双纽线、n 次抛物线、正弦形曲线等形式，但由于回旋线具有形式简单、计算方便等优点，因此我国公路和城市道路线形设计时均推荐缓和曲线为回旋线。

回旋线是曲率随着曲线长度成比例变化的曲线。回旋线基本公式为

$$rl=RL_{s}=A^{2} \tag{4-3}$$

式中 r——回旋线上某点的曲线半径，m；

l——回旋线上某点到原点的曲线长，m；

A——回旋线参数，m，表示回旋线曲率变化的缓急程度；

R——回旋线所连接的圆曲线半径，m；

L_s——回旋线型缓和曲线长度，m。

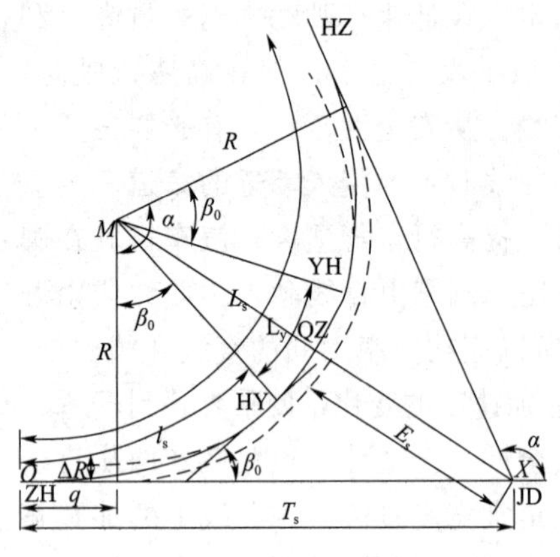

图 4-3 按回旋线敷设缓和曲线

图 4-3 为敷设缓和曲线的基本图示，其几何元素的计算公式如下：

内移值 $$P=\frac{l_s^2}{24R}-\frac{l_s^4}{2384R^2} \tag{4-4}$$

切线增长值 $$q=\frac{l_s}{2}-\frac{l_s^3}{240R^2} \tag{4-5}$$

切线长 $$T_s=(R+p)\tan\frac{\alpha}{2}+q \tag{4-6}$$

缓和曲线长 $$L_s=R(\alpha-2\beta_0)\frac{\pi}{180}+2l_s \tag{4-7}$$

圆曲线长 $$L_y=R(\alpha-2\beta_0)\frac{\pi}{180} \tag{4-8}$$

外距 $$E_s=(R+p)\sec\frac{\alpha}{2}-R_s \tag{4-9}$$

切曲差 $$D_s=2T_s-L_s \tag{4-10}$$

（四）回旋线设置

1. 公路回旋线的设置

高速公路、一级公路、二级公路、三级公路的直线同小于表 4-3 中不设超高的圆曲线最小半径径向连接处，应设置回旋线。四级公路的直线同小于表 4-3 中不设超高的圆曲线最小半径径向连接处，可不设置回旋线，但应设置超高、加宽过渡段。

2. 城市道路缓和曲线的设置

城市道路直线与圆曲线或大半径圆曲线与小半径圆曲线之间应设置缓和曲线。设置缓和曲线时应采用回旋线。当圆曲线半径大于表 4-6 中不设缓和曲线的最小圆曲线半径时，直线与圆曲线可直接连接。

表 4-6　　不设缓和曲线的最小圆曲线半径

设计速度/(km/h)	100	80	60	50	40
不设缓和曲线的最小圆曲线半径/m	3000	2000	1000	700	500

（五）回旋线长度限值

1. 公路回旋线长度

回旋线长度应随着圆曲线半径的增大而增大。圆曲线按规定需设置超高时，回旋线长度还应不小于超高过渡段长度。回旋线最小长度应符合表 4-7 的限值规定。

表 4-7　　回旋线最小长度

设计速度/(km/h)	120	100	80	60	40	30	20
回旋线最小长度/m	100	85	70	50	35	25	20

注　四级公路为超高、加宽过渡段长度。

2. 城市道路缓和曲线长度

城市道路缓和曲线最小长度应符合表 4－8 的限值规定。当圆曲线按规定需设置超高时，缓和曲线长度还应大于超高缓和段长度。

表 4－8　　缓和曲线最小长度

设计速度/(km/h)	100	80	60	50	40	30	20
缓和曲线最小长度/m	85	70	50	45	35	25	20

3. 缓和曲线的最小长度

由于车辆要在缓和曲线上完成不同曲率的过渡行驶，缓和曲线应有足够的长度，以使驾驶员能从容地转动转向盘，乘客感觉舒适，线形美观流畅，圆曲线上的超高和加宽的过渡也能在缓和曲线内平顺完成。所以，应规定缓和曲线的最小长度。可从以下几方面考虑：

（1）乘客感觉舒适。汽车在缓和曲线上行驶，其离心加速度随缓和曲线曲率的变化而变化，如变化过快会使乘客感到横向冲击。由离心力产生的离心加速度 $a=v^2/R$，在 t（s）时间内汽车从缓和曲线的起点到达缓和曲线终点，曲率半径 R 由∞均匀地变化到 R，离心加速度由零均匀地增加到 v^2/R，离心加速度的变化率为

$$\alpha_s=\frac{a}{t}=\frac{v^2}{Rt}$$

假定汽车做匀速行驶，则 $t=L_s/v$，此时

$$\alpha_s=\frac{v^3}{RL_s}$$

则

$$L_s=\frac{v^3}{R\alpha_s}$$

式中离心加速度变化率 α_s，取值各国不尽相同。一般高速路，英国采用 0.3，美国采用 0.6，我国一般控制在 0.5～0.6 范围内。若以 V（km/h）表示设计速度，则最小缓和曲线长度 $L_{s(min)}$ 的计算公式为

$$L_{s(min)}=0.0214\frac{V^3}{R\alpha_s}\quad(m)\tag{4-11}$$

通过限制离心加速度的变化率来保证舒适性的要求，就是限制离心加速度随缓和曲线曲率的变化不要过快，从而达到乘客感觉舒适。

（2）超高渐变率适中。在超高渐变的过程中，路面外侧逐渐抬高，在外侧边线上形成一个“附加坡度”，这个附加坡度称为超高渐变率 p。当圆曲线段的超高值一定时，附加坡度的大小就取决于 L_s 的长度。当 L_s 过短，p 太大，对行车和路容不利；L_s 过长，p 太小，对排水不利。

$$L_{s(min)}=\frac{B'\Delta i}{p}\tag{4-12}$$

式中　B'——旋转轴至行车道（设路缘带时为路缘带）外侧边缘的宽度，m；

Δi——超高坡度（超高值）与路拱坡度代数差，%；

p——超高渐变率。

（3）行驶时间不过短。缓和曲线不管其参数如何，都不可使车辆在缓和曲线上的行驶时间过短，过短会使驾驶员操作不便，甚至造成驾驶操纵的紧张和忙乱。一般认为，汽车在缓和曲线上的行驶时间至少应达到3s，于是

$$L_{s(\min)}=\frac{V}{1.2} \tag{4-13}$$

式中　V——汽车行驶速度，km/h。

根据影响缓和曲线长度的各项因素，各级公路回旋线最小长度，见表4-7；城市道路的回旋线最小长度见表4-8。

4. 缓和曲线参数 A 值运用

回旋线参数宜依据地形条件及线形要求确定，并与圆曲线半径相协调。在确定回旋线参数时，为满足视觉协调，宜在下述范围内选定：$R/3 \leqslant A \leqslant R$，其中：

（1）当 R 小于100m时，A 宜大于或等于 R。

（2）当 R 接近100m时，A 宜等于 R。

（3）当 R 较大或接近3000m时，A 宜等于 $R/3$。

（4）当 R 大于3000m时，A 宜小于 $R/3$。

（六）不设缓和曲线的情况

1. 公路

对于公路而言，半径不同的同向圆曲线径向连接处，应设置回旋线。但符合下述条件时可不设回旋线：第一，小圆半径大于表4-3规定时；第二，小圆半径大于表4-9规定，且符合下列条件之一者：

表4-9　　复曲线中小圆临界圆曲线半径

设计速度/(km/h)	120	100	80	60	40	30
临界圆曲线半径/m	2100	1500	900	500	250	130

（1）小圆按最小回旋线长度设回旋线时，大圆与小圆的内移值之差小于0.10m时。

（2）设计速度大于或等于80km/h，大圆半径（R_1）与小圆半径（R_2）之比小于1.5时。

（3）设计速度小于80km/h，大圆半径（R_1）与小圆半径（R_2）之比小于2.0时。

2. 城市道路

城市道路满足下列情况下可不设缓和曲线：第一，在直线与圆曲线间，当圆曲线半径大于或等于“不设缓和曲线的最小圆曲线半径”时，见表4-6；第二，当设计速度大于或等于40km/h时，半径不同的同向圆曲线连接处应设置缓和曲线。当受地形限制时，需符合下列条件之一：

（1）小圆半径大于或等于不设缓和曲线的最小圆曲线半径。

（2）小圆半径小于不设缓和曲线的最小圆曲线半径，但大圆与小圆的内移值之差小于0.1m。

（3）大圆半径与小圆半径之比值小于或等于1.50。

第二节　平面线形组合形式

道路平面线形设计根据平面线形的直线、圆曲线和缓和曲线三要素，可得到多种平面线形的组合形式，主要有简单型、基本型、S型、卵型、凸型、C型、复合型曲线和回头曲线等。简单型、基本型、S型、卵型、凸型、C型、复合型曲线的图形、概念、运用要求等见表4－10～表4－16。

表4－10　　简单型曲线

项目	内容	
图形	平面图	曲率图
	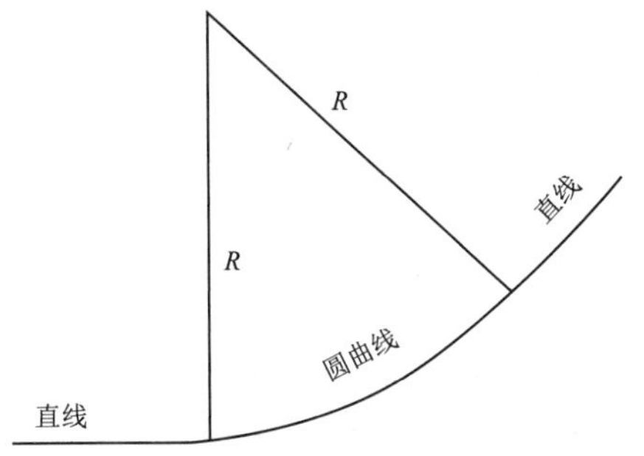 R　R　直线　圆曲线　直线	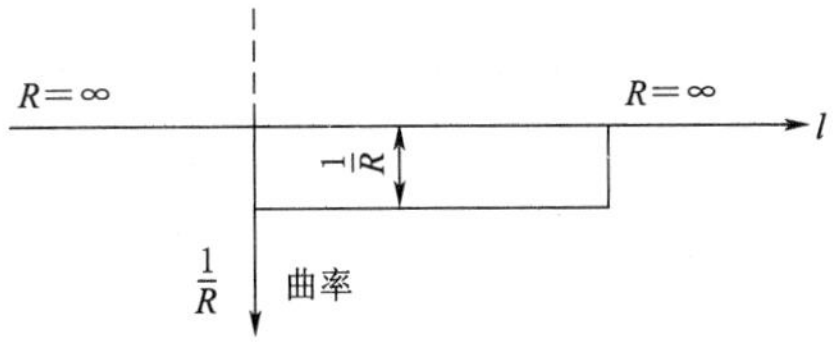 $R=\infty$　$R=\infty$　l　$\frac{1}{R}$　$\frac{1}{R}$　曲率
概念	当一个弯道由直线与圆曲线组合时为简单型曲线，即按直线—圆曲线—直线的顺序组合	
运用要求	简单型曲线在直圆点和圆直点处有曲率突变点，对行车不利，当圆曲线半径较小时，该处线形也不顺畅	

表4－11　　基本型曲线

项目	内容	
图形	平面图	曲率图
	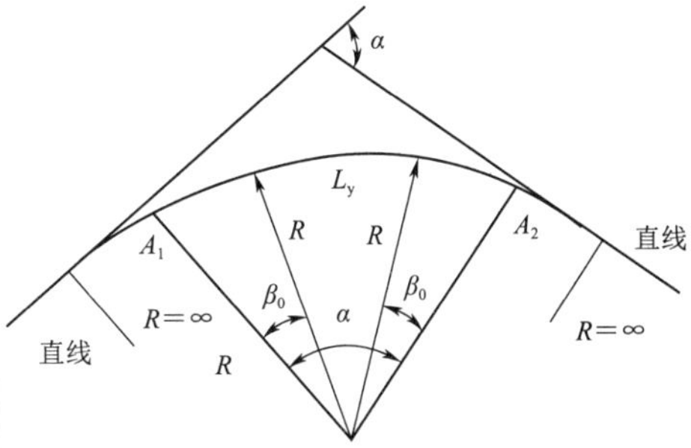 α　L_y　R　R　A_1　A_2　直线　$R=\infty$　β_0　α　β_0　直线　R　$R=\infty$	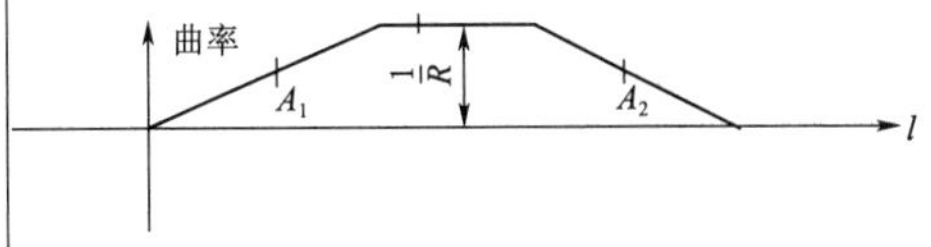 曲率　$\frac{1}{R}$　A_1　A_2　l
概念	按直线—回旋线（A_1）—圆曲线—回旋线（A_2）—直线的顺序组合而成的道路线形为基本型。当$A_1=A_2$时，称为对称基本型；当$A_1\neq A_2$时，称为非对称基本型	
运用要求	（1）A_1、A_2值的选择最好使回旋线、圆曲线的长度大致接近； （2）设置基本型的几何条件：$2\beta_0<\alpha$（β_0为缓和曲线角，α为路线转角）	

表 4-12 S型曲线

项目	内容	
图形	平面图 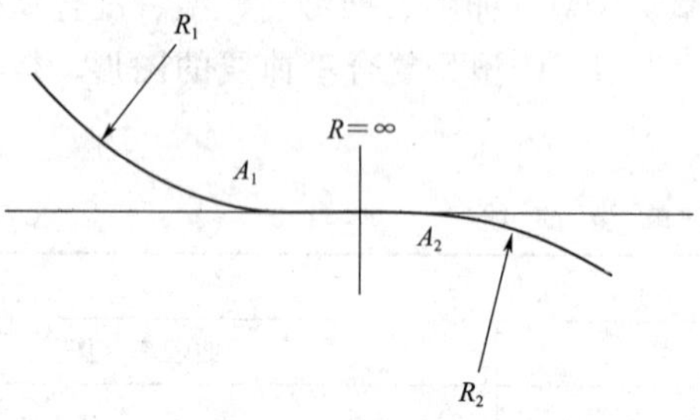	曲率图 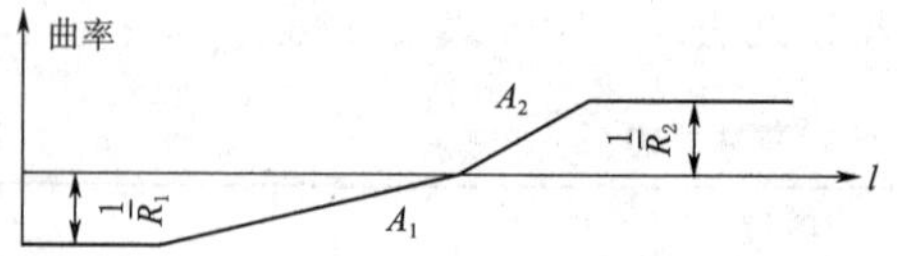
概念	两个反向圆曲线用两段反向回旋线连接的组合形式为S型曲线	
运用要求	(1) S型曲线的两回旋线参数 A_1 与 A_2 宜相等； (2) 当采用不同的回旋线参数时，A_1 与 A_2 之比应小于2.0，有条件时以小于1.5为宜；当 $A_2 \leqslant 200$ 时，A_1 与 A_2 之比应小于1.5； (3) 两圆曲线半径之比不宜过大，以 $R_1/R_2 \leqslant 2$ 为宜（R_1 为大圆曲线半径；R_2 为小圆曲线半径）	

表 4-13 卵型曲线

项目	内容	
图形	平面图 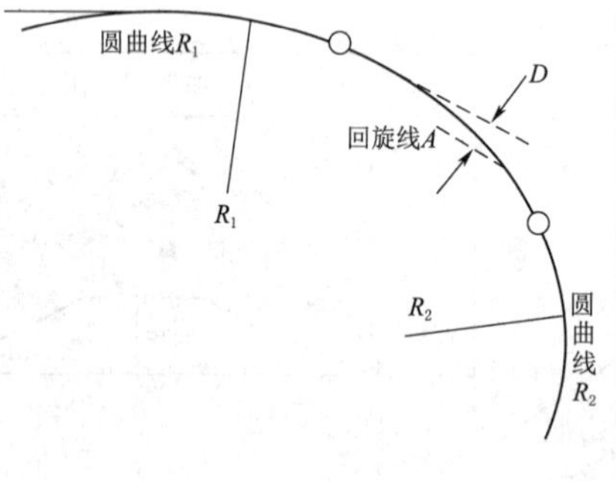	曲率图 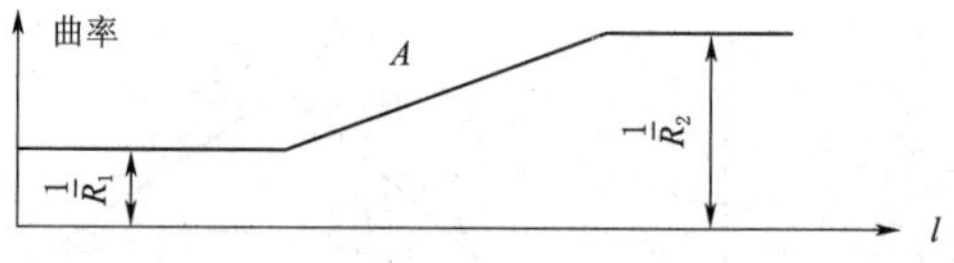
概念	用一个回旋线连接两个同向曲线的组合形式称为卵型曲线	
组合要求	(1) 大圆能完全包住小圆而且不是同心圆； (2) 卵型曲线公用缓和曲线的参数宜在 $R_2/2 \leqslant A \leqslant R_1/2$ 范围内（R_2 为小圆半径）； (3) 圆曲线半径之比以满足 $R_2/R_1 = 0.2 \sim 0.8$ 为宜； (4) 两圆曲线的间距，以 $D/R_2 = 0.003 \sim 0.03$ 为宜（D 为两圆曲线间的最小间距）	

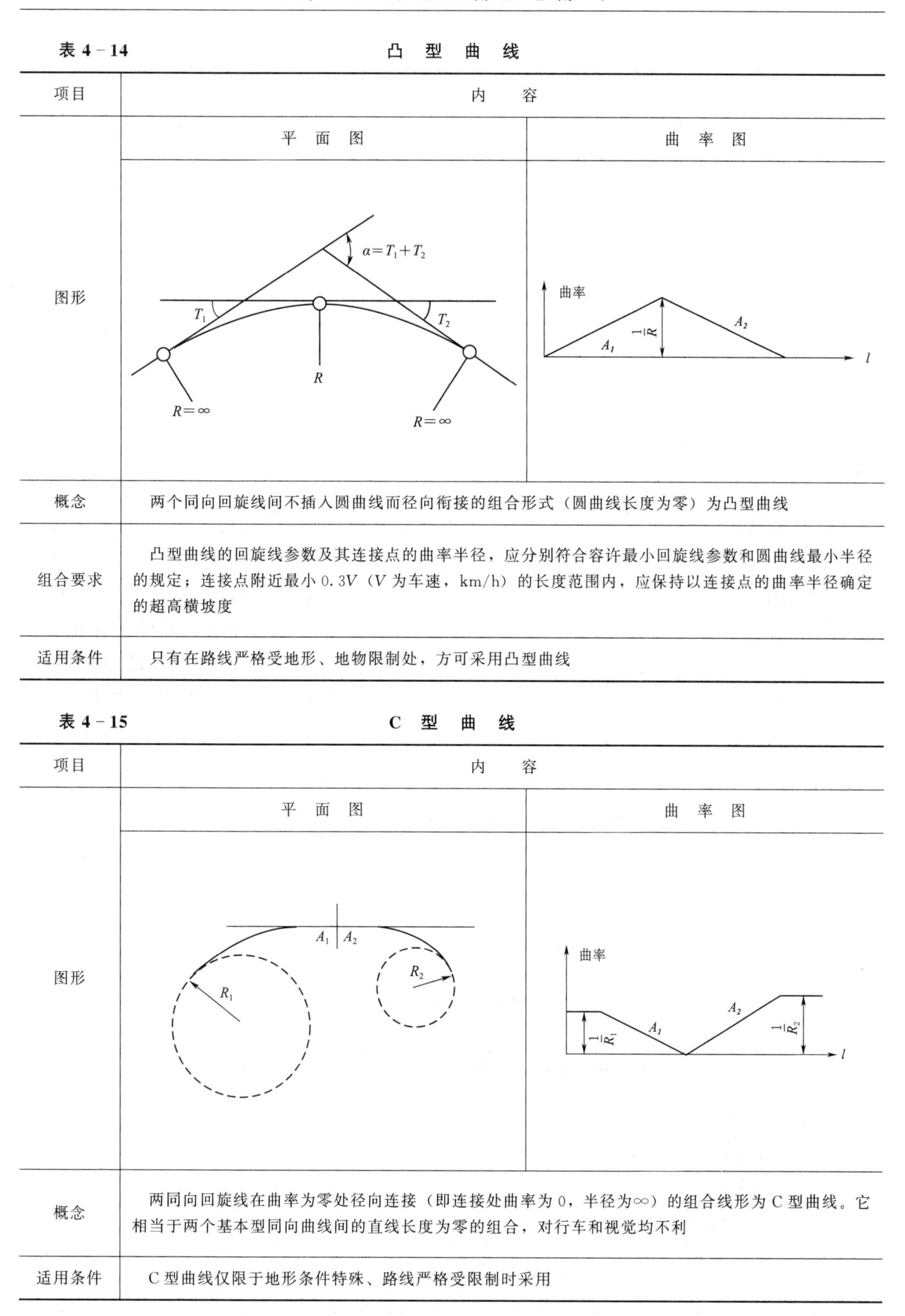

表 4－14　　凸 型 曲 线

项目	内容	
图形	平面图	曲率图
概念	两个同向回旋线间不插入圆曲线而径向衔接的组合形式（圆曲线长度为零）为凸型曲线	
组合要求	凸型曲线的回旋线参数及其连接点的曲率半径，应分别符合容许最小回旋线参数和圆曲线最小半径的规定；连接点附近最小 0.3V（V 为车速，km/h）的长度范围内，应保持以连接点的曲率半径确定的超高横坡度	
适用条件	只有在路线严格受地形、地物限制处，方可采用凸型曲线	

表 4－15　　C 型 曲 线

项目	内容	
图形	平面图	曲率图
概念	两同向回旋线在曲率为零处径向连接（即连接处曲率为 0，半径为∞）的组合线形为 C 型曲线。它相当于两个基本型同向曲线间的直线长度为零的组合，对行车和视觉均不利	
适用条件	C 型曲线仅限于地形条件特殊、路线严格受限制时采用	

表 4-16　　**复合型曲线**

项目	内容	
	平面图	曲率图
图形	圆曲线R_2 基线1 切点曲率半径R_1 回旋线1 基线2 回旋线2	曲率 $R=\infty$ A_1 A_2 $\frac{1}{R}$
概念	将两个以上的同向回旋线在曲率相等处相互连接的组合形式为复合型曲线	
组合要求	复合型曲线的相邻两个回旋线参数之比以小于 1∶1.5 为宜	
适用条件	复合型曲线在受地形条件限制或互通式立体交叉的匝道设计中可采用	

如图 4-4 所示，山区道路为克服高差，在同一坡面上转角接近或大于 180°，一般由主曲线和辅曲线组合的形式称为回头曲线。图中 R_0、R_1 和 R_2 表示圆曲线，A_0、A_1 和 A_2 表示回旋线。回头曲线的上线一般应设辅曲线，以免出现长直下坡接小半径平曲线的不安全组合，下线辅曲线视地形可设可不设。主曲线与辅曲线间可设直线段也可不设。主、辅曲线可以是反向曲线或同向曲线，应根据地形条件确定。上线辅曲线半径 R，与主曲线半径 R 比值不宜大于 2.0。回头曲线技术指标规定见表 4-17。

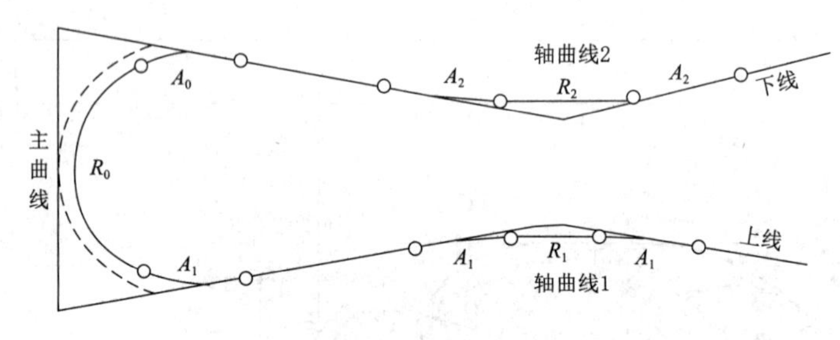

图 4-4　回头曲线

表 4-17　　**回头曲线技术指标**

主线设计速度/(km/h)	40		30	20
回头曲线设计速度/(km/h)	35	30	25	20
圆曲线最小半径/m	40	30	20	15
圆曲线最小长度/m	35	30	30	20
超高横坡度/%	6	6	6	6
双车道路面加宽值/m	2.5	2.5	2.5	3.0
最大纵坡/%	3.5	3.5	3.5	4.5

公路路线设计时，对回头曲线应遵循以下原则：

(1) 越岭路线应尽量利用有利地形自然展线，避免设置回头曲线。三级、四级公路在自然展线无法争取需要的距离以克服高差，或因地形、地质条件所限不能采取自然展线时，可采用回头曲线。

(2) 两相邻回头曲线之间，应有较长的距离。由一个回头曲线的终点至下一个回头曲线起点的距离，设计速度为 40km/h、30km/h、20km/h 时，分别应不小于 200m、150m、100m。

(3) 回头曲线前后的线形应连续、均匀、通视良好，两端宜布设过渡性曲线，且应设置限速标志、交通安全设施等。

(4) 回头曲线各部分的技术指标应符合相关规定。设计速度为 40km/h 的公路根据地形条件可选用 35km/h 或 30km/h 的回头曲线设计速度。

【例 4-2】某山区公路设计速度采用 40km/h，某路段需要采用卵形曲线才能与地形很好吻合，小圆曲线半径采用 80m，大圆曲线半径采用的合理区间是（　　）m。

A. 400～600　　B. 100～400　　C. 80～600　　D. 80～150

【参考答案】B

【考核点】平面线形组合设计

【解析】两圆曲线之比以$\frac{R_2}{R_1}=0.2\sim0.8$为宜，故

$$R_1=\frac{80}{0.8}\sim\frac{80}{0.2}=100\sim400(\text{m})$$

【例 4-3】(多选题) 某高速公路设计速度为 100km/h，某路段拟采用 S 型曲线，大圆曲线半径采用 2000m，回旋线参数为 700m；小圆曲线半径采用 800m，回旋线参数为 400m，该处 S 型曲线设计符合设计相关要求的是（　　）。

A. S 型曲线的回旋线参数比

B. 两圆曲线半径之比

C. 大圆曲线半径

D. 小圆曲线的半径

【参考答案】ACD

【考核点】平面线形组合设计

【解析】

①当采用不同的回旋线参数时 A_1 与 A_2 之比应小于 2.0，有条件时以小于 1.5 为宜。$A_1:A_2=1:1.75$，选项 A 符合规范规定。

②两圆曲线之比$\frac{R_2}{R_1}\leqslant2$为宜，$\frac{R_2}{R_1}=2.5$，选项 B 不满足规范规定。

③大圆曲线的半径采用 2000m，大于表 4-2 中圆曲线最小半径一般值，选项 C 满足规范规定。

④小圆曲线的半径采用 800m，大于表 4-2 中圆曲线最小半径一般值，选项 D 满足规范规定。

第三节　平曲线长度

一、平曲线长度要求

1. 舒适性要求

从驾驶员操作从容、乘客感觉舒适的要求来确定平曲线最小长度，需要遵从以下原则：

(1) 平曲线一般由前后回旋线和中间圆曲线共三段曲线组成，在每段曲线上驾驶员操作转向盘不感到困难至少需 3s 的行程。

(2) 一般曲线长度要满足 9s 的行程。

(3) 特殊情况不得已时需要满足 6s 的行程，并且最好为凸形平曲线，否则驾驶员会感到操作突变且视觉不舒顺。

2. 偏角要求

小偏角曲线的问题在于当转角过小时，即使半径较大，也会将平曲线长度看成比实际的短，造成急转弯的错觉。通常 $\Delta \leqslant 7°$ 属于小偏角曲线。为保证小偏角曲线有足够的长度，采用 $\Delta < 7°$ 的曲线外矢距 E 与 $\Delta = 7°$ 时曲线的 E 相等时的曲线长作为最小平曲线长。

二、公路平曲线长度

公路平曲线最小长度应符合表 4-18 的要求。当路线转角小于或等于 7°时，应设置较长的平曲线，其长度应大于表 4-19 中列出的“一般值”。当地形条件及其他特殊情况限制时，可采用表中的“最小值”。

表 4-18　平曲线最小长度

设计速度/(km/h)		120	100	80	60	40	30	20
平曲线最小长度/m	一般值	600	500	400	300	200	150	100
	最小值	200	170	140	100	70	50	40

表 4-19　公路转角小于或等于 7°时的平曲线长度

设计速度/(km/h)	120	100	80	60	40	30	20
一般值	1400/Δ	1200/Δ	1000/Δ	700/Δ	500/Δ	350/Δ	280/Δ
最小值	200	170	140	100	70	50	40

注　表中 Δ 角为路线转角值 (°)，当 $\Delta < 2°$时，按 $\Delta = 2°$计。

三、城市道路平曲线长度

城市道路平曲线由圆曲线和两段缓和曲线组成，平曲线长度设计应符合如下规定：

(1) 平曲线与圆曲线最小长度应满足表 4-20 的要求。

表 4-20　平曲线与圆曲线最小长度

设计速度/(km/h)		100	80	60	50	40	30	20
平曲线最小长度/m	一般值	260	210	150	130	110	80	60
	极限值	170	140	100	85	70	50	40
圆曲线最小长度/m		85	70	50	40	35	25	20

注　“一般值”为正常情况下采用值；“极限值”为条件受限时采用值。

（2）道路中心线转角 α 小于或等于 r 时，设计速度大于或等于 60km/h 的平曲线最小长度还应满足表 4－21 的要求。

表 4－21　　小转角平曲线最小长度

设计速度/(km/h)	100	80	60
平曲线最小长度/m	$1200/\alpha$	$1000/\alpha$	$700/\alpha$

注　表中的 α 为路线转角值（°），当 α 小于 2°时，按 2°计。

【例 4－4】某平原区二级公路，设计速度为 80km/h，路拱横坡为 2%，某处平曲线转角 $\alpha=4°30'$，如果该平曲线拟设置大于不设超高的最小半径，一般情况下，该平曲线的最小半径最接近的是（　　）。

A. 1800m　　B. 2830m　　C. 3800m　　D. 4220m

【参考答案】B

【考核点】平曲线长度

【解析】平曲线转角为 4°30′，小于 7°，为小偏角平曲线。

当 $V=80$km/h，查表 4－19，一般情况下平曲线长度应取

$$L \geqslant \frac{1000}{\Delta}=\frac{1000}{4.5}=222.222(\mathrm{m})$$

该平曲线拟设置大于不设超高的最小半径，即不设回旋线，则平曲线长度

$$L=R\alpha\frac{\pi}{2}$$

$$R \geqslant \frac{222.222}{4.5}\times\frac{180}{\pi}=2829.42(\mathrm{m})$$

该平曲线半径大于 80km/h 下的不设超高最小半径（2500m），满足要求。

第四节　圆 曲 线 加 宽

一、平曲线加宽

平曲线上路面加宽的原因主要在于汽车在曲线行驶时，前后轮的轨迹半径不相等；此外，曲线上行驶时，汽车横向摆移幅度较直线大，需要的安全间隙大。平曲线加宽是指为满足汽车在平曲线上行驶时后轮轨迹偏向曲线内侧的需要，平曲线内侧相应增加的路面、路基宽度。

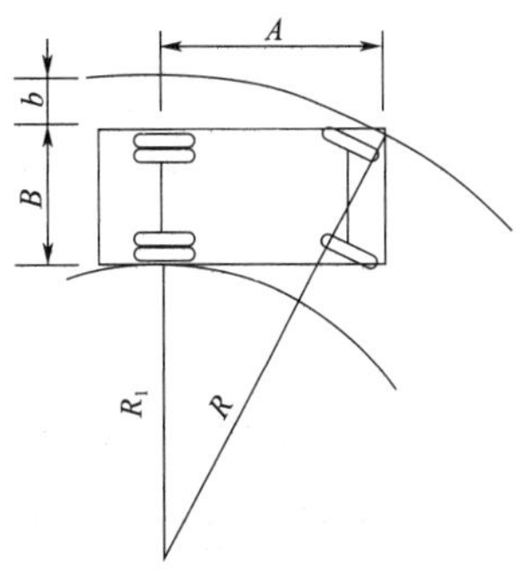

图 4－5　普通汽车加宽

1. 加宽值的计算

普通汽车的加宽值可以由图 4－5 所示的几何关系求得，即

$$b=R-(R_1+B)$$

而　$$R_1+B=\sqrt{R^2-A^2}=R-\frac{A^2}{2R}-\frac{A^4}{8R^3}-\cdots$$

则
$$b=\frac{A^2}{2R}+\frac{A^4}{8R^3}+\cdots$$

上式第二项以后的数值很小，可省略不计，则一条车道的加宽为

$$b_{单}=\frac{A^2}{2R} \tag{4-14}$$

式中 A——汽车后轴至前保险杠的距离，m；

R——圆曲线半径，m。

对有 N 个车道的行车道，则

$$b=\frac{NA^2}{2R} \tag{4-15}$$

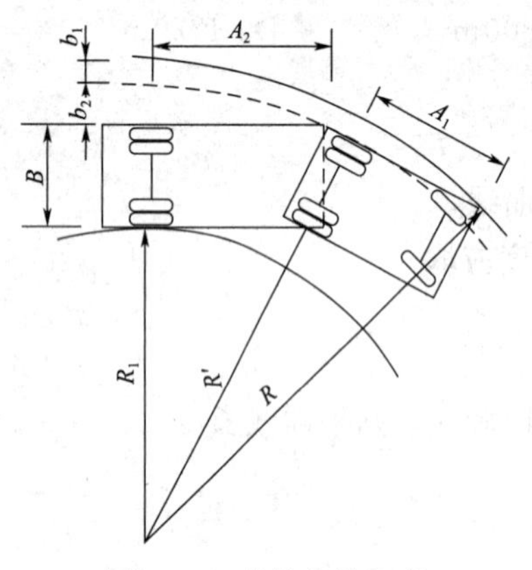

图 4-6 半挂车的加宽

半挂车的加宽值可以由图 4-6 所示的几何关系求得，即

$$b_1=\frac{A_1^2}{2R}$$

$$b_2=\frac{A_2^2}{2R'}$$

式中 b_1——牵引车的加宽值，m；

b_2——拖车的加宽值，m；

A_1——牵引车保险杠至第二轴距离，m；

A_2——第二轴至拖车最后轴距离，m；

其余符号见图 4-6。

由于 $R'=R-b_1$，而 b_1 与 R 相比甚微，可取 $R'\approx R$，则半挂车的加宽值为

$$b=b_1+b_2=\frac{A_1^2+A_2^2}{2R} \tag{4-16}$$

令 $A_1^2+A_2^2=A^2$，上式仍为式（4-15）的形式，但 A 的含义不同。

据实测，汽车转弯加宽还与车速有关，一个车道摆动加宽值计算的经验公式为

$$b'=\frac{0.05V}{\sqrt{R}} \tag{4-17}$$

式中 V——汽车转弯时行驶速度，km/h。

考虑车速的影响，圆曲线上路面的加宽值按下式计算

$$b=N\left(\frac{A^2}{2R}+\frac{0.05V}{\sqrt{R}}\right) \tag{4-18}$$

2. 公路圆曲线加宽

公路路线设计中对加宽的要求为：二级、三级、四级公路的圆曲线半径小于或等于 250m 时，应设置加宽。双车道公路路面加宽值应符合表 4-22 的要求，圆曲线加宽值应根据公路功能、技术等级和实际交通组成确定，同时需满足下列要求：

表 4－22　　双车道公路圆曲线加宽值　　单位：m

加宽类型	圆曲线半径 设计车辆	250～200	200～150	150～100	100～70	70～50	50～30	30～25	25～20	20～15
1	小客车	0.4	0.5	0.6	0.7	0.9	1.3	1.5	1.8	2.2
2	载重汽车	0.6	0.7	0.9	1.2	1.5	2.0	—	—	—
3	铰接列车	0.8	1.0	1.5	2.0	2.7	—	—	—	—

（1）作为干线的二级公路，应采用第 3 类加宽值。

（2）作为集散的二级公路和三级公路，在考虑铰接列车通行时，应采用第 3 类加宽值；不考虑通行铰接列车时，可采用第 2 类加宽值。

（3）作为支线的三级、四级公路可采用第 1 类加宽值。

（4）有特殊车辆通行的专用公路应根据特殊车辆验算确定其加宽值。

圆曲线上的路面加宽应设置在圆曲线的内侧。各级公路的路面加宽后，路基也应相应加宽。双车道公路在采取强制性措施实行分向行驶的路段，其圆曲线半径较小时，内侧车道的加宽值应大于外侧车道的加宽值，设计时应通过计算分别确定。

3. 城市道路圆曲线加宽值

城市道路路线设计对圆曲线加宽的要求为：当圆曲线半径小于或等于 250m 时，应在圆曲线范围内设置加宽，每条车道加宽值应符合表 4－23 的要求。

表 4－23　　圆曲线每条车道的加宽值　　单位：m

加宽类型	汽车前悬加轴距	车型	圆曲线半径								
			$200<R\leqslant250$	$150<R\leqslant200$	$100<R\leqslant150$	$80<R\leqslant100$	$70<R\leqslant80$	$50<R\leqslant70$	$40<R\leqslant50$	$30<R\leqslant40$	$20<R\leqslant30$
1	0.8+3.8	小客车	0.30	0.30	0.35	0.4	0.4	0.45	0.50	0.60	0.75
2	1.5+6.5	大型车	0.40	0.45	0.60	0.65	0.70	0.90	1.05	1.30	1.80
3	1.7+5.8+6.7	铰接车	0.45	0.60	0.75	0.90	0.95	1.25	1.50	1.90	2.75

圆曲线上的路面加宽应设置在圆曲线的内侧。当受条件限制时，次干路、支路可在原曲线的两侧加宽。圆曲线范围内的加宽应为不变的全加宽值，两端应设置加宽缓和段。

二、加宽过渡段

加宽过渡段是为使路面由直线上的正常宽度过渡到圆曲线上设置了加宽的宽度，而设置的宽度变化段。加宽过渡的方式有比例过渡、高次抛物线过渡、回旋线过渡等。

1. 比例过渡

在加宽过渡段全长范围内按其长度成比例逐渐加宽，如图 4－7 所示。加宽过渡段内任意点的加宽值为

$$b_x=\frac{l_x}{l}b \tag{4-19}$$

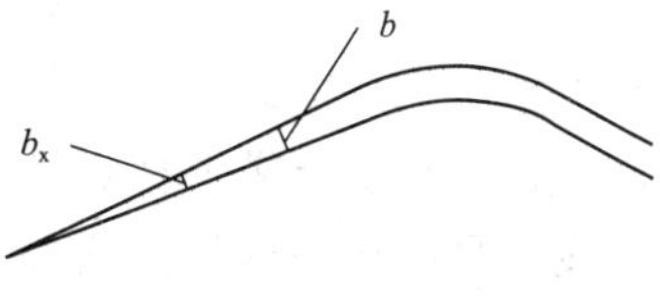

图 4－7　比例加宽

式中　b——圆曲线上的全加宽，m；

l_x——任意点距过渡段起点的距离，m；

l——加宽过渡段长度，m。

该法计算简单，但路容不美观，适于低等级公路。

2. 高次抛物线过渡

$$b_x=(4k^3-3k^4)b \tag{4-20}$$

其中 $$k=\frac{l_x}{l}$$

其余符号意义同前。

该法加宽后的路面内侧圆滑、路容美观，适用于高等级公路。

3. 回旋线过渡

在加宽过渡段路面内侧插入回旋线，不但中线上有回旋线，而且加宽后的路面边线也是回旋线，与行车轨迹相符，保证了行车的顺适与线形的美观。适用于高速公路和一级、二级公路，具体适用于位于大城市近郊的路段、桥梁、高架桥、挡土墙隧道等构造物处，以及设置各种安全防护设施的路段。

三、加宽过渡段长度

1. 公路加宽过渡段

公路路线设计对加宽过渡段的设置要求为：

（1）设置回旋线或超高过渡段时，加宽过渡段长度应采用与回旋线或超高过渡段长度相同的数值。

（2）不设回旋线或超高过渡段时，加宽过渡段长度应按渐变率为 1∶15 且长度不小于 10m 的要求设置。

（3）二级、三级、四级公路的加宽过渡应在加宽过渡段全长范围内，按其长度成比例增加的方式设置。

2. 城市道路加宽过渡段

城市道路路线设计对加宽过渡段的设置要求为：

（1）当设置缓和曲线或超高缓和段时，加宽缓和段长度应采用与缓和曲线或超高缓和段长度相同的数值。

（2）当不设缓和曲线或超高缓和段时，加宽缓和段长度应按加宽侧路面边缘宽度渐变率为 1∶15～1∶30 计算，且长度不应小于 10m。

第五节　圆曲线超高

一、超高及其作用

所谓超高，是指为抵消或减小车辆在平曲线路段上行驶时所产生的离心力，在该路段横断面上做成外侧高于内侧的单向横坡形式。其作用在于全部或部分抵消离心力作用，提高汽车在曲线上行驶的稳定性和舒适性。超高过渡段是指从直线段的双向路拱横坡渐变到圆曲线段具有单向横坡的路段。应该注意的是，四级公路不设缓和曲线，但圆曲线上若设有超高，也应设超高过渡段。

公路路线设计对超高的要求为：圆曲线半径小于表 4－3 规定的不设超高圆曲线最小半径时，应在曲线上设置超高，并同时需要满足如下要求：

（1）各级公路圆曲线部分的最大超高值应符合表 4－24 的要求。

表 4－24　　各级公路圆曲线最大超高值

公路技术等级	高速公路、一级公路	二级、三级、四级公路
一般地区/%	8 或 10	8
积雪冰冻地区/%	6	
城镇地区/%	4	

注　一般地区公路，圆曲线最大超高应采用 8%，以通行中、小型客车为主的高速公路和一级公路，最大超高可采用 10%。

（2）各级公路圆曲线部分的最小超高值应与该公路直线部分的正常路拱横坡度值一致。

二级、三级、四级公路接近城镇且混合交通量较大的路段，车速受到限制时，其最大超高值可按表 4－25 采用。各圆曲线半径所设置的超高值应根据设计速度、圆曲线半径、公路条件、自然条件等经计算确定，必要时应按运行速度验算。当路拱横坡度发生变化时，必须设置超高过渡段。其超高渐变率应根据旋转轴的位置按表 4－26 确定。

表 4－25　　车速受限制时最大超高值

设计速度/(km/h)	80	60	40、30、20
超高值/%	6	4	2

关于超高过渡方式，对于无中间带的公路，当超高横坡度等于路拱横坡度时，将外侧车道绕路中线旋转，直至超高横坡值；当超高横坡度大于路拱横坡度时，应采用绕内侧车道边缘旋转，绕路中线旋转或绕外侧车道边缘旋转的方式。设计中还应该注意以下情况：

（1）新建工程采用绕内侧车道边缘旋转的方式。

（2）改建工程可采用绕路中线旋转的方式。

表 4－26　　超高渐变率

设计速度/(km/h)	超高旋转轴位置	
	中线	边线
120	1/250	1/200
100	1/225	1/175
80	1/200	1/150
60	1/175	1/125
40	1/150	1/100
30	1/125	1/75
20	1/100	1/50

（3）路基外缘标高受限制或路容美观有特殊要求时可采用绕外侧车道边缘旋转的方式。

二、超高过渡方式

无中间带道路与有中间带道路的超高过渡方式见表 4－27 和表 4－28。

表 4－27　　无中间带道路的超高过渡方式

超高过渡方式	定　义	适用条件
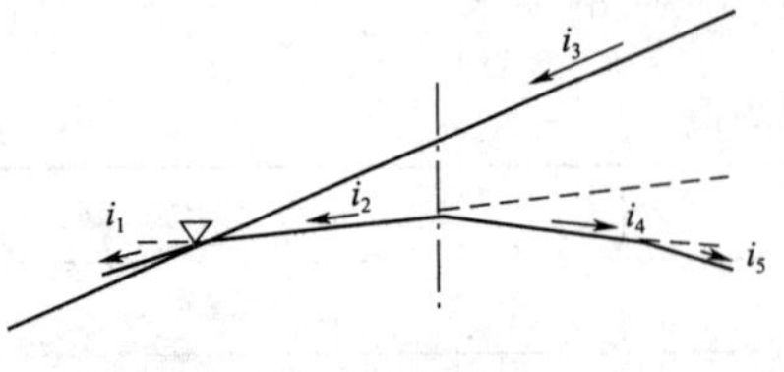 绕内边线旋转	先将外侧车道绕路中线旋转，待达到与内侧车道工程单向横坡后，整个断面再绕未加宽的内侧车道边线旋转，直至超高横坡值	宜用于新建公路
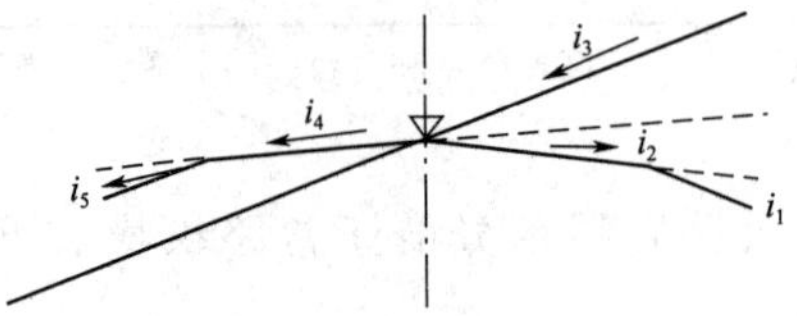 绕中线旋转	先将外侧车道绕路中线旋转，待达到与内侧车道构成单向横坡后，整个断面绕中线旋转，直至超高横坡值	可用于改建公路；宜用于横断面形式为单幅路或三幅路的城市道路
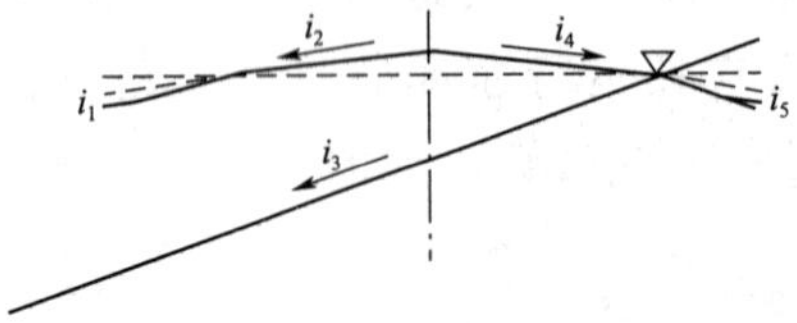 绕外边线旋转	先将外侧车道绕外边线旋转，与此同时，内侧车道随中线的降低而相应降低，待达到单向横坡后，整个断面仍绕外侧车道边缘旋转，直至超高横坡值	可用于路基外缘高程受限制或路容美观有特殊要求的公路工程

表 4－28　　有中间带道路的超高过渡方式

超高过渡方式	定　义	适用条件
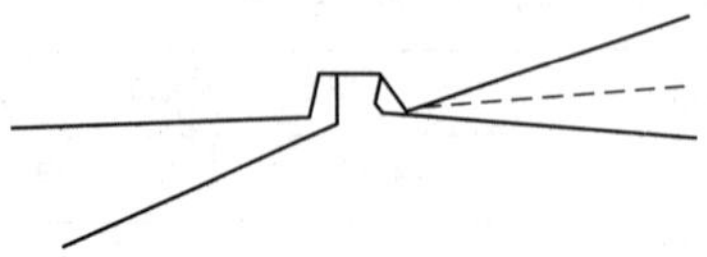 绕中央分隔带中线旋转	将外侧行车道绕中央分隔带边线旋转，待达到与内侧行车道构成相同横坡后，整个断面一同绕中央分隔带中线旋转，直至超高值。此时中央分隔带呈倾斜状	中间带宽度较窄时（≤4.5m）
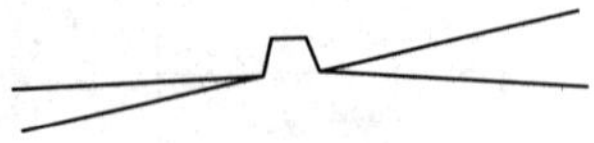 绕中央分隔带边线旋转	将两侧车道分别绕中央分隔带边线旋转，使各自成为独立的单向超高断面，此时中央分隔带维持原水平状态	各种宽度的中间带都可采用
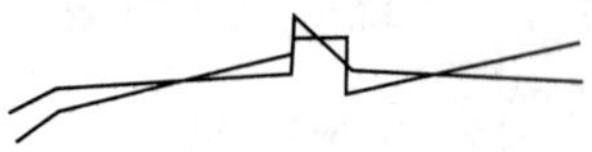 绕各自行车道中线旋转	将两侧行车道分别绕各自的中线旋转，使各自成为独立的单向超高断面，此时中央分隔带两边缘分别升高与降低而成为倾斜断面	对双向车道数大于 4 条的公路可采用

公路路线设计对超高过渡方式的要求为：超高的过渡宜在回旋线全长范围内进行。当回旋线较长时，其超高过渡段应设在回旋线的某一区段范围内，超高过渡段的纵向渐变率不得小于1/330，全超高断面宜设在缓圆点或圆缓点处。超高过渡宜采用线性过渡方式。双向六车道及以上车道数的公路宜增设路拱线。高速公路、一级公路整体式路基的纵坡较大处，其上、下行车道可采用不同的超高值。

此外，公路硬路肩的超高过渡段应满足下列要求：

(1) 硬路肩超高值与相邻车道超高值相同时，其超高过渡段应与车道相同，且采用与车道相同的超高渐变率。

(2) 硬路肩超高值比相邻车道超高值小时，应先将硬路肩横坡过渡到与车道路拱坡度相同，再与车道一起过渡，直至硬路肩达到其最大超高坡值。

城市道路路线设计要满足以下要求：当圆曲线半径小于不设超高最小半径时，在圆曲线范围内应设超高，最大超高横坡度应符合表4-29的要求。当由直线段的正常路拱断面过渡到圆曲线上的超高断面时，必须设置超高缓和段。

表4-29　最大超高横坡度

设计速度/(km/h)	100、80	60、50	40、30、20
最大超高横坡度/%	6	4	2

注　积雪或冰冻地区的道路应根据实际情况适当折减。

城市道路超高的过渡方式应根据横断面形式、结合地形条件等因素决定，并应利于路面排水。单幅路及三幅路横断面形式超高旋转轴宜采用中线，双幅路及四幅路则宜采用中间分隔带边缘线，使两侧车行道成为独立的超高横断面，如图4-8所示。

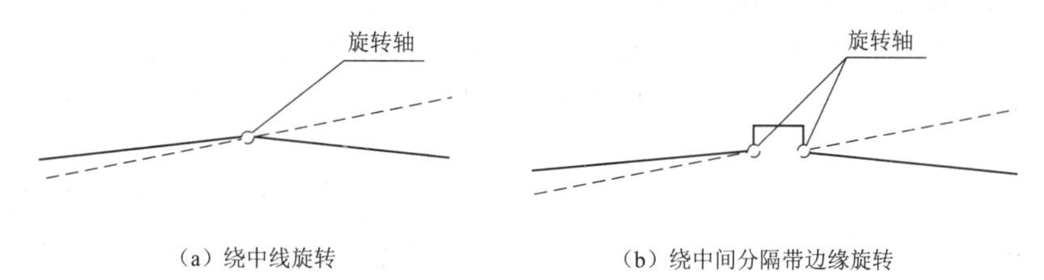

(a) 绕中线旋转　　(b) 绕中间分隔带边缘旋转

图4-8　城市道路超高过渡方式

三、超高过渡段长度

为行车舒适、路容美观和排水通畅，必须设置一定长度的超高过渡段，超高过渡是在超高过渡全长范围内进行。公路最小超高过渡段长度按下式计算并取整为5的倍数，同时不得小于10m

$$L_c = \frac{B\Delta i}{p} \tag{4-21}$$

式中　L_c——最小超高过渡段长度，m；

B——当不设硬路肩时，为旋转轴至行车道（设路缘带时为路缘带）外侧边缘的宽度（m）；当设置硬路肩时，为旋转轴至硬路肩外侧边缘的宽度（m）；

Δi——超高坡度与路拱坡度的代数差，%；

p——超高渐变率，即旋转轴与行车道（设路缘带时为路缘带）外边线之间的相对坡度。

对于城市道路，当由直线上的正常路拱断面过渡到圆曲线上的超高断面时，必须在其间设置超高缓和段。超高缓和段长度应按下式计算

$$L_e = b\Delta i/\varepsilon \tag{4-22}$$

式中　L_e——超高缓和段长度，m；

b——超高旋转轴至路面边缘的宽度，m；

Δi——超高横坡度与路拱坡度的代数差，%；

ε——超高渐变率，超高旋转轴与路面边缘之间相对升降的比率，应符合表 4-30 的要求。

表 4-30　　最大超高渐变率

设计速度/(km/h)		100	80	60	50	40	30	20
超高渐变率 ε	绕中线旋转	1/225	1/200	1/175	1/160	1/150	1/125	1/100
	绕边线旋转	1/175	1/150	1/125	1/115	1/100	1/175	1/50

城市道路超高缓和段应在缓和曲线全长范围内进行。当缓和曲线较长时，超高缓和段可设在缓和曲线的某一区段范围内。当设计速度小于 40km/h 时，超高缓和段可在直线段内进行。超高缓和段长度与缓和曲线长度两者中应取大值作为缓和曲线的计算长度。超高缓和段起终点处路面边缘应圆顺，不得出现竖向转折。此外，城市道路的超高缓和段应满足路面排水要求，超高缓和段的纵向渐变率不得小于 1/330。

四、超高过渡段与缓和曲线的关系

超高过渡段长度主要从两个方面来考虑：一是从行车舒适性来考虑，过渡段长度越长越好；二是从横向排水来考虑，过渡段长度短些好，特别是路线纵坡较小时，更应注意排水的要求。为了行车的舒适，超高过渡段应不小于按式（4-22）计算的长度。但从利于排除路面降水考虑，横坡度由 2%或 1.5%过渡到 0 的路段，超高渐变率不得小于 1/330，即超高过渡段又不能设置得太长。所以在确定超高过渡段长度时应考虑以下几点原则：

（1）一般的情况下，$L_c = L_s$，即在确定缓和曲线长度时，已经考虑了超高过渡段所需的最长度，故一般取超高过渡段 L_c 与缓和曲线长度 L_s 相等。

（2）若计算出的 $L_c > L_s$，此时应修改平面线形，使 $L_s \geqslant L_c$。当平面线形无法修改时，超高过渡可在缓和曲线起点前的直线路段开始。

（3）若 L_s 大于计算出的 L_c，但只要超高渐变率 $p \geqslant 1/330$，仍取 $L_c = L_s$。

（4）四级公路不设缓和曲线，但若圆曲线上设有超高，则应设置超高过渡段，超高过渡段在直线和圆曲线上各分配一半。

（5）高等级公路设计中，一般配置较长的缓和曲线（$L_s \gg L_c$）。为了避免在缓和曲线全长范围内均匀过渡超高而造成路面横向排水不畅，超高过渡可采取两项措施：第一，超高的过渡仅在缓和曲线的某一区段内进行，即超高过渡起点可从缓和曲线起点（$R=\infty$）至缓和曲线上不设超高的最小半径之间的任一点开始，至缓和曲线终点结束；第二，超高过渡在缓和曲线全长范围内按两种超高渐变率分段进行，即第一段从缓和曲线起点由双向

路拱坡以超高渐变率 1/330 过渡到单向路拱横坡，第二段由单向路拱横坡过渡到缓和曲线终点处的超高横坡。

第六节　视　　距

1. 视距的定义

行车视距是指为保证行车安全，驾驶员应能随时看到汽车前方相当远的一段路程，一旦发现前方路面上有障碍物或迎面来车，能及时采取措施，避免相撞，这一必需的最短距离称为行车视距。视距与视线的区别在于：在直线段视距与视线的长度是一致的，但在曲线段，视线是直线，而视距是沿车道中心线量得的长度，视距比视线长。

2. 行车视距的类型

行车视距分为停车视距、会车视距、错车视距和超车视距等。

（1）停车视距。车辆以一定速度行驶中，驾驶员自发现前方有障碍物时起，到汽车在到达障碍物前安全停止所需的最短距离。

（2）会车视距。两辆车相向行驶，驾驶员自看到前方车辆时起，至安全会车时止，两辆汽车行驶所需的最短距离。

（3）错车视距。在没有明确划分车道线的双车道道路上，两对向行驶汽车相遇，自发现后采取减速避让措施至安全错车所需的最短距离。

（4）超车视距。在双车道道路上，后车超越前车时，自开始驶离原车道处起，至可见对向来车并能超车后安全驶回原车道所需的最短距离。

（5）识别视距。车辆以一定速度行驶中，驾驶员自看清前方分流、合流、交叉、渠化、交织等各种行车条件变化时的导流设施、标志、标线，做出制动减速、变换车道等操作，至变化点前使车辆达到必要的行驶状态所需的最短距离。

3. 公路设计对视距的要求

高速公路、一级公路的视距应采用停车视距。高速公路、一级公路的一般路段，每条车道的停车视距应不小于表 4－31 的要求。二级、三级、四级公路的视距，应采用会车视距。受地形条件或其他特殊情况限制而采取分道行驶措施的路段，可采用停车视距。会车视距与停车视距应不小于表 4－32 的要求。

表 4－31　　高速公路、一级公路停车视距

设计速度/(km/h)	120	100	80	60
停车视距/m	210	160	110	75

表 4－32　　二级、三级、四级公路会车视距与停车视距

设计速度/(km/h)	80	60	40	30	20
会车视距/m	220	150	80	60	40
停车视距/m	110	75	40	30	20

二级、三级、四级公路双车道公路，应间隔设置满足超车视距的路段。具有干线功能的二级公路宜在 3min 的行驶时间内，提供一次满足超车视距要求的超车路段。超车视距

最小值应符合表4-33的要求。

表4-33　超车视距

设计速度/(km/h)		80	60	40	30	20
超车视距/m	一般值	550	350	200	150	100
	最小值	350	250	150	100	70

注　“一般值”为正常情况下的采用值；“最小值”为条件受限时可采用的值。

高速公路、一级公路以及大型车比例高的二级、三级公路的下坡路段，应采用下坡段货车停车视距对相关路段进行检验。各级公路下坡段货车停车视距应不小于表4-34的要求。

表4-34　各级公路下坡段货车停车视距

设计速度/(km/h)			120	100	80	60	40	30	20
纵坡坡度/%	0	停车视距/m	245	180	125	85	50	35	20
	3		265	190	230	89	50	35	20
	4		273	195	132	91	50	35	20
	5		—	200	136	93	50	35	20
	6		—	—	139	95	50	35	20
	7		—	—	—	97	50	35	20
	8		—	—	—	—	—	35	20
	9		—	—	—	—	—	—	20

各级公路的互通式立交、服务区、停车区、客运汽车停靠站等各类出口路段应满足识别视距要求，并应满足下列要求：

(1) 不同设计速度对应的识别视距见表4-35。

表4-35　识别视距

设计速度/(km/h)	120	100	80	60
识别视距/m	350 (460)	290 (380)	230 (300)	170 (240)

注　括号中为行车环境复杂、路侧出口提示信息较多时应采取的视距值。

(2) 受地形、地质等条件限制路段，识别视距可采用1.25倍的停车视距，但应进行必要的限速控制和管理措施。

路线设计应对采用较低几何指标、线形组合复杂、中间带设置护栏或防眩设施、路侧设有高边坡或构造物、公路两侧各类出入口、平面交叉、隧道等各种可能存在视距不良的路段和区域，进行视距检验。不符合对应的视距要求时，应采取相应的技术和工程措施予以改善。

4. 城市道路路线设计对视距的要求

各级城市道路的停车视距不应小于表4-36的限值。积雪或冰冻地区的停车视距应适当增长，并应根据设计速度和路面状况计算取用。当对向行驶的车辆有会车可能时，应采用会车视距，其值应为表 4－36 中停车视距的 2 倍。平曲线内侧的路堑边坡、挡墙、绿化、声屏障、防眩设施等构筑物或建筑物均不得妨碍视线。对设置平纵曲线可能影响行车视距路段，应进行视距验算。对以货运交通为主的道路，应验算下坡段货车的停车视距。下坡段货车的停车视距不应小于表 4－37 的限值。

表 4－36　　城市道路停车视距

设计速度/(km/h)	100	80	60	50	40	30	20
停车视距/m	160	110	70	60	40	30	20

表 4－37　　城市道路下坡段货车停车视距

<table>
<tr><td colspan="3">设计速度/(km/h)</td><td>100</td><td>80</td><td>60</td><td>50</td><td>40</td><td>30</td><td>20</td></tr>
<tr><td rowspan="7">纵坡度
/%</td><td>0</td><td rowspan="7">停车视距
/m</td><td>180</td><td>125</td><td>85</td><td>65</td><td>50</td><td>35</td><td>20</td></tr>
<tr><td>3</td><td>190</td><td>130</td><td>89</td><td>66</td><td>50</td><td>35</td><td>20</td></tr>
<tr><td>4</td><td>195</td><td>132</td><td>91</td><td>67</td><td>50</td><td>35</td><td>20</td></tr>
<tr><td>5</td><td>—</td><td>136</td><td>93</td><td>68</td><td>50</td><td>35</td><td>20</td></tr>
<tr><td>6</td><td>—</td><td>—</td><td>95</td><td>69</td><td>50</td><td>35</td><td>20</td></tr>
<tr><td>7</td><td>—</td><td>—</td><td>—</td><td>—</td><td>50</td><td>35</td><td>20</td></tr>
<tr><td>8</td><td>—</td><td>—</td><td>—</td><td>—</td><td>—</td><td>35</td><td>20</td></tr>
</table>

第五章 纵断面设计

【本章要点】

本章介绍了纵断面设计标高与路基设计洪水频率、城市竖向规划及管线控制等方面的有关规定；竖曲线要素、纵坡、坡长、合成坡度、桥隧及两端路线纵坡、非机动车道路纵坡等方面的一般规定与运用；连续长、陡下坡路段纵断面的设计方法及相关要求；爬坡车道的设置原则和相关技术要求；纵断面设计高程的规定与设计洪水频率及两者联系；最大纵坡、最小纵坡和坡长限制，包括最大坡长、最小坡长和缓和坡段；竖曲线要素和设计高程计算、竖曲线最小半径与最小长度；平均纵坡、合成坡度和爬坡车道设置。

第一节 纵断面设计标高

一、公路纵断面设计标高规定

在进行道路的纵断面设计时，首先要明确纵断面设计标高的概念。纵断面上的设计标高，即路基设计标高。对于新建公路的路基设计标高，高速公路和一级公路宜采用中央分隔带的外侧边缘标高；二级、三级、四级公路宜采用路基边缘标高，在设置超高、加宽路段为设超高、加宽前该处边缘标高。改建公路的路基设计标高，宜按新建公路的规定执行，也可视具体情况而采用中央分隔带中线或行车道中线标高。

公路纵断面设计标高与路基设计洪水频率之间关系密切。路基设计洪水频率应符合表 5-1 的要求。

表 5-1　　公路路基设计洪水频率

公路等级	高速公路	一级公路	二级公路	三级公路	四级公路
设计洪水频率	1/100	1/100	1/50	1/25	按具体情况确定

根据路基设计洪水频率确定公路纵断面设计标高时应注意以下几方面：

(1) 沿河线及可能受水侵害的路段，按设计标高推算的最低侧路基边缘标高，应高出设计洪水位加壅水高、波浪侵袭高和 0.5m 的安全高度。也就是说，最低侧路基边缘标高＝设计洪水位＋壅水高＋波浪侵袭高＋0.5m，其中洪水位高程按规定的路基设计洪水频率计算。

(2) 沿水库上游岸边的路段，按设计标高推算的路基最低侧边缘标高应考虑水库水位升高后地下水位壅升，以及水库淤积后壅水曲线抬高及浪高的影响；在寒冷地区还应考虑冰塞壅水对水位增高的影响。对于沿水库上游岸边的路段，最低侧路基边缘标高＝水库水位升高后地下水位壅升＋淤积后壅水曲线抬高＋波浪侵袭高。

(3) 纵断面设计标高应满足桥涵标高的要求。按设计高程推算的大、中桥桥头引道（在洪水泛滥线范围内）路基最低侧边缘高程，应高于该桥设计洪水位（包括壅水和浪高）至少0.5m，也就是说，桥头引道最低侧路基边缘标高＝桥涵设计洪水位（包括壅水和浪高）＋0.5m。其中，桥涵的设计洪水频率见表5－2。小桥涵附近的路基高程可以不考虑浪高。

表5－2　　桥涵设计洪水频率

构造物名称	公路等级				
	高速公路	一级公路	二级公路	三级公路	四级公路
特大桥	1/300	1/100	1/100	1/100	1/100
大、中桥	1/100	1/100	1/100	1/50	1/50
小桥	1/100	1/50	1/50	1/25	1/25
涵洞及小型排水构造物	1/100	1/50	1/50	1/25	不作规定

二、城市道路纵断面设计标高

城市道路纵断面设计时，对于纵断面设计标高应注意以下原则：

（1）纵断面的设计高程宜采用道路设计中线处的路面设计高程；当有中间分隔带时可采用中间分隔带外侧边缘线处的路面设计高程。

（2）纵断面设计应参照城市竖向规划控制高程，并适应临街建筑立面布置，确保沿线范围地面水的排除。

（3）纵断面设计应根据道路等级，综合交通安全、建设期间的工程费用与运营期间的经济效益、节能减排、环保效益等因素，合理确定路面设计纵坡和设计高程。

（4）纵坡应平顺、视觉连续，并应与周围环境协调。

（5）机动车与非机动车混合行驶的车行道，宜按非机动车骑行的设计纵坡度控制。

（6）纵断面设计应满足路基稳定、管线覆土、防洪排涝等要求。

同时，也应该考虑到城市道路的纵断面设计标高与洪水频率直接相关。对于城市桥梁设计，宜采用100年一遇的洪水频率，对特别重要的桥梁可提高到300年一遇。城市中防洪标准较低的地区，当按100年一遇或300年一遇的洪水设计频率设计，导致桥面高程较高而引起困难时，可按相交河道或排水沟渠的规划洪水频率设计，但应确保桥梁结构在100年一遇或300年一遇洪水频率下的安全。

第二节　纵　　坡

一、最大纵坡

纵坡是道路沿着延伸方向的坡度，最大纵坡是指在纵坡设计时各级道路允许采用的最大坡度值。最大纵坡是控制纵坡设计的主要指标之一，在山区和丘陵区，直接影响路线的长短、使用质量、运输成本及造价。

在确定各级公路最大纵坡时，主要考虑了载重汽车的爬坡性能和公路的通行能力两个方面因素的影响。对于一般公路，偏重于考虑爬坡性能；对于高速公路和一级公路，偏重于车辆的快速安全行驶，因为快速安全是保障通行能力的前提。

公路最大纵坡应依据汽车的动力特性、道路等级、自然条件等因素，通过综合分析研究确定，并应考虑车辆行驶安全及工程和运营经济等因素。其中，动力特性方面，重量功率比不同，爬坡能力不同，因此会直接影响最大纵坡的确定；道路等级方面，考虑速度要求，高等级公路交通量大，要求速度高，纵坡路段的降速不宜大；自然条件方面，最大纵坡标准过高，也就是最大纵坡定的小，实际工程将会出现大的填挖，破坏环境，工程量大、工程投入大，这就要克服过分以工程换速度的做法；交通组成方面，重车交通占的比例大时，最大纵坡宜小，而对于不通行重型货车的旅游路最大纵坡可以适当增大。

二、公路纵坡

1. 公路最大纵坡

根据诸多影响因素，确定公路的最大纵坡应不大于表 5-3 的限值，并应符合下列规定：

表 5-3 公路最大纵坡

设计速度/(km/h)	120	100	80	60	40	30	20
最大纵坡/%	3	4	5	6	7	8	9

(1) 设计速度为 120km/h、100km/h、80km/h 的高速公路，受地形条件或其他特殊情况限制时，经技术经济论证，最大纵坡可增加 1%。

(2) 改扩建公路设计速度为 40km/h、30km/h、20km/h 的利用原有公路的路段，经技术经济论证，最大纵坡可增加 1%。

(3) 四级公路位于海拔 2000m 以上或积雪冰冻地区的路段，最大纵坡不应大于 8%。

对于设计速度小于或等于 80km/h 位于海拔 3000m 以上高原地区的公路，最大纵坡应按表 5-4 的规定予以折减。最大纵坡折减后小于 4%时应采用 4%。

表 5-4 高原纵坡折减值

海拔/m	3000～4000	4000～5000	5000 以上
纵坡折减/%	1	2	3

除了满足最大纵坡的要求外，也应该考虑到公路的纵坡不宜过小。通常，公路的纵坡不宜小于 0.3%。对于横向排水不畅的路段或长路堑路段，采用平坡（纵坡为 0）或小于 0.3%的纵坡时，其边沟应进行纵向排水设计。

2. 桥上及桥头路线的纵坡

桥上及桥头路线的纵坡应满足下列要求：

(1) 小桥处的纵坡应随路线纵坡设计。

(2) 桥梁及其引道的平、纵、横技术指标应与路线总体布设相协调，各项技术指标应符合路线布设的规定；大、中桥上的纵坡不宜大于 4%，桥头引道纵坡不宜大于 5%，引道紧接桥头部分的线形应与桥上线形相配合。

(3) 易结冰、积雪的桥梁，桥上纵坡宜适当减小。

(4) 位于城镇混合交通繁忙处的桥梁，桥上及桥头引道纵坡不得大于 3%。

3. 隧道及其洞口两端路线的纵坡

隧道及其洞口两端路线的纵坡应满足下列要求：

(1) 隧道内的纵坡应大于0.3%并小于3%，但短于100m的隧道不受此限。

(2) 高速公路、一级公路的中、短隧道，当条件受限制时，经技术经济论证后，最大纵坡可适当加大，但不宜大于4%。

(3) 隧道内的纵坡宜设置成单向坡；地下水发育的隧道及特长、长隧道宜采用人字坡。

三、城市道路纵坡

1. 城市道路最大纵坡

综合诸多纵坡设计影响因素，城市道路最大纵坡应符合下列设计原则：

(1) 城市道路分为机动车道和非机动车道，机动车道最大纵坡应符合表5-5的要求。

表5-5　机动车道最大纵坡

设计速度/(km/h)		100	80	60	50	40	30	20
最大纵坡/%	一般值	3	4	5	5.5	6	7	8
	极限值	4	5	6	6	7	8	8

(2) 新建道路应采用小于或等于最大纵坡一般值；对改建道路、受地形条件或其他特殊情况限制时，可采用最大纵坡极限值。

(3) 除快速路外的其他等级道路，受地形条件或其他特殊情况限制时，经技术经济论证后，最大纵坡极限值可增加1.0%。

(4) 积雪或冰冻地区的快速路最大纵坡不应大于3.5%，其他等级道路最大纵坡不应大于6.0%。

(5) 海拔3000m以上高原地区城市道路的最大纵坡一般值可减小1.0%，当最大纵坡折减后小于4.0%时，仍可采用4.0%。

2. 城市道路最小纵坡

城市道路最小纵坡的确定，应考虑以下设计原则：

(1) 道路最小纵坡不应小于0.3%；当特殊困难纵坡小于0.3%时，应设置锯齿形偏沟或采取其他排水措施。

(2) 特大、大、中桥的桥面最小纵坡不宜小于0.3%，且竖向高程最低点不应位于主桥范围内。

(3) 高架路的桥面最小纵坡不应小于0.5%；困难时不应小于0.3%，并应采取保证高架路纵横向及时排水的措施。

3. 城市其他纵坡

非机动车道最大纵坡不宜大于2.5%；困难时不应大于3.5%，并应按城市道路相关设计规范的要求规定限制坡长。特大、大、中桥的桥面纵坡不宜大于4.0%，桥头引道纵坡不宜大于5.0%。隧道内的道路最大纵坡不宜大于3.0%，困难时不应大于5.0%。隧道出入口外的接线道路纵坡宜坡向洞外。

第三节　坡　　长

坡长指纵断面上相邻两个边坡点之间的长度（水平距离），如图 5－1 所示。在进行道路的纵断面设计时，坡度与坡长应统一考虑。所谓的坡长限制，就是对较陡纵坡的最大长度和一般纵坡的最小长度以及缓和坡段长度的限制。

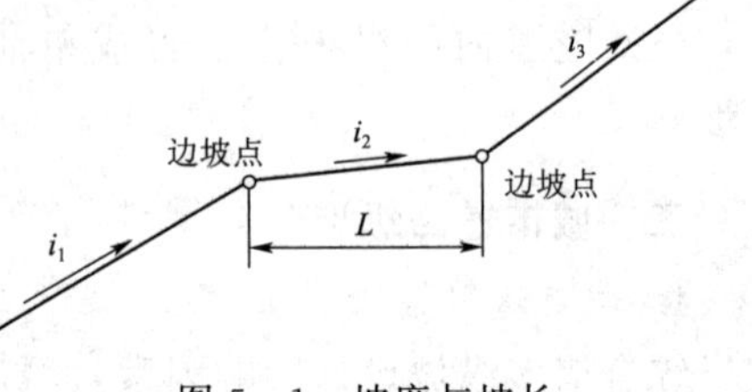

图 5－1　坡度与坡长

一、最小坡长

纵断面上若变坡点过多，纵向起伏变化频繁影响了行车的舒适和安全；相邻变坡点之间的距离不宜过短，以免出现所谓的驼峰式纵断面。因此，最短坡长应不小于相邻竖曲线的切线长，以便插入适当的竖曲线来缓和纵坡的要求，同时也便于平纵面线形的合理组合与布置。最小坡长通常规定汽车以设计速度行驶 9～15s 的行程为宜。在高速路上，9s 已满足行车及几何线形布设的要求；在低速路上，为满足行车和布线的要求方可取大值。

1. 公路最小坡长

公路纵坡的最小坡长应符合表 5－6 的要求。

表 5－6　　最　小　坡　长

设计速度/(km/h)	120	100	80	60	40	30	20
最小坡长/%	300	250	200	150	120	100	60

2. 城市道路最小坡长

城市道路纵坡长度应符合下列设计要求：

(1) 机动车道纵坡的最小坡长应符合表 5－7 的限值要求，且应大于相邻两个竖曲线切线长度之和。

表 5－7　　机动车道最小坡长

设计速度/(km/h)	100	80	60	50	40	30	20
坡段最小长度/m	250	200	150	130	110	85	60

(2) 路线尽端、道路起讫点一端可不受最小坡长限制。

(3) 当主干路与支路相交时，支路纵断面在相交范围内可视为分段处理，不受最小坡长限制。

(4) 对沉降量较大的加铺罩面道路，可按降低一级的设计速度控制最小坡长，且应满足相邻纵坡坡差小于或等于 5%的要求。

二、最大坡长

长距离的陡坡对汽车行驶不利，汽车上坡时克服坡度阻力，采用低速挡行驶，坡长过长，长时间使用低速挡行驶，会使发动机过热，水箱沸腾，行驶无力。下坡时，则因坡度过陡，坡段过长频繁制动，易出现制动失效，造成交通事故，影响行车安全，在高速道路以及快慢车混合行驶的道路上坡度大、坡长过长会影响行车速度和通行能力。最大坡长限值的确定方法为：控制汽车在坡道上行驶，当车速下降到最低容许速度时所行驶的距离。

1. 公路最大坡长

各级公路的最大坡长应符合表 5－8 的要求。

表 5－8　　**不同纵坡的最大坡长**

设计速度/(km/h)			120	100	80	60	40	30	20
纵坡坡度/%	3	最大坡长/m	900	1000	1100	1200	—	—	—
	4		700	800	900	1000	1100	1100	1200
	5		—	600	700	800	900	900	1000
	6		—	—	500	600	700	700	800
	7		—	—	—	—	500	500	600
	8		—	—	—	—	300	300	400
	9		—	—	—	—	—	200	300
	10		—	—	—	—	—	—	200

2. 城市道路最大坡长

当纵坡大于表 5－8 的一般值时，其最大坡长应符合表 5－9 的规定。道路连续上坡或下坡，应在不大于表 5－9 规定的纵坡长度之间设置纵坡缓和段。缓和段的坡度不应大于 3.0%，其长度还要满足表 5－7 最小坡长的要求。

表 5－9　　**机动车道最大坡长**

设计速度/(km/h)	100	80	60			50			40		
纵坡/%	4	5	6	6.5	7	6	6.5	7	6.5	7	8
最大坡长/m	700	600	400	350	300	350	300	250	300	250	200

当非机动车道的纵坡坡度大于或等于 2.5%时，其最大坡长应符合表 5－10 的要求。

表 5－10　　**非机动车道最大坡长**

纵坡/%		3.5	3	2.5
最大坡长/m	自行车	150	200	300
	三轮车	—	100	150

三、缓和坡段

1. 缓和坡段的作用与要求

我国根据一些研究结论认为，“在长陡纵坡设置缓坡，不利于下坡方向车辆减速，可能会给驾驶员造成进入平坡或反坡的错觉”。但从汽车行驶的动力学性能看，连续上坡路段汽车行驶速度的恢复，仍需设置较缓的纵坡路段。对于上坡，当陡坡的长度达到限制坡长时，应安排一段缓坡，用以恢复在陡坡上降低的速度。

缓和坡段的设置应该注意一些设计原则：宜设置在直线或较大半径平曲线上；地形困

难时，可设在较小半径平曲线上，但缓坡长度应适当增加，以使缓和坡段端部的竖曲线位于小半径平曲线之外。

2. 公路缓和坡段

各级公路的连续上坡路段，应根据载重汽车上坡时的速度折减变化，在不大于表5-8的纵坡长度之间设置缓和坡段。设计时应该注意，当设计速度小于或等于80km/h时，缓和坡段的纵坡应不大于3%；设计速度大于80km/h时，缓和坡段的纵坡应不大于2.5%。此外，缓和坡段的长度应大于表5-6中的限值要求。

3. 城市道路缓和坡段

城市道路当纵坡大于表5-5中规定的限值时，其最大坡长应符合表5-6的规定。道路连续上坡或下坡，应在不大于表5-9的纵坡长度之间设置纵坡缓和段。缓和段的坡度不应大于3.0%，其长度应符合表5-7最小坡长的规定。

第四节　平均纵坡与合成坡度

一、平均纵坡

1. 平均纵坡的含义

平均纵坡指一定长度路段内，路线在纵向所克服的高差值与该路段的距离之比，用百分率（%）表示。它是衡量纵面线形质量的一个重要指标，即

$$i_p = \frac{H}{L} \tag{5-1}$$

式中　i_p——平均坡度；

H——相对高差；

L——路线长度。

在道路的纵断面设计过程中，应该注意限制平均纵坡。其理由在于：在高差较大地区，为了防止交替使用极限长度的最大纵坡和最短长度的缓坡形成“台阶式”纵断面线形，以提高行车质量。从行车顺利和安全的角度来控制纵坡平均值，既可保证路线的平均纵坡不致过陡，也可以避免局部地段使用过大的平均纵坡。

2. 公路平均纵坡的设计要求

二级、三级、四级公路的越岭路线连续上坡或下坡路段，相对高差为200～500m时，平均纵坡应不大于5.5%；相对高差大于500m时，平均纵坡应不大于5%。任意连续3km路段的平均纵坡宜不大于5.5%。高速公路、一级公路连续长、陡下坡路段的平均纵坡与连续坡长不宜超过表5-11的要求；超过时，应进行交通安全性评价，提出路段速度控制和通行管理方案，完善交通工程和安全设施，并论证增设货车强制停车区。

表5-11　连续长、陡下坡的平均速度与连续坡长

平均坡度/%	<2.5	2.5	3.0	3.5	4.0	4.5	5.0	5.5	6.0
连续坡长/km	不限	20.0	14.8	9.3	6.8	5.4	4.4	3.8	3.3
相对高差/m	不限	500	450	330	270	240	220	210	200

二、合成坡度

合成坡度是指在设有超高的平曲线上，路线纵坡与超高横坡所组成的坡度，如式（5-2）所示。考虑合成坡度目的是限制急弯和陡坡的组合，防止车辆在弯道上行驶时由于合成坡度过大而引起的不适和危险。

$$I=\sqrt{i^2+i_h^2} \tag{5-2}$$

式中　I——合成坡度；

i——路线纵坡度；

i_h——超高横坡度。

1. 公路合成坡度

公路最大合成坡度的限值见表5-12。当陡坡与小半径平曲线相重叠时，宜采用较小的合成坡度。对于冬季路面有结冰积雪的地区、自然横坡较陡峻的傍山路段以及非汽车交通量较大的路段，其合成坡度必须小于8%。

表5-12　公路最大合成坡度

公路技术等级	高速公路、一级公路				二级、三级、四级公路				
设计速度/(km/h)	120	100	80	60	80	60	40	30	20
最大合成坡度/%	10.0	10.0	10.5	10.5	9.0	9.5	10.0	10.0	10.0

同时，各级公路最小合成坡度不宜小于0.5%。在超高过渡的变化处，合成坡度不应设计为0。当合成坡度小于0.5%时，应采取综合排水措施，保证路面排水畅通。

2. 城市道路合成坡度

在设有超高的平曲线上，超高横坡度与道路纵坡度的最大合成坡度应满足表5-13的限值要求。在超高缓和段的变化处，当合成坡度小于0.5%时，应采取综合排水措施。

表5-13　城市道路最大合成坡度

设计速度/(km/h)	100，80	60，50	40，30	20
最大合成坡度/%	7.0	7.0	7.0	8.0

注　积雪或冰冻地区道路的合成坡度应小于或等于6.0%。

第五节　竖　曲　线

纵断面上两个坡段的转折处，为了行车安全、舒适以及视距的需要用一段曲线缓和，称为竖曲线。竖曲线采用的形式主要有圆曲线和二次抛物线两种，设计上一般采用二次抛物线作为竖曲线。纵断面设计线上坡度发生变化的点称为变坡点。之所以要设置竖曲线，首先是视距要求，主要解决凸形竖曲线处视距不良的问题；其次是行车平顺要求，变坡点处用曲线圆滑连接；第三是路容美观要求，使路容不产生突变点、和缓、平顺、逐渐过渡。

一、竖曲线要素计算

(一) 一般规定

相邻两直坡段坡度分别为 i_1 和 i_2（上坡为“+”，下坡为“−”），它们的代数差用 ω 表示

$$\omega=i_1-i_2 \tag{5-3}$$

ω 为“+”时为凹形竖曲线，为“−”时为凸形竖曲线。

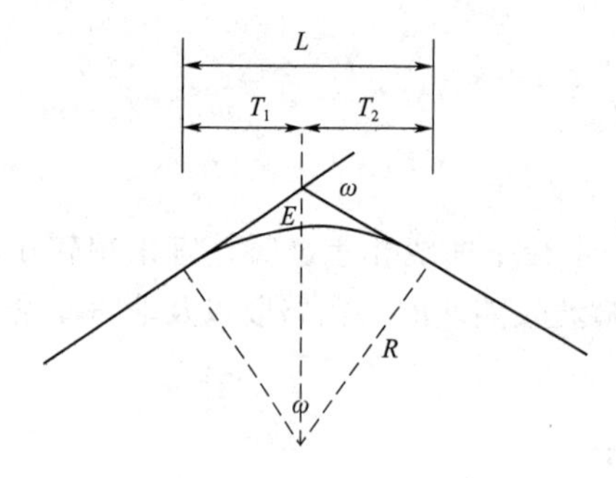

图 5-2 竖曲线要素

(二) 竖曲线要素计算公式

竖曲线要素如图 5-2 所示。其中，竖曲线长度 L 或竖曲线半径 R 为

$$L=R\omega \text{ 或 } R=\frac{L}{\omega} \tag{5-4}$$

竖曲线切线长 T 为

$$T=\frac{L}{2}=\frac{R\omega}{2} \tag{5-5}$$

竖曲线上任意一点 h 为

$$h=\frac{x^2}{2R} \tag{5-6}$$

竖曲线外距为

$$E=\frac{T^2}{2R} \text{ 或 } E=\frac{R\omega^2}{8}=\frac{L\omega}{8}=\frac{T\omega}{4} \tag{5-7}$$

二、竖曲线上高程计算

起点(终点)桩号＝变坡点桩号－(＋)T

起点高程＝变坡点高程±T_i(凸－,凹＋)

终点高程＝变坡点高程＋T_i(凸＋,凹－)

x＝(任意点桩号－起点桩号)或＝(终点桩号－任意点桩号),$y=x^2/2R$

计算设竖曲线后各桩号处的设计高：

凸形竖曲线设计高程＝切线高程－y

凹形竖曲线设计高程＝切线高程＋y

三、竖曲线最小半径的限制因素

(一) 缓和冲击

汽车行驶在竖曲线上时，产生径向离心力，在凹形竖曲线上是增重，在凸形竖曲线上是减重，确定竖曲线半径时，对离心加速度应加以控制。

$$a=\frac{v^2}{R}$$

$$R=\frac{V^2}{13a} \tag{5-8}$$

$$R_{\min}=\frac{V^2}{3.6}$$

或
$$L_{\min}=\frac{V^2\omega}{3.6} \tag{5-9}$$

式中　a——离心加速度，考虑舒适性，$a\leqslant 0.28\text{m/s}^2$。

（二）时间行程不过短

$$L_{\min}=\frac{V}{3.6}t=\frac{V}{1.2} \tag{5-10}$$

满足最小 3s 行程。

（三）满足视距要求

1. 竖曲线上可能存在以下视距问题

（1）凸形竖曲线半径太小，变坡点后可能形成视觉盲区（图 5-3），阻挡驾驶员的视线。

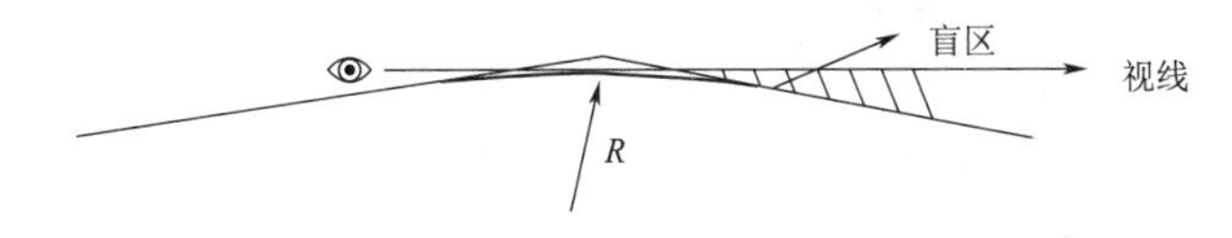

图 5-3　竖曲线视距

（2）凹形竖曲线半径过小，夜间行车时，前灯照射距离近，影响行车速度和安全。

（3）跨线桥、门式交通标志及广告宣传牌等，设置在凹形竖曲线上，可能影响驾驶员的视线。

2. 凸形竖曲线的最小半径和最小长度

凸形竖曲线的最小半径和最小长度应以满足停车视距要求为主。

3. 凹形竖曲线的最小半径和最小长度

凹形竖曲线的最小长度，应满足两种视距的要求：一是保证夜间行车安全，前灯照明应有足够的距离；二是保证跨线桥下行车有足够的视距。

四、公路竖曲线

《公路路线设计规范》（JTG D20—2017）8.6.1 条规定，公路纵坡变更处应设置竖曲线，竖曲线可采用圆曲线或抛物线，其竖曲线最小半径与竖曲线长度应符合表 5-14 的规定。

表 5-14　　竖曲线最小半径与竖曲线长度

设计速度/(km/h)		120	100	80	60	40	30	20
凸形竖曲线最小半径/m	一般值	17000	10000	4500	2000	700	400	200
	极限值	11000	6500	3000	1400	450	250	100
凹形竖曲线最小半径/m	一般值	6000	4500	3000	1500	700	400	200
	极限值	4000	3000	2000	1000	450	250	100
竖曲线长度/m	一般值	250	210	170	120	90	60	50
	极限值	100	85	70	50	35	25	20

注　表中所列“一般值”为正常情况下的采用值；“极限值”为条件受限制时，经技术经济论证后的采用值。

《公路路线设计规范》（JTG D20—2017）9.3.4条规定，竖曲线设计应符合下列要求：

（1）设计速度大于或等于60km/h的公路，竖曲线设计宜采用长的竖曲线和长直线坡段的组合。有条件时宜采用大于或等于表5-15所列视觉所需要的竖曲线半径值。

表5-15 视觉所需要的最小竖曲线半径值

设计速度/(km/h)	竖曲线半径/m	
	凸形	凹形
120	20000	12000
100	16000	10000
80	12000	8000
60	9000	6000

（2）竖曲线应选用较大的半径。当条件受限制时，宜采用大于或接近于竖曲线最小半径的“一般值”；地形条件特殊困难而不得已时，方可采用竖曲线最小半径的“极限值”。

（3）同向竖曲线间，特别是同向凹形竖曲线之间，直线坡段接近或达到最小坡长时，宜合并设置为单曲线或复曲线。

（4）双车道公路在有超车需求的路段，应考虑超车视距要求，采用较大的凸形竖曲线半径或设置必要的标志、标线等设施。

五、城市道路竖曲线

《城市道路路线设计规范》（CJJ 193—2012）7.5.1条规定，各级道路纵坡变更处应设置竖曲线，竖曲线宜采用圆曲线；机动车道竖曲线最小半径与竖曲线最小长度应符合表5-16的规定。当地形条件特别困难时，可采用极限值。

表5-16 机动车道竖曲线最小半径与竖曲线最小长度

设计速度/(km/h)		100	80	60	50	40	30	20
凸形竖曲线最小半径/m	一般值	10000	4500	1800	1350	600	400	200
	极限值	6500	3000	1200	900	400	250	100
凹形竖曲线最小半径/m	一般值	4500	2700	1500	1050	700	400	150
	极限值	3000	1800	1000	700	450	250	100
竖曲线最小长度/m	一般值	210	170	120	100	90	60	50
	极限值	85	70	50	40	35	25	20

《城市道路路线设计规范》（CJJ 193—2012）7.5.2条规定，非机动车道变坡点处应设竖曲线，其竖曲线最小半径不应小于100m。非机动车与行人共用道路的竖曲线最小半径不应小于60m。

六、连续长、陡下坡路段

《公路路线设计规范》（JTG D20—2017）8.3.5条规定，高速公路、一级公路连续长、陡下坡路段的平均坡度与连续坡长不宜超过表5-17的规定；超过时，应进行交通安全性评价，提出路段速度控制和通行管理方案，完善交通工程和安全设施，并论证增设货车强制停车区。

表 5－17　　连续长、陡下坡的平均坡度与连续坡长

平均坡度/%	<2.5	2.5	3.0	3.5	4.0	4.5	5.0	5.5	6.0
连续坡长/km	不限	20.0	14.8	9.3	6.8	5.4	4.4	3.8	3.3
连续高差/m	不限	500	450	330	270	240	220	210	200

七、避险车道

避险车道指在长陡坡路段正线行车道下坡方向右侧供制动失效车辆尽快驶离车道、减速停车、自救增设的专用车道。

避险车道类型有重力式、砂堆式和制动坡床式。制动坡床分为下坡式、水平坡度式和上坡式三种。砂堆式和制动坡床式避险车道占主导地位。目前，在国内最常用的为上坡式制动坡床式避险车道。

设置避险车道的目的有：①让失控车辆尽快驶离行车道，以减少其对公路上正常通行车辆、人员和设施的危害性；②有利于失控车辆减速停车，减少自身失控危害或减轻事故的严重程度。

《公路交通安全设施设计规范》（JTG D81—2017）11.1 条一般规定中关于避险车道的内容有：

（1）避险车道应设置交通标志、标线、轮廓标等交通安全设施。

（2）高速公路避险车道宜设置照明、监控等管理设施，其他等级公路根据需要可设置照明、监控等管理设施。各等级公路的避险车道应在适当位置设置救援电话告示标志。

（3）避险车道应设置完备的排水系统。

《公路交通安全设施设计规范》（JTG D81—2017）11.2 条规定避险车道的设置原则如下：

（1）在连续下坡路段，应根据车辆组成、坡度、坡长、平曲线等公路线形和交通特征以及交通事故等因素，在货车因长时间连续制动而制动失效风险高的路段结合路侧环境确定是否设置避险车道以及具体设置位置。

（2）避险车道宜设置在连续下坡路段右侧视距良好、车辆不能安全转弯的主线平曲线之前或路侧人口稠密区之前的路段。避险车道宜沿较小半径的平曲线路段的切线方向，如设置在直线或大半径曲线路段时，避险车道与主线的夹角宜小于 5°。

（3）避险车道入口之前宜采用不小于表 5－18 规定的识别视距。条件受限制时，识别视距应大于 1.25 倍的主线停车视距。

表 5－18　　避险车道入口的识别视距

制动坡床入口设计速度/(km/h)	120	100	80	60
识别视距/m	350～460	290～380	230～300	170～240

（4）避险车道的设置位置及形式宜结合地形、线形条件确定，设置位置处宜避开桥梁，并应避开隧道。

（5）避险车道制动坡床的宽度宜为 4～6m。高速公路宜设置救援车道，救援车道的宽度宜为 5.5m，救援车道与制动坡床间应设置具有反光性能的隔离设施。

（6）避险车道制动坡床的长度应根据车辆驶入速度、避险车道纵坡及坡床材料综合确定。

（7）避险车道制动坡床材料宜采用具有较高滚动阻力系数、陷落度较好、不易板结和被雨水冲刷的卵（砾）石材料，材料粒径以 2～ 4cm 为宜。

（8）避险车道制动床末端应增设防撞桶、废轮胎等缓冲装置或设施。

（9）在避险车道长度不能满足要求时，经论证可在制动坡床中段以后适当位置设置阻拦索或消能设施，阻拦索或消能设施的安全性应经过实车试验验证。阻拦索或消能设施宜进行防盗处理。

八、爬坡车道

爬坡车道是陡坡路段正线行车道上坡方向右侧增设的供载重车行驶的专用车道，如图 5 - 4 所示。

图 5 - 4　爬坡车道

设置爬坡车道的必要性如下：

（1）动力性能低的汽车在陡坡上行驶时，车速降低，对交通流造成不良影响。

（2）载重汽车与小客车的速差变大，小车频繁超车，不安全。

（3）速差较大的车辆混合行驶，必将减小快车的行驶自由度，导致通行能力降低。

《公路路线设计规范》（JTG D20—2017）8.4.1 条规定，四车道高速公路、四车道一级公路以及二级公路连续上坡路段，符合下列情况之一时，宜在上坡方向行车道右侧设置爬坡车道：

（1）沿连续上坡方向载重汽车的运行速度降低到表 5 - 19 的容许最低速度以下。

表 5 - 19　　上坡方向容许最低速度　　单位：km/h

设计速度	120	100	80	60	40
容许最低速度	60	55	50	40	25

（2）单一纵坡坡长超过表 5 - 8 的规定或上坡路段的设计通行能力小于设计小时交通量。

（3）经设置爬坡车道与改善主线纵坡不设爬坡车道技术经济比较论证，设置爬坡车道的效益费用比、行车安全性较优。

《公路路线设计规范》（JTG D20—2017）8.4.2 条规定，爬坡车道的超高坡度应符合表 5 - 20 的规定。超高横坡的旋转轴应为爬坡车道内侧边缘线。

表 5 - 20　　爬 坡 车 道 的 超 高 值

主线的超高坡度/%	10	9	8	7	6	5	4	3	2
爬坡车道的超高坡度/%	5		4					3	2

《公路路线设计规范》(JTG D20—2017) 8.4.3 条规定，爬坡车道的曲线加宽值应采用一个车道曲线加宽的规定。

《公路路线设计规范》(JTG D20—2017) 8.4.4 条规定，高速公路、一级公路爬坡车道长度大于 500m 时，应按照规定在其右侧设置紧急停车带。

《公路路线设计规范》(JTG D20—2017) 6.2.3 条规定，爬坡车道的设置（图 5-5）应符合下列规定：

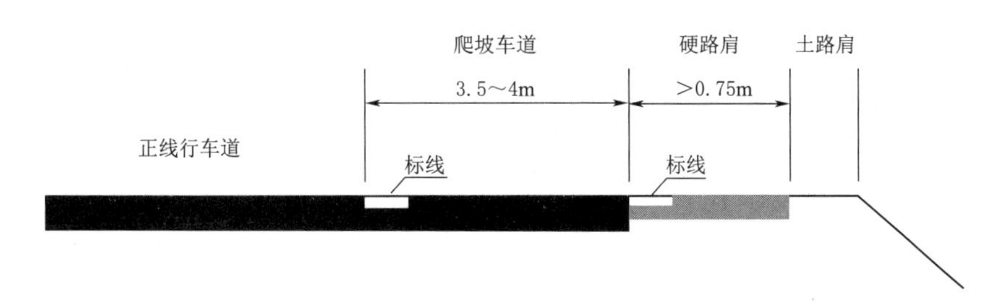

图 5-5 爬坡车道外侧设置

(1) 高速公路、一级公路以及二级公路在连续上坡路段设置爬坡车道时，其宽度不应小于 3.5m，且不大于 4.0m。六车道及以上的高速公路、一级公路可不设爬坡车道。

(2) 高速公路、一级公路的爬坡车道应紧靠车道的外侧设置。条件受限时，爬坡车道路段右侧硬路肩宽度应不小于 0.75m。

(3) 二级公路的爬坡车道应紧靠车道的外侧设置，可利用硬路肩宽度。当需保留原来供非汽车交通行驶的硬路肩时，该部分应移至爬坡车道的外侧。

《公路路线设计规范》(JTG D20—2017) 8.4.5 条规定，爬坡车道起、终点与长度的确定应符合下列规定：

(1) 爬坡车道的起点，应设于陡坡路段上载重汽车运行速度降低至表 5-19 中“容许最低速度”处。

(2) 爬坡车道的终点，应设于载重汽车爬经陡坡路段后恢复至“容许最低速度”处，或陡坡路段后延伸的附加长度的端部。该陡坡路段后延伸的附加长度应符合表 5-21 的规定。

表 5-21　　陡坡路段后延伸的附加长度

附加段纵坡/%	下坡	平坡	上坡			
			0.5	1.0	1.5	2.0
附加长度/m	100	150	200	250	300	350

(3) 相邻两爬坡车道相距较近时，宜将两爬坡车道直接相连。

(4) 爬坡车道起、终点处应设置分流、汇流渐变段，其长度应符合表 5-22 的规定。

表 5-22　　爬坡车道分流、汇流渐变段长度　　单位：m

公路技术等级	分流渐变段长度	汇流渐变段长度
高速公路、一级公路	100	150～200
二级公路	50	90

第六章 横断面与路侧设计

【本章要点】

本章主要介绍了各级公路和城市道路包括高架桥、隧道在内的路基标准横断面布置的特点和要求；车道、中间带、两侧带、路侧带、路肩、路拱坡度、加速车道、减速车道、辅助车道、紧急停车带、错车道、爬坡车道、避险车道、缘石等横断面各组成部分的一般规定与运用；城市道路公共交通设施的设计规定；公路和城市道路用地的有关要求和相关规定。

第一节 横断面设计

一、公路横断面组成及类型

1. 公路横断面组成

高速公路、一级公路的路基标准横断面分为整体式和分离式两类。整体式路基的标准断面应由车道、中间带（中央分隔带、左侧路缘带）、路肩（右侧硬路肩、土路肩）等部分组成，如图 6-1 所示。分离式路基的标准横断面应由车道、路肩（右侧硬路肩、左侧硬路肩、土路肩）等部分组成，如图 6-2 所示。二级公路路基的标准横断面应由车道、路肩（硬路肩和土路肩）等部分组成。三级、四级公路路基的标准横断面应由车道、路肩等部分组成，如图 6-3 所示。

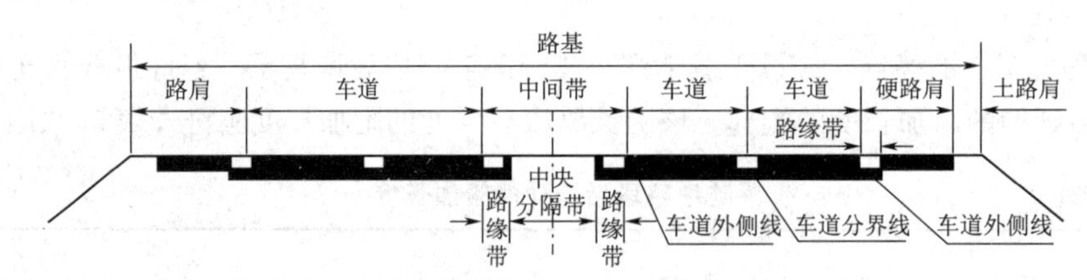

图 6-1 整体式路基标准横断面

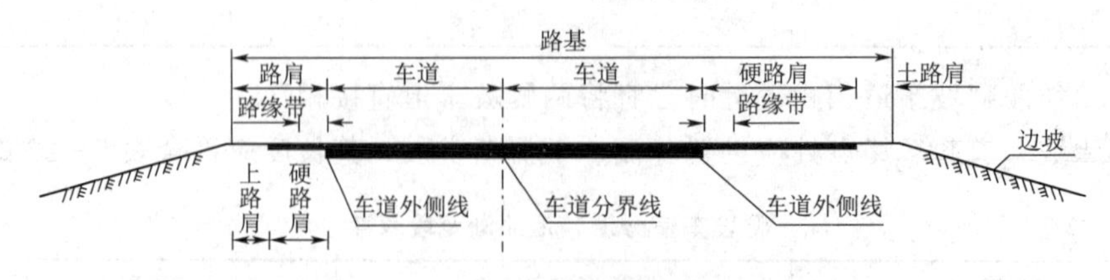

图 6-2 分离式路基标准横断面

此外，还可根据需要设加（减）速车道、爬坡车道、紧急停车带、错车道、超车道、侧分隔带、非机动车道（或慢车道）和人行道等。

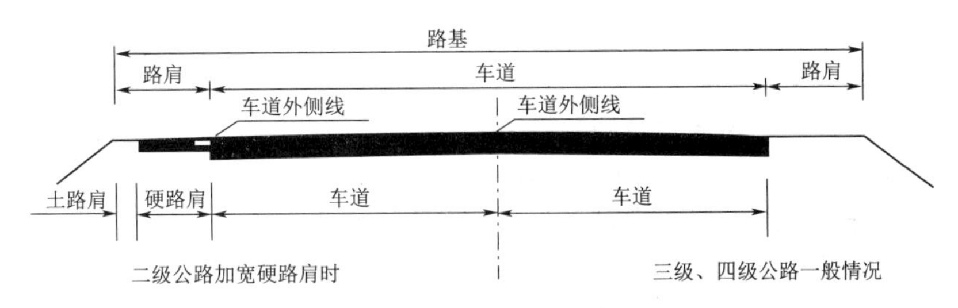

图 6-3　路基标准横断面

2. 公路横断面的形式与选择

公路路基横断面形式应根据公路功能、技术等级、交通量和地形等条件确定。各级公路路基横断面形式的选取一般应注意以下几方面：

(1) 高速公路、一级公路应根据需要采用整体式或分离式路基断面形式（图 6-4）。

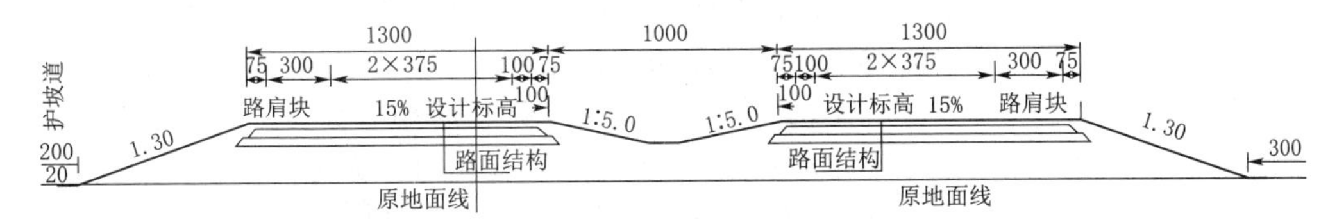

图 6-4　路基标准横断面

(2) 双向十车道及以上车道数的高速公路可采用复合式断面形式，分为分离复合式路基横断面和整体复合式路基横断面（图 6-5 和图 6-6）。

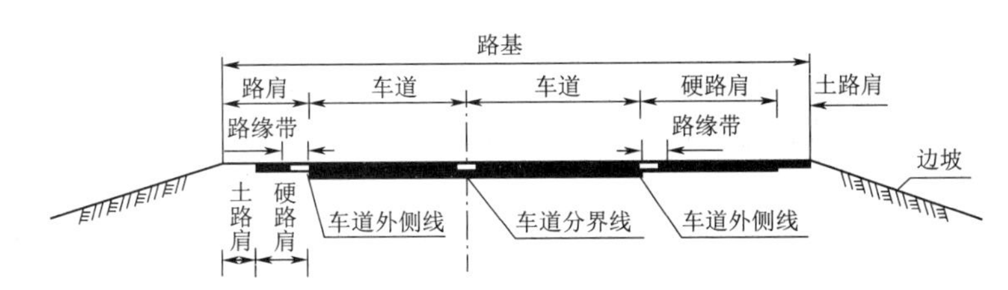

图 6-5　高速公路分离复合式路基横断面（右幅断面）

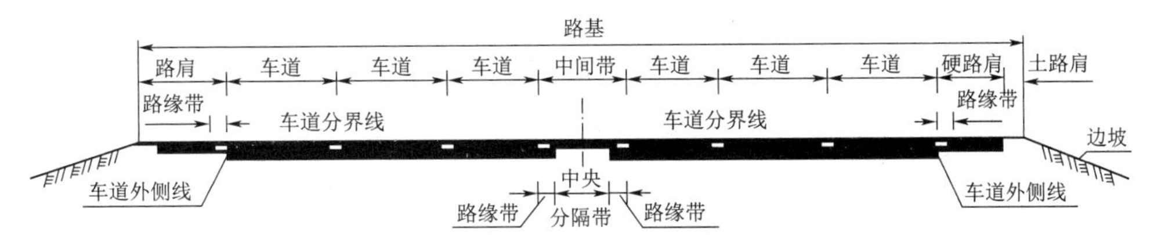

图 6-6　高速公路整体复合式路基横断面（右幅断面）

(3) 二级、三级、四级公路应采用整体式路基断面形式。

3. 公路横断面组成部分宽度

公路路基横断面中各组成部分宽度应根据公路技术等级、交通量与交通组成、横断面各组成部分的功能综合确定，并应注意以下几方面：

(1) 公路路基宽度为车道宽度与路肩宽度之和。当设有中间带、加（减）速车道、爬坡车道、紧急停车带、错车道、超车道、侧分隔带、非机动车道（或慢车道）和人行道等时，应包括上述部分的宽度。

（2）非机动车、行人密集公路和城市出入口的公路，可根据需要设置侧分隔带、非机动车道和人行道。

（3）一级公路在慢行车辆较多时，可利用右侧硬路肩（宽度不足时应加宽）设置慢车道，并应在车道与慢车道之间设置隔离设施，可设置物理隔离、软隔离。

（4）二级公路在慢行车辆较多时，可根据需要采用加宽硬路肩的方式设置慢车道，并应增加必要的交通安全设施，加强交通组织管理。

二、城市道路横断面组成及类型

（一）城市道路横断面组成及形式

1. 城市道路横断面组成

横断面由机动车道、非机动车道、人行道、分车带、设施带、绿化带等组成，特殊断面还可包括应急车道、路肩和排水沟等。城市道路上供各种车辆行驶的部分统称为行车道；在行车道断面上，供汽车、无轨电车、摩托车等行驶的部分称为机动车道；供自行车、三轮车等行驶的部分称为非机动车道；供行人步行使用部分称为人行道；分车带包括中间带、两侧带；还应设置设施带或绿化带；其他组成部分包括路缘石、街沟、路拱、照明、地下管线。

2. 城市道路横断面形式

道路横断面可分为单幅路、双幅路、三幅路和四幅路四种布置形式，各自的适用情况和交通组织如下。

（1）单幅路适用于交通量不大的次干路、支路以及用地不足、拆迁困难的旧城区道路。交通组织：所有车辆都组织在同一个车道上混合行驶，车行道布置在道路中央，如图 6－7 所示。

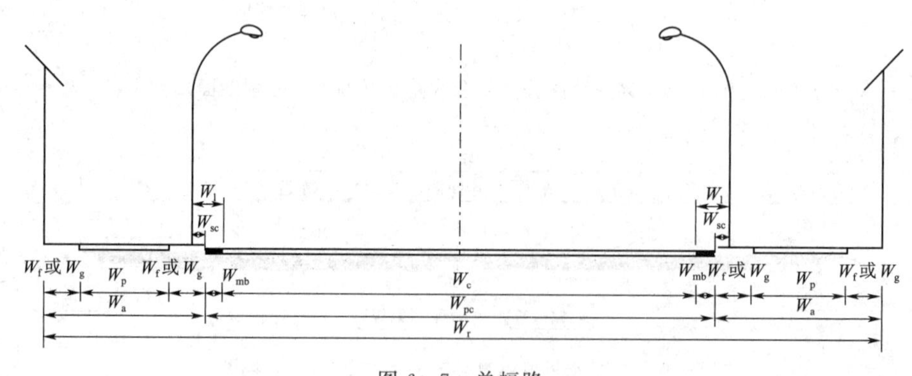

图 6－7　单幅路

（2）双幅路适用于专供机动车行驶的快速路、非机动车较少的主干路或次干路；对横向高差较大的特殊地形路段，宜采用上下分行的双幅路。双幅路单向机动车车道数不应少于 2 条，如图 6－8 所示。

交通组织：在行车道中心用分隔带或分隔墩将行车道分为两部分，上、下行车辆分向行驶，各向按需要可划分快、慢车道。

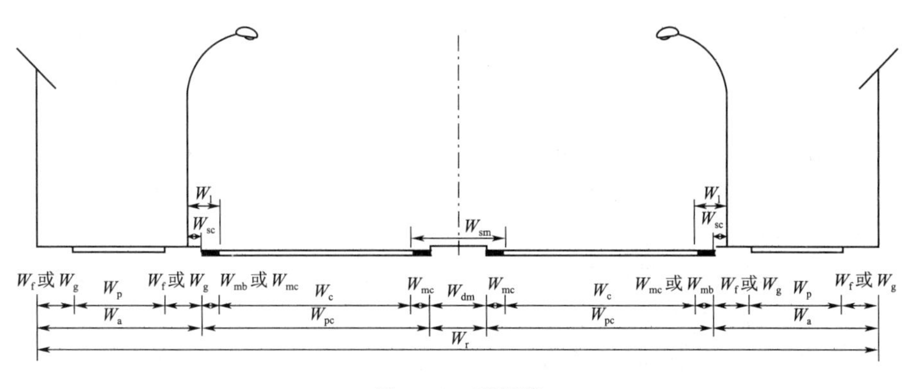

图 6-8 双幅路

(3) 三幅路适用于机动车流量较大、车速较高、非机动车较多的主干路或次干路。

交通组织：用分隔带或隔离墩把车行道分隔为三块，中间为双向行驶的机动车道，两侧为靠右侧行驶的非机动车道。机动车道和非机动车道之间用两侧分隔带或分隔墩分隔，以分离非机动车的影响，如图 6-9 所示。

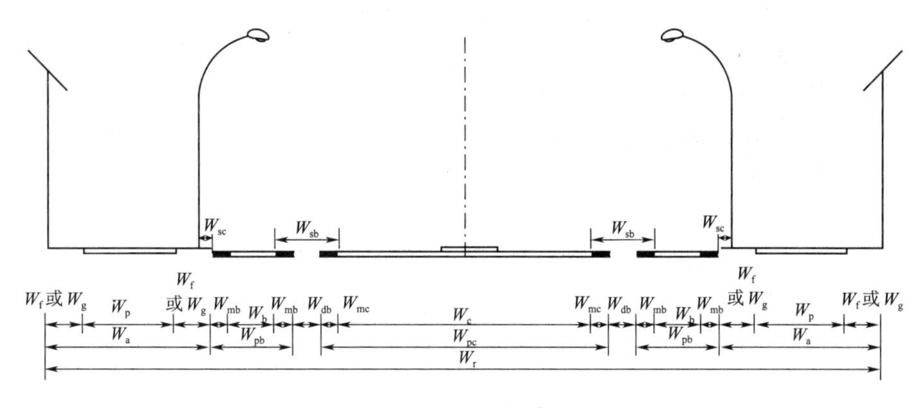

图 6-9 三幅路

(4) 四幅路适用于机动车流量大、车速高、非机动车多的快速路或主干路。四幅路主路单向机动车车道数不应少于 2 条，如图 6-10 所示。

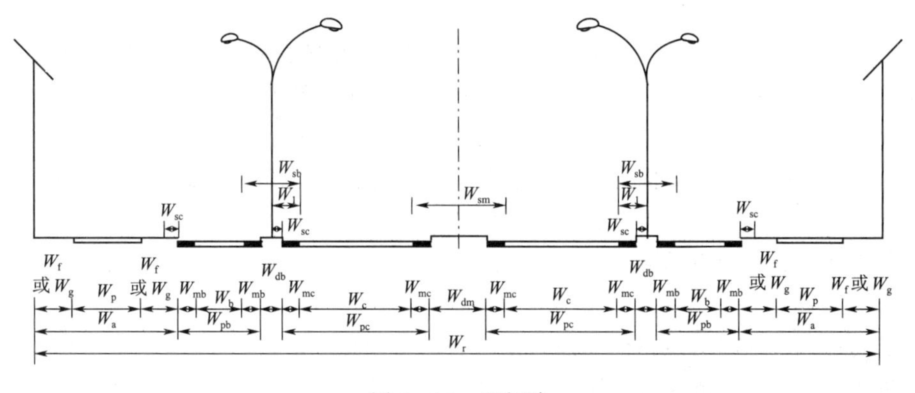

图 6-10 四幅路

交通组织：在三幅路的基础上，再用中间分隔带或隔离墩将机动车道一分为二、分向行驶，以避免对向机动车之间的干扰。

（二）城市道路横断面综合布置原则

依据城市道路工程设计规范，城市道路横断面应按以下原则布置：

（1）横断面设计应按道路等级、服务功能、交通特性，结合各种控制条件，在规划红线宽度范围内合理布设。

（2）横断面形式应根据设计速度、交通量、交通组成、交通组织方式等条件选择，并应满足设计年限内的交通需求。

（3）横断面可分为单幅路、双幅路、三幅路、四幅路及特殊形式的断面。

（4）当快速路两侧设置辅路时应采用四幅路，当两侧不设置辅路时应采用双幅路。

（5）主干路宜采用四幅路或三幅路，次干路宜采用单幅路或双幅路，支路宜采用单幅路。

（6）对设置公交专用车道的道路，横断面布置应结合公交专用车道位置和类型全断面综合考虑，并应优先布置公交专用车道。

（7）同一条道路宜采用相同形式的横断面。当道路横断面变化时，应设置过渡段。

（8）桥梁与隧道横断面形式、车行道及路缘带宽度应与路段相同。

（9）特大桥、大中桥分隔带宽度可适当缩窄，但应满足桥梁防护设施设置的要求。

（三）城市道路横断面形式的选用

1. 高架路横断面

高架路横断面可分为整体式和分离式两种布置形式，如图 6 - 11 所示。整体式高架路中，主路上下行车道间应设置中间防撞设施，辅路宜布置在高架路下的桥墩两侧。分离式高架路中，地面辅路的布置宜与高架路或周围地形相适应，上下行两幅桥梁桥墩分开，辅路宜设在桥下两幅桥中间。

2. 路堑式和隧道式横断面

路堑式横断面（图 6 - 12）中的地面以下路堑部分应为主路，地面两侧或一侧宜设置辅路。隧道式横断面（图 6 - 13）中的地面以下隧道部分应为主路，地面道路宜设置辅路。

3. 隧道横断面

隧道的车行道及路缘带宽度应与道路路段相同。当隧道两侧设置检修道或人行道时，可不设安全带宽度；当不设置检修道或人行道时，应设置不小于 0.25m 的安全带宽度。中、长及特长隧道应设检修道，其最小宽度不应小于 0.75m 。当长、特长隧道单向车道数少于 3 条时，应在行车方向的右侧设置连续应急车道。当条件限制时，可采用港湾式应急停车道。每侧港湾式应急停车道间距不宜大于 500m，其宽度及长度宜按图 6 - 14 布设。对于不设检修道、人行道的隧道，应按 500m 间距交错设置人行通道。

4. 其他横断面

对于设置主、辅路的道路横断面，主路上下行车道间应设置中间带，主路与辅路之间应设置两侧带。同一条道路宜采用相同形式的横断面布置。当道路横断面局部有变化时，应设置宽度过渡段，宜以交叉口或结构物为起终点。

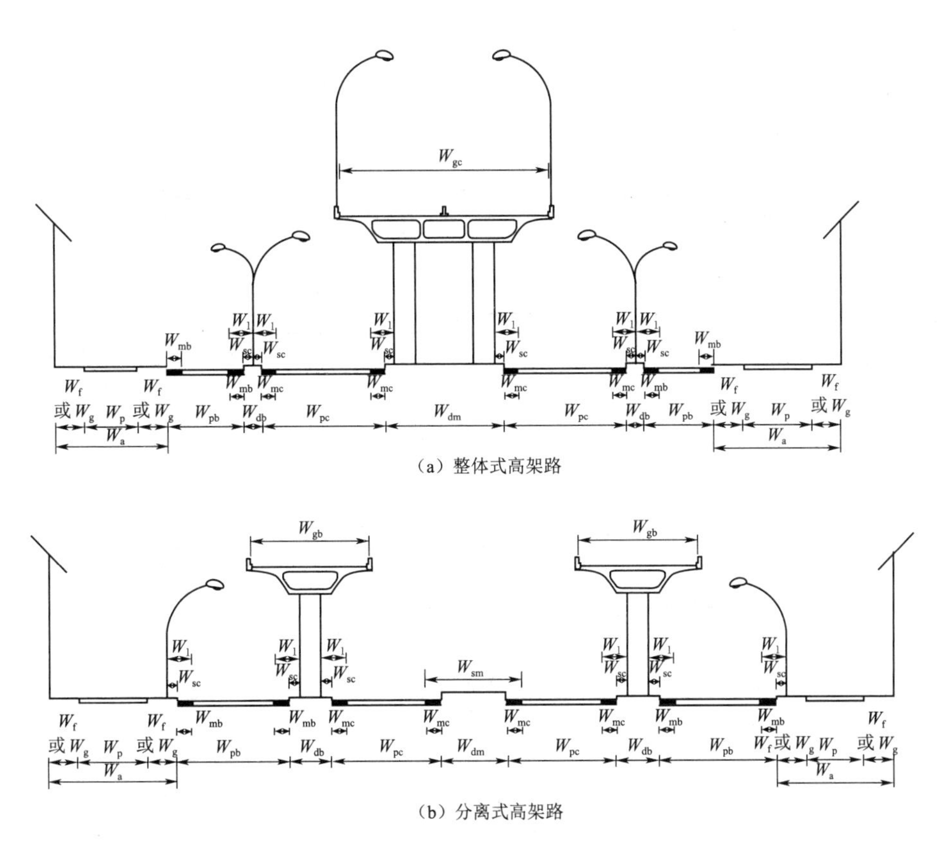

（a）整体式高架路

（b）分离式高架路

图 6-11　高架路横断面

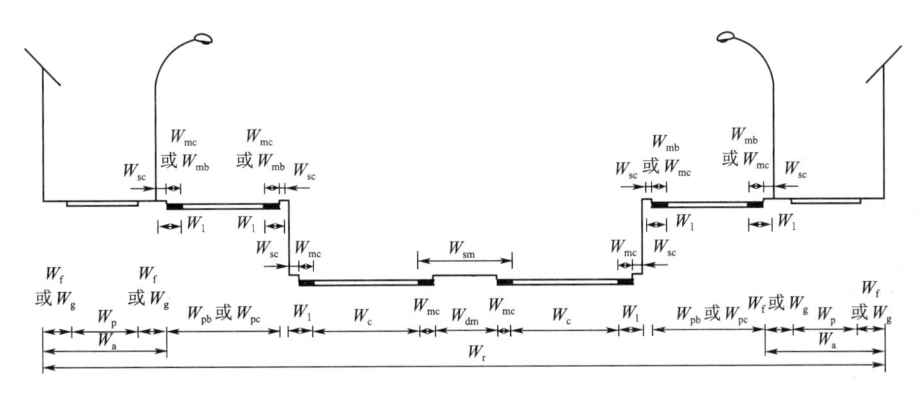

图 6-12　路堑式横断面

道路横断面布置中，当单向机动车道为 3 车道及以上时，宜单辟 1 条公交专用车道或限时公交专用车道。当不设公交专用车道时，主干路横断面布置应设置港湾式停靠站；当次干路单向少于 2 条车道时，宜设置港湾式停靠站。桥梁横断面布置中车行道及路缘带宽度应与道路路段相同，特大桥、大桥、中桥的分隔带宽度可适当缩窄，其最小宽度应满足侧向净宽度及设置桥梁防护设施的要求。

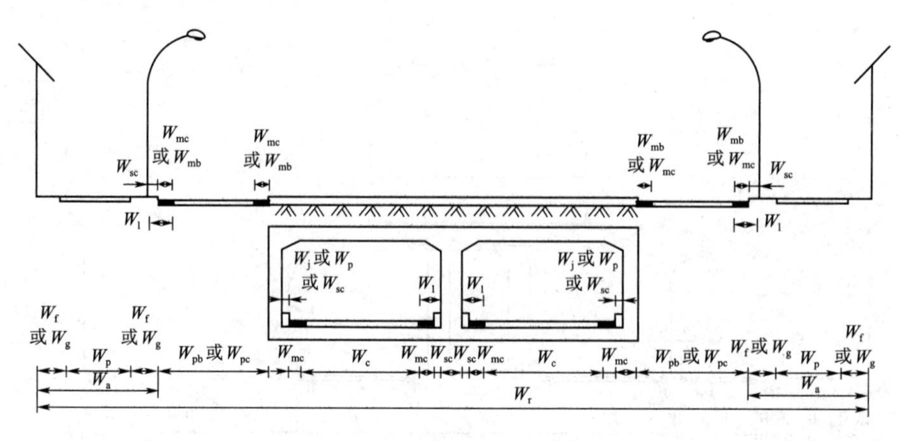

图 6-13　隧道式横断面

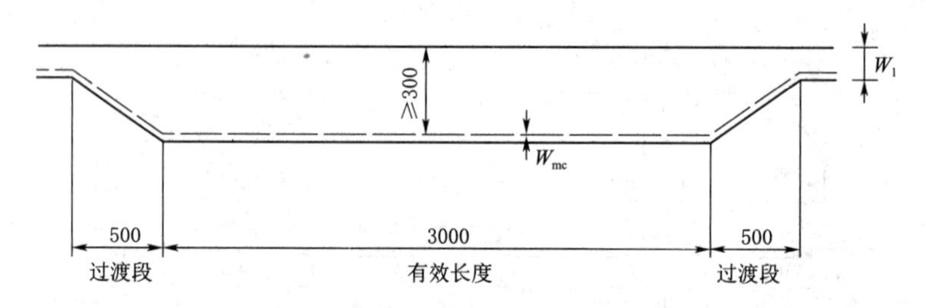

图 6-14　港湾式应急停车道的宽度及长度（单位：cm）

W_l—侧向净宽度；W_{mc}—机动车道路缘带宽度

第二节　机动车道与非机动车道

一、车道设置

1. 公路车道宽度规定

公路车道宽度应符合表 6-1 的规定，并应符合以下特殊情况规定：

表 6-1　　**公 路 车 道 宽 度**

设计速度/(km/h)	120	100	80	60	40	30	20
车道宽度/m	3.75	3.75	3.75	3.50	3.50	3.25	3.00

（1）八车道及以上公路采用分车道、分车型通行管理方式，若内侧车道（内侧第 1、2 车道）仅限小客车通行，其车道宽度可采用 3.5m。

（2）以通行中、小型客运车辆为主且设计速度为 80km/h 及以上的公路，经论证车道宽度可采用 3.5m。

（3）对于机场和景区专用高速公路、客车或轻型交通专用高速公路，经论证车道宽度可采用 3.5m。

（4）四级公路采用单车道时的车道宽度应采用 3.5m。

(5) 对于设置慢车道的二级公路，慢车道宽度应采用3.5m。

(6) 对于需要设置非机动车道和人行道的公路，非机动车道和人行道等的宽度宜视实际情况确定。

2. 各级公路基本车道数

各级公路的基本车道数应符合表6-2的规定，并应符合下列规定：

表6-2　　各级公路的基本车道数

公路技术等级	高速公路、一级公路	二级公路	三级公路	四级公路
车道数/条	≥4	2	2	2 (1)

(1) 高速公路和一级公路各路段车道数应根据设计交通量、设计通行能力确定，且应不少于四车道。当车道数增加时宜按双数、两侧对称增加。

(2) 二级、三级公路应为双车道。

(3) 四级公路的一般路段应采用双车道，交通量小或工程特别艰巨的路段可采用单车道。

3. 公路附加车道

公路附加车道主要有爬坡车道、加速/减速车道、错车道和避险车道，它们的设置应符合下列规定。

(1) 爬坡车道。

1) 高速公路、一级公路以及二级公路在连续上坡路段设置爬坡车道时，其宽度不应小于3.5m，且不大于4.0m。六车道及以上的高速公路、一级公路可不设爬坡车道。

2) 高速公路、一级公路的爬坡车道应紧靠车道的外侧设置。条件受限时，爬坡车道路段右侧硬路肩宽度应不小于0.75m。

3) 二级公路的爬坡车道应紧靠车道的外侧设置，可利用硬路肩宽度。当需保留原来供非汽车交通行驶的硬路肩时，该硬路肩应移至爬坡车道的外侧。

(2) 加速/减速车道。

1) 对于高速公路、一级公路，在互通式立体交叉、服务区、停车区、客运汽车停靠站、管理与养护设施、观景台等与主线相衔接处，应设置加速车道和减速车道，其宽度应为3.5m。

2) 对于二级公路，在服务区、停车区、客运汽车停靠站、管理与养护设施、加油站、观景台等的各类出入口处，应设置过渡段。

(3) 错车道。当四级公路路基宽度采用单车道时，应在不大于300m的距离内选择有利地点设置错车道，并使驾驶员能看到相邻两错车道之间的车辆。如图6-15所示，设置错车道路段的路基宽度应不小于6.5m，有效长度应不小于20m。

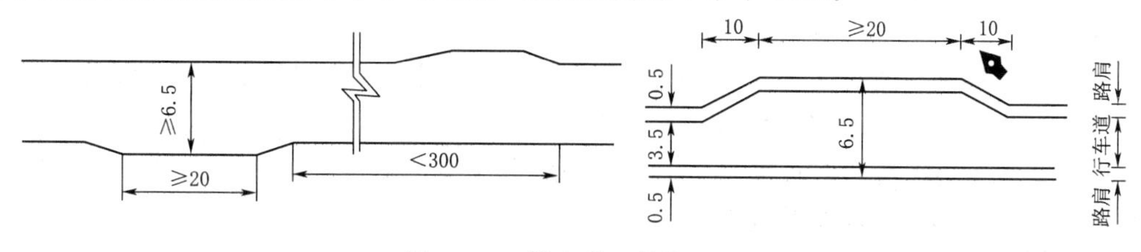

图6-15　错车道（单位：m）

(4) 避险车道。连续长、陡下坡路段，应结合交通安全性评价论证设置避险车道。避险车道应设置在长、陡下坡路段的右侧视距良好的适当位置，其宽度不应小于 4.50m。有条件时，宜在避险车道右侧平行设置救援车道。

二、车道宽度

1. 机动车道宽度

依据《城市道路路线设计规范》(CJJ 193—2012) 5.3.1 条规定，一条机动车道最小宽度应符合表 6-3 的规定；机动车道路面宽度应为机动车道宽度与两侧路缘带宽度之和；单幅路和三幅路采用中间分隔物或交通标线分隔对向交通时，机动车道路面宽度还应包括分隔物或交通标线的宽度。

表 6-3　一条机动车道最小宽度

车型及车道类型	设计速度/(km/h)	
	>60	≤60
大型车或混行车道/m	3.75	3.50
小客车专用车道/m	3.50	3.25

2. 公交车道宽度

依据《城市道路路线设计规范》(CJJ 193—2012) 5.3.1 条规定，快速公交专用道、常规公交专用道的单车道宽度均不应小于 3.50m。公交港湾式停靠站可分为直接式和分离式两种。直接式公交停靠站的车道宽度不应小于 3.00m；分离式公交停靠站的车道总宽度应包括路缘带宽度，不应小于 3.50m。

3. 非机动车道宽度

依据《城市道路路线设计规范》(CJJ 193—2012) 5.3.2 条规定，一条非机动车道最小宽度应符合表 6-4 的规定。非机动车道数宜根据自行车设计交通量与每条自行车道设计通行能力计算确定，车道数单向不宜小于 2 条。非机动车道路面宽度应为非机动车道宽度及两侧各 0.25m 路缘带宽度之和。非机动车专用道路，单向车道宽度不宜小于 3.5m，双向车道宽度不宜小于 4.5m。沿道路两侧设置的单向非机动车道宽度不宜小于 2.5m (两个自行车道)，如图 6-16 所示。

表 6-4　一条非机动车道最小宽度表

车辆种类	自行车	三轮车
非机动车道宽度/m	1.0	2.0

自行车道的计算方法如下

自行车净空高度=高 2.25m+安全净空 0.25m

单车道宽=车把宽 0.6+横向摆动安全距离 0.20×2+安全距离 0.25×2=1.5(m)

此外，变速车道、集散车道和辅助车道的宽度要求如下：

(1) 在车辆驶出或驶入主路、立交匝道及集散车道出入口处均应设置变速车道，变速车道的宽度应与主路车道宽度相同。

(2) 集散车道可为单车道和双车道，每条集散车道的宽度宜为 3.5m。与主路间设有分隔设施的集散车道，其车道数不应少于 2 条。

(3) 辅助车道的宽度应与主路车道宽度相同。

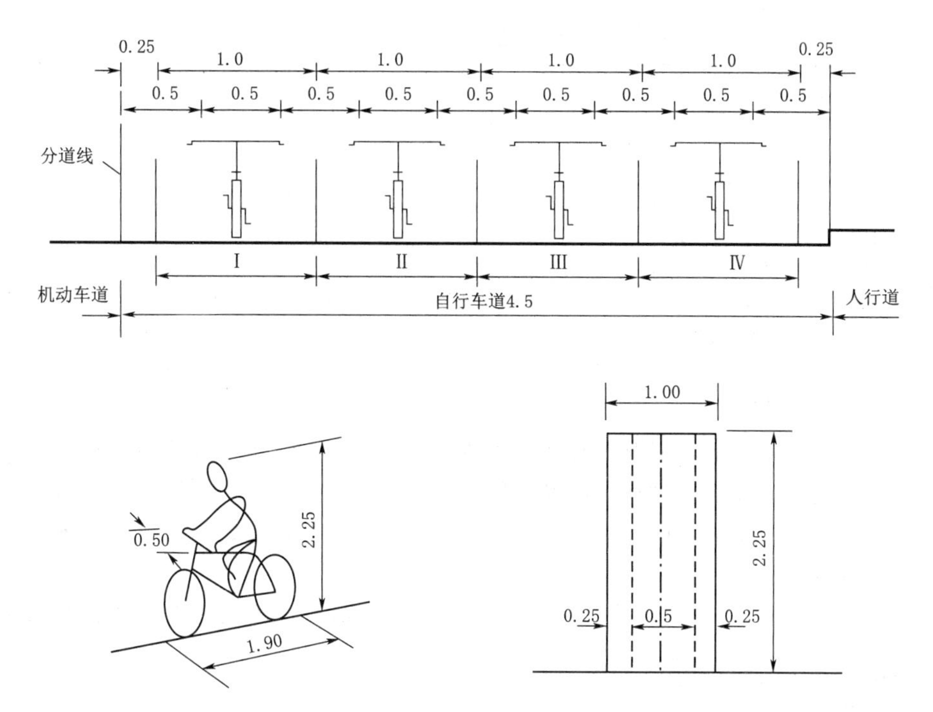

图 6－16 非机动车道（单位：m）

第三节 中间带与路肩

一、中间带（分车带）

中间带有很多作用，它可以分隔上、下行车流，防止对向车相撞，提高通行能力和安全性；可以防止夜间眩光，利于夜间行车；可以诱导视线，增加行车侧向余宽；可以作设置标志及其他交通设施的场地，亦可作为养护人员工作及放置养护设施的场地；也起美化路容和环境的作用。

（一）公路中间带宽度

高速公路、一级公路整体式路基断面必须设置中间带，中间带由中央分隔带和两条左侧路缘带组成，如图 6－1 所示。中央分隔带、左侧路缘带、公路中间带的宽度规定如下。

1. 中央分隔带的宽度

（1）高速公路和作为干线一级公路整体式断面的中央分隔带宽度应从对向分隔、安全防护、防眩的主要功能出发，综合考虑中央分隔带护栏防护形式和防护能力确定。

（2）对于承担集散功能的一级公路，中央分隔带宽度应根据中间物理隔离措施的宽度确定。

2. 左侧路缘带的宽度

公路中间带的左侧路缘带宽度不应小于表 6－5 的规定。

表 6-5　　　左侧路缘带宽度

设计速度/(km/h)		120	100	80	60
左侧路缘带宽度/m	一般值	0.75	0.75	0.50	0.50
	最小值	0.50	0.50	0.50	0.50

注　1. “一般值”为正常情况下的采用值。

2. 设计速度为 120km/h、100km/h 时，受地形、地物限制的路段或多车道公路内侧仅限小型车辆通行的路段，可经论证采用“最小值”。

3. 公路中间带的宽度

(1) 整体式路基的中间带宽度宜保持等值。当中间带的宽度根据需要增宽或减窄时，宽度变化地点应设过渡段。过渡段以设在回旋线范围内为宜，长度宜与回旋线长度相等；当中间带宽度变化较大时，应考虑在中间带的两侧边缘设置回旋线进行过渡，或采用左右分幅进行线形设计。

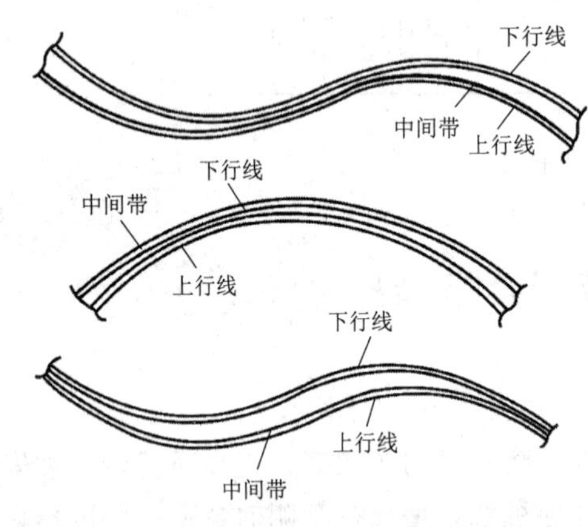

图 6-17　宽度大于 4.5m 的中间带变宽过渡

(2) 当整体式路基分为分离式路基或分离式路基汇合为整体式路基时，其中间带的宽度增宽或减窄时，应设置过渡段。其过渡段以设置在曲率半径较大的路段为宜。图 6-17 所示为宽度大于 4.5m 的中间带变宽过渡。

(二) 中央分隔带开口

互通式立体交叉、隧道、特大桥、服务区设施前后，以及整体式路基、分离式路基的分离（汇合）处，应设置中央分隔带开口，其设置应符合下列规定：

(1) 中央分隔带开口间距应视需要而定，最小间距应不小于 2km。

(2) 中央分隔带开口长度不宜大于 40m；八车道及以上车道数的高速公路开口长度可适当增长，但不应大于 50m。中央分隔带开口处应设置活动护栏。

(3) 中央分隔带开口应设置在通视良好的路段，开口设于曲线路段时，该圆曲线半径的超高值不宜大于 3%。

(4) 当中央分隔带宽度小于 3.0m 时，其开口端部的形式可采用半圆形；当中央分隔带宽度大于或等于 3.0m 时，宜采用弹头形。

(三) 城市道路分车带

1. 城市道路分车带

城市道路分车带按其在横断面中的不同位置与功能，可分为中间分车带（简称“中间带”）及两侧分车带（简称“两侧带”）。分车带由分隔带及两侧路缘带两部分组成（图 6-18），分车带的最小宽度见表 6-6。

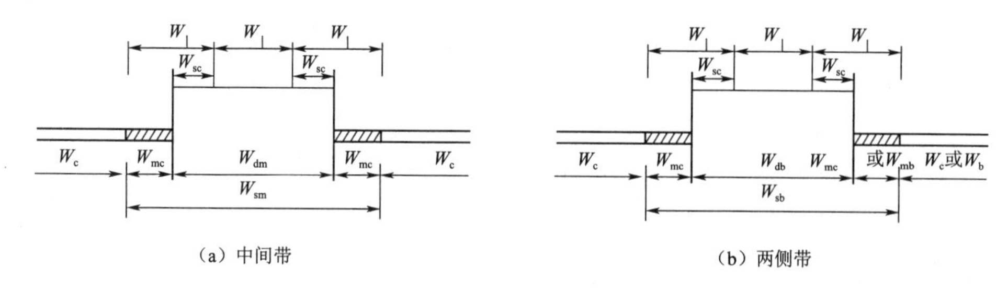

图 6-18　分车带

表 6-6　　分车带最小宽度

类别		中间带		两侧带	
设计速度/(km/h)		≥60	<60	≥60	<60
路缘带宽度 W_{mc} 或 W_{mb}/m	机动车道	0.50	0.25	0.50	0.25
	非机动车道	—	—	0.25	0.25
安全带宽度 W_{sc}/m	机动车道	0.25	0.25	0.25	0.25
	非机动车道	—	—	0.25	0.25
侧向净宽度 W_l/m	机动车道	0.75	0.50	0.75	0.50
	非机动车道	—	—	0.50	0.50
分隔带最小宽度/m		1.50	1.50	1.50	1.50
分车带最小宽度/m		2.50	2.00	2.50 (2.25)	2.00

注　1. 侧向净宽度为路缘带宽度与安全带宽度之和。
2. 括号内为一侧是机动车道、另一侧是非机动车道时的取值。
3. 分隔带最小宽度值系按设施带宽度 1m 计的，具体设计应根据设施带实际宽度确定。

2. 分隔带开口

(1) 快速路宜在互通式立体交叉出口上游与入口下游、特大桥、隧道、道路两端、分离式路基的分离（汇合）处设置中间分隔带紧急开口。中间分隔带开口间距应视需要而定，最小间距不宜小于 2km；开口长度应视道路宽度及可通行车辆确定，宜采用 20～30m；开口处应设置活动护栏。

(2) 主干路的两侧分隔带开口间距不宜小于 300m，开口长度应满足车辆出入安全的要求。路侧带缘石开口距交叉口间距应大于进出口道展宽段长度，道路两侧建筑物出入口宜设在横向支路或街坊内部道路。

二、路肩

（一）公路路肩

1. 公路路肩概念

路肩是位于行车道外缘至路基边缘具有一定宽度的带状部分。

2. 公路路肩功能和作用

路肩有很多功能，它可以保护和支撑路面结构；可供发生故障的车辆临时停放，以防止交通事故和避免交通拥堵；作为侧向余宽的一部分，路肩增加了驾驶的安全性和舒适感；当路肩宽度足够时，可作为应急救援通道；路肩可提供道路养护作业、埋设地下管线的场地；路肩可供行人及非机动车使用；经过精心养护的路肩还能增强公路美观性，并起引导视线的作用。

3. 公路路肩宽度设置

（1）各级公路的右侧路肩宽度应符合表6-7的规定，并应符合下列规定：

表6-7　　右侧路肩宽度

<table>
<tr><td colspan="2">公路技术等级（功能）</td><td colspan="3">高速公路</td><td colspan="2">一级公路（干线功能）</td></tr>
<tr><td colspan="2">设计速度/(km/h)</td><td>120</td><td>100</td><td>80</td><td>100</td><td>80</td></tr>
<tr><td rowspan="2">右侧硬路肩宽度/m</td><td>一般值</td><td>3.00（2.50）</td><td>3.00（2.50）</td><td>3.00（2.50）</td><td>3.00（2.50）</td><td>3.00（2.50）</td></tr>
<tr><td>最小值</td><td>1.50</td><td>1.50</td><td>1.50</td><td>1.50</td><td>1.50</td></tr>
<tr><td rowspan="2">土路肩宽度/m</td><td>一般值</td><td>0.75</td><td>0.75</td><td>0.75</td><td>0.75</td><td>0.75</td></tr>
<tr><td>最小值</td><td>0.75</td><td>0.75</td><td>0.75</td><td>0.75</td><td>0.75</td></tr>
<tr><td colspan="2">公路技术等级（功能）</td><td colspan="3">一级公路（集散公路）和二级公路</td><td colspan="2">三级、四级公路</td></tr>
<tr><td colspan="2">设计速度/(km/h)</td><td>80</td><td>60</td><td>40</td><td>30</td><td>20</td></tr>
<tr><td rowspan="2">右侧硬路肩宽度/m</td><td>一般值</td><td>1.50</td><td>0.75</td><td rowspan="2"></td><td rowspan="2"></td><td rowspan="2"></td></tr>
<tr><td>最小值</td><td>0.75</td><td>0.25</td></tr>
<tr><td rowspan="2">土路肩宽度/m</td><td>一般值</td><td>0.75</td><td>0.75</td><td rowspan="2">0.75</td><td rowspan="2">0.50</td><td rowspan="2">0.25（双车道）
0.50（单车道）</td></tr>
<tr><td>最小值</td><td>0.50</td><td>0.50</td></tr>
</table>

注　1. 正常情况下，应采用“一般值”。在设爬坡车道、变速车道及超车道路段，受地形、地物等条件限制路段及多车道公路特大桥，可论证采用“最小值”。
2. 当高速公路和作为干线的一级公路以通行小客车为主时，右侧硬路肩宽度可采用括号内数值。
3. 高速公路局部采用60km/h的路段，右侧硬路肩宽度不应小于1.5m。

1）高速公路、一级公路应在右侧硬路肩宽度内设右侧路缘带，其宽度为0.50m。

2）二级公路的硬路肩可供非汽车交通使用。对于非汽车交通量较大的路段，亦可采用全铺的方式，以充分利用该路段。

3）二级、三级、四级公路在路肩上设置的标志、防护设施等不得侵入公路建筑限界，必要时应加宽路肩。

（2）高速公路、一级公路的左侧路肩应符合下列规定：

1）高速公路、一级公路的分离式路基，应设置左侧路肩，其宽度规定见表6-8。左侧硬路肩内含左侧路缘带，左侧路缘带宽度为0.50m。

表6-8　　高速公路、一级公路分离式路基的左侧路肩宽度

设计速度/(km/h)	120	100	80	60
左侧硬路肩宽度/m	1.25	1.00	0.75	0.75
右侧硬路肩宽度/m	0.75	0.75	0.75	0.50

2）高速公路整体式路基双向八车道及以上路段，宜设置左侧硬路肩，其宽度应不小于2.5m。

3）高速公路分离式路基单幅同向四车道及以上的路段，左侧硬路肩宽度不宜小于2.5m。

4. 紧急停车道设置

紧急停车带是在高速公路和一级公路上供车辆临时发生故障或其他原因紧急停车使用的临时停车地带，它的设置应符合下列规定：

（1）当高速公路和作为干线的一级公路的右侧硬路肩宽度小于 2.50m 时，应设紧急停车带。紧急停车带宽度应不小于 3.50m，有效长度不应小于 40m，间距不宜大于 500m，并应在其前后设置不短于 70m 的过渡段。

（2）高速公路、一级公路的特长桥梁、隧道，根据需要可设置紧急停车带，其间距不宜大于 750m。

（3）二级公路根据需要可设置紧急停车带，其间距宜按实际情况确定。

（二）城市道路路肩

城市道路一般采用地下管渠排水，行车道两侧设路缘石和人行道，一般不设路肩。但是，如果采用边沟排水且设计速度大于或等于 40km/h 时，则应在路面外侧设路肩。路肩最小宽度应符合表 6－9 的规定。保护性路肩可采用土质或简易铺装，路肩宽度应满足设置护栏、地上杆柱、交通标志基础的要求，最小宽度为 0.5m。有少量行人时，路肩的最小宽度为 1.5m。

表 6－9　　路肩最小宽度

设计速度/(km/h)	100	80	60	50	40
保护性路肩最小宽度/m	0.75	0.75	0.75 (0.50)	0.50	0.50
有少量行人时的路肩最小宽度/m			1.50		

注　括号内为主干路保护性路肩最小宽度的取值。

第四节　路拱横坡度、路侧带

一、路拱横坡度

路拱即路面横断面做成中央高于两侧、具有一定坡度的拱起形状。路拱的作用是利于路面横向排水。路拱的倾斜大小以百分率表示，称为路拱横坡度。路拱对排水有利，但是对行车不利。这是因为路拱横坡度使车重产生了水平分力，不仅增加了行车不稳定性、乘客舒适感，也增加了潮湿路面上制动的侧滑危险、制动距离。因此，路拱大小和形状的设计应该兼顾排水、行车安全两方面的影响。

（一）公路路拱横坡

高速公路、一级公路整体式路基的路拱宜采用双向路拱坡度，由路中央向两侧倾斜。位于中等强度降雨地区时，路拱坡度宜为 2%；位于降雨强度较大地区时，路拱坡度可适当增大。高速公路、一级公路分离式路基的路拱宜采用单向横坡，并向路基外侧倾斜，也可采用双向路拱坡度。积雪、冰冻地区宜采用双向路拱坡度。双向六车道及以上车道数的公路，当超高过渡段的路拱坡度过于平缓时，可设置双路拱线。路拱坡度过于平缓路段应进行路面排水分析。二级、三级、四级公路的路拱应采用双向路拱坡度，由路中央向两侧倾斜。路拱坡度应根据路面类型和当地自然条件确定，但不应小于 1.5%。应根据路面宽度、面层类型、设计速度、纵坡及气候条件确定，兼顾排水、行车安全。

路拱设计坡度应根据路面宽度、路面类型、设计速度、纵坡及气候条件等确定，并应符合表6-10的规定。机动车道宜选用直线形路拱。

表6-10 路拱设计坡度表

路面类型		路拱设计坡度 i/%
水泥混凝土		1.0～2.0
沥青混凝土		
沥青碎石		
沥青贯入式碎（砾）石		1.5～2.0
沥青表面处治		
砌块路面	混凝土预制块	2.0
	天然石材	

注 1. 快速路、降雨量大的地区路拱设计坡度宜取高值，可选1.5%～2.0%。
2. 纵坡度大时宜取低值，纵坡度小时宜取高值。
3. 积雪冰冻地区、透水路面的路拱设计坡度宜采用低值。

硬路肩横坡的设计应符合如下规定：直线路段的硬路肩应设置向外倾斜的横坡，其坡度值应与车道横坡值相同。路线纵坡平缓，且设置拦水带时，其横坡值宜采用3%～4%。对于曲线路段内、外侧硬路肩，当曲线超高不大于5%时，其横坡值和方向应与相邻车道相同；当曲线超高大于5%时，其横坡值应不大于5%，且方向相同。硬路肩的横坡应随邻近车道的横坡一同过渡，其过渡段的纵向渐变率应控制在1/330～1/150。大中桥梁、隧道区段的硬路肩横坡值应与车道相同。

土路肩横坡的设计应符合如下规定：位于直线路段或曲线路段内侧，且车道或硬路肩的横坡值不小于3%时，土路肩的横坡应与车道或硬路肩横坡值相同；横坡值小于3%时，土路肩的横坡应比车道或硬路肩的横坡值大1%或2%。位于曲线路段外侧的土路肩横坡，应采用3%或4%的反向横坡值。

（二）城市道路路拱横坡

非机动车路拱形式宜采用直线单面坡，横坡度宜按表6-10的规定取值。人行道横坡度宜采用单面坡，横坡度宜为1.0%～2.0%。保护性路肩应向道路外侧倾斜，横坡度可比路面横坡度加大1.0%，宜为3.0%。

二、路侧带

路侧带可由人行道、绿化带、设施带等组成。路侧带各部分及其宽度要求如下：

（1）人行道。人行道主要供行人步行，其地下空间可埋设管线等。人行道的宽度应根据道路类别、功能、行人流量、沿街建筑性质及公用设施布设要求等综合确定。人行道最小宽度应符合表6-11的规定。

表6-11 人行道最小宽度

项　目	人行道最小宽度/m	
	一般值	最小值
各级道路	3.0	2.0
商业或公共场所集中路段	5.0	4.0
火车站、码头附近路段	5.0	4.0
长途汽车站	4.0	3.0

（2）绿化带。绿化带是人行道靠行车道一侧应种植的行道树。绿化带的宽度应符合《城市道路绿化设计标准》（CJJ/T 75—2023）的相关要求。车行道两侧的绿化应满足侧向净宽度的要求，并不得侵入道路建筑限界和影响视距。

（3）设施带。设施带宽度应满足设置护栏、照明灯柱、标志牌、信号灯、城市公共服务设施等的要求。设施带内各种设施应综合布置，可与绿化带结合，但应相互不干扰。

第五节　城市道路公共交通设置及用地规定

一、城市道路公共交通设施的设计规定

对设置公交专用车道的道路，横断面布置应结合公交专用车道位置和类型全断面综合考虑，并应优先布置公交专用车道。道路横断面布置中，当单向机动车道为 3 车道及以上时，宜单辟 1 条公交专用车道或限时公交专用车车道。当不设公交专用车道时，主干路横断面布置应设置港湾式停靠站；当次干路单向少于 2 条车道时，宜设置港湾式停靠站。

机动车道宽度应符合如下规定：快速公交专用道、常规公交专用道的单车道宽度均不应小于 3.50m。公交港湾式停靠站可分为直接式和分离式两种，其中直接式公交停靠站的车道宽度不应小于 3.00m，分离式公交停靠站的车道总宽度应包括路缘带宽度，且不应小于 3.50m。

二、公路和城市道路用地要求和规定

1. 公路用地范围

公路用地应遵循保护、开发土地资源，合理利用土地，切实保护耕地，促进社会经济可持续发展的原则，合理拟定公路建设规模、技术指标、设计施工方案，确定公路用地范围。

2. 公路用地范围的确定

公路用地范围为公路路堤两侧排水沟外边缘（无排水沟时为路堤或护坡道坡脚）以外，或路堑坡顶截水沟外边缘（无截水沟为坡顶）以外不小于 1m 范围内的土地；在有条件的地段，高速公路和一级公路不小于 3m、二级公路不小于 2m 范围内的土地为公路用地范围。

在风沙、雪害、滑坡、泥石流等不良地质地带设置防护、整治设施时，以及在膨胀土、盐渍土等特殊土地带采取处治措施时，应根据实际需要确定用地范围。

桥梁、隧道、互通式立体交叉、分离式立体交叉、平面交叉、安全设施、服务设施、管理设施、绿化以及其他线外工程等用地，应根据实际需要确定用地范围。

第七章　线形设计及环境保护与景观设计

【本章要点】

本章介绍公路及城市道路线形设计的基本原则、要求和内容；公路和城市道路各分项专业环保要求；公路和城市道路环境保护技术；公路和城市道路环境影响评价的主要内容；公路和城市道路景观设计的内容；平、纵、横线形设计及其组合设计，线形与桥隧的配合、与沿线设施的配合，及其与环境的协调等的一般规定与运用。

第一节　线　形　设　计

一、线形设计的总体要求

1. 公路

总体而言，公路线形设计应做好平面、纵断面、横断面三者间的组合，并同自然环境相协调。线形设计除应符合行驶力学要求外，尚应考虑用路者的视觉、心理与生理方面的要求，提高汽车行驶的安全性、舒适性与经济性。线形设计的要求与内容应随公路功能和设计速度的不同而各有所侧重。

其中对于涉及公路功能和设计速度，线形设计应该注意以下几方面：高速公路和承担干线功能的一级、二级公路，应注重立体线形设计，做到线形连续、指标均衡、视觉良好、景观协调、安全舒适。设计速度小于或等于 40km/h 的双车道公路，在保证行驶安全的前提下，应正确运用线形要素的规定值。遵循以设计路段确定公路技术等级、设计速度的原则，其设计路段长度不宜过短，且线形技术指标应保持相对均衡。

不同设计路段相衔接处前后的平、纵、横技术指标，应随设计速度由高向低（或反之）而逐渐由大向小（或反之）变化，使行驶速度自然过渡。路线交叉前后的线形应选用较高的平、纵技术指标，使之具有较好的通视条件。各级公路均应采用运行速度方法，对平、纵线形组合设计、技术指标的协调性和一致性、视距以及路线视觉连续性等进行检验。

2. 城市道路

城市道路线形设计应协调平面、纵断面、横断面三者间的组合。线形组合设计应注意以下几方面内容：设计速度大于或等于 60km/h 的道路应强调线形组合设计，保证线形连续，指标均衡、视觉良好、安全舒适、景观协调；设计速度小于 60km/h 的道路在保证行驶安全的前提下，宜合理运用线形要素的规定值；同一车辆相邻路段的运行速度与设计速度之差不应大于 20km/h。

二、公路线形设计的设计要点

（一）平面线形设计

对于公路平面线形设计而言，平面线形应直捷、连续、均衡，并与地形相适应，与周围环境相协调。当受条件限制采用长直线时，应结合具体情况采用相应的技术措施。对于连续的圆曲线间应采用适当的曲线半径比。各级公路不论转角大小均应敷设曲线，并宜选用较大的圆曲线半径。转角过小时，不应设置较短的圆曲线。两同向圆曲线间应设有足够长度的直线；两反向圆曲线间不应设置短直线。

六车道及以上的高速公路和作为干线的一级公路，同向或反向圆曲线间插入的直线长度，应符合路基外侧边缘超高过渡渐变率规定的要求。设计速度小于或等于40km/h的双车道公路，两相邻反向圆曲线无超高时可径向衔接，无超高有加宽时应设置长度不小于10m的加宽过渡段；两相邻反向圆曲线设有超高时，地形条件特殊困难路段的直线长度不得小于15m。设计速度小于或等于40km/h的双车道公路，应避免连续急弯的线形。地形条件特殊困难不得已而设置时，应在曲线间插入规定的直线长度或回旋线。

公路平面设计应该注意以下设计要点：首先，平面线形应直捷、连续、均衡，与地形相适应，与周围环境相协调，宜直则直，宜曲则曲，不片面追求直曲，这是美学、经济和环境保护的要求。其次，要保持平面线形的均衡与连续，设计的线形应保证车辆在其上能以均匀速度行驶，各线形要素应保持连续、均衡，避免出现技术指标的突变。

(1) 直线和平曲线的组合。不要在长直线尽头设置小半径曲线，不要从大半径曲线直接连到小半径曲线。避免短直线接大半径的平曲线。当缓和曲线长度 $L_s \leqslant 500$m 时，圆曲线半径 $R \geqslant L_s$；当 $L_s > 500$m 时，$R \geqslant 500$m。

(2) 平曲线与平曲线的组合。在条件允许时，相邻圆曲线大半径与小半径之比宜小于2.0，相邻回旋线参数之比宜小于2.0。

(3) 高、低标准之间要有过渡。同一等级道路上，大、小指标间要均衡过渡，特别是对于长直线与小半径曲线之间，以及相邻的大小半径曲线之间。

此外，公路的平面线形设计还有注意与纵断面设计相协调。在平面线形设计中，应考虑纵断面设计的要求，与纵断面线形相协调。特别是平原微丘区的道路，平曲线指标一般较高，平曲线较长，在设计平面线形时，应考虑平原区道路纵断面设计的特殊性，为纵断面设计留有活动余地，以利于平纵线形组合设计。

(二) 纵断面线形设计

对于公路纵断面线形设计而言，纵断面线形应平顺、圆滑、视觉连续，并与地形相适应，与周围环境相协调。纵坡设计应考虑填挖平衡，并利用挖方就近作为填方，以减轻对自然地面横坡与环境的影响。当相邻纵坡之代数差小时，应采用大的竖曲线半径。路线交叉处前后的纵坡应平缓。对于位于积雪冰冻地区的公路，应避免采用陡坡。

在公路纵断面线形设计时，应该重点关注纵坡值的运用。纵断面线形设计时应充分结合沿线地形等条件，宜采用平缓的纵坡，最小纵坡不宜小于0.3%。对于采用平坡或小于0.3%的纵坡路段，应进行专门的排水设计。各级公路应避免采用最大纵坡值和不同纵坡最大坡长值，只有在为争取高度利用有利地形，或避开工程艰巨地段等不得已时，方可采用。

考虑到地形因素，平原地形的纵坡应均匀、平缓；丘陵地形的纵坡应避免过分迁就地形而起伏过大；越岭线的纵坡应力求均匀，不应采用最大值或接近最大值的坡度，更不宜连续采用不同纵坡最大坡长值的陡坡夹短距离缓坡的纵坡线形；山脊线和山腰线，除结合地形不得已时采用较大的纵坡外，在可能条件下应采用平缓的纵坡。

（三）横断面设计

公路横断面设计应最大限度地降低路堤高度，减小对沿线生态的影响，保护环境，使公路融入自然。路基横断面布设应结合沿线地面横坡、自然条件、工程地质条件等进行设计。自然横坡较缓时，以整体式路基横断面为宜。横坡较陡、工程地质复杂时，高速公路宜采用分离式路基横断面。

整体式路基的中间带宽度宜保持等值。当中间带的宽度根据需要增宽或减窄时应采用左右分幅线形设计。条件受限制，且中间带宽度变化小于3.0m时，可采用渐变过渡，过渡段的渐变率不应大于1/100。整体式路基变为分离式路基或者分离式路基汇合为整体式路基时，其中间带的宽度增宽或减窄时，应设置过渡段。其过渡段以设置在圆曲线半径较大的路段为宜。

（四）平、纵线形组合设计

道路平、纵线形设计如果线形组合不好，会误导驾驶员的判断。道路平、纵线形组合设计的重要性主要体现在以下几个方面：组合设计的好坏直接影响立体线形的美观；组合设计的好坏影响行车安全；组合设计的好坏影响道路的经济、功能。从本质上来讲，道路平、纵线形组合设计需要考虑的问题，主要是研究如何满足视觉和心理方面的连续、舒适，与周围环境相协调的要求。

组合设计是完成平面线形和纵断面线形后的收尾工作，但也是最困难的一个步骤。组合设计必须在确定平面线形，甚至在选线时就要同时考虑，不是线形设计最后孤立地总成或单独地调整。

公路线形组合设计中，各技术指标除应分别符合平面、纵断面规定值外，还应考虑横断面对线形组合与行驶安全的影响。在确定平面、纵断面的各相对独立技术指标时，各自除应相对均衡、连续外，应考虑与之相邻路段的各技术指标值的均衡、连续。另外，线形组合设计除应保持各要素间内部的相对均衡与变化节奏的协调外，还应注意同公路外部沿线自然景观的适应和地质条件等的配合。路线线形应能自然地诱导驾驶员的视线，并保持视线的连续性。

1. 平、纵线形组合形式

（1）平面上为直线，纵面也是直线——构成具有恒等坡度的直线，如图7-1所示。该型组合往往线形单调、枯燥；行车过程中视景缺乏变化，容易使驾驶员产生疲劳和频繁超车。

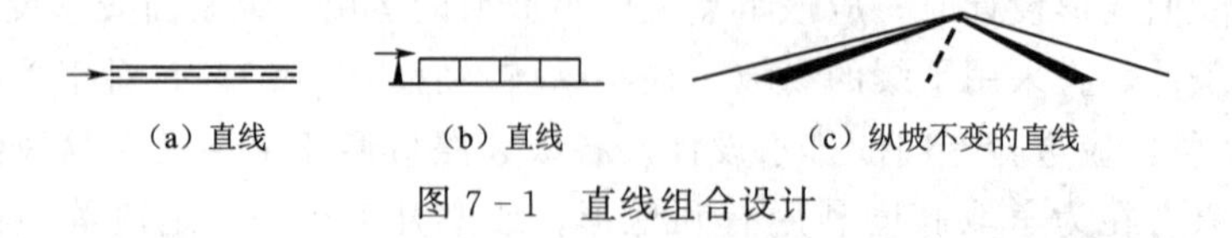

(a) 直线　(b) 直线　(c) 纵坡不变的直线

图7-1　直线组合设计

（2）平面上为直线，纵面上是凹形竖曲线——构成凹下去的直线，如图7-2所示。该型组合具有较好的视距条件，能给驾驶员以动的视觉效果，行车条件较好。

（3）平面上为直线，纵面上是凸形竖曲线——构成凸起的直线，如图7-3所示。该型组合视距条件差，线形单调。

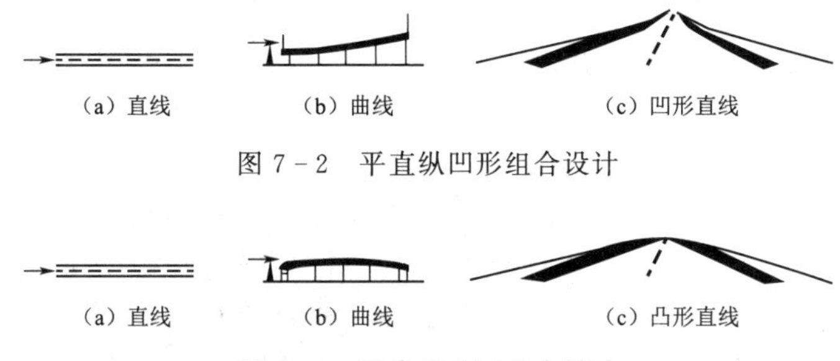

（a）直线　（b）曲线　（c）凹形直线

图 7－2　平直纵凹形组合设计

（a）直线　（b）曲线　（c）凸形直线

图 7－3　平直纵凸形组合设计

（4）平面上为曲线，纵面上为直线——构成具有恒等坡度的平曲线，如图 7－4 所示。一般而言，该型组合只要平曲线半径选择适当，纵坡不太陡，即可获得较好的视觉和心理感受，设计时须注意检查合成坡度是否超限。

（a）曲线　（b）曲线　（c）纵坡不变的曲线

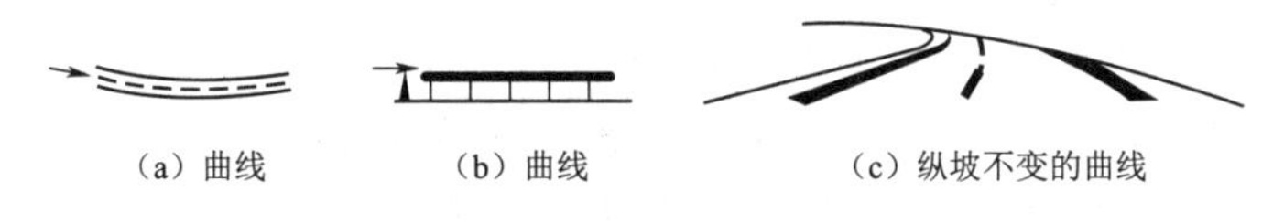

图 7－4　平曲纵直形组合设计

2．平、纵线形组合的基本要求

平、纵线形宜相互对应，且平曲线宜比竖曲线长。当平、竖曲线半径均较小时，其相互对应程度应较严格：随着平、竖曲线半径的同时增大，其对应程度可适当放宽；当平、竖曲线半径均大时，可不严格相互对应。设计速度大于或等于 60km/h 的公路，应注重路线平、纵线形组合设计。设计速度小于或等于 40km/h 的公路，可参照上述要求执行。六车道及其以上的高速公路，应重视直、曲线（含平、纵面）间的组合与搭配，在曲线间设置足够长的回旋线或直线，使其衔接过渡顺适，路面排水良好。在高填方路段设置平曲线时，宜采用较大半径的圆曲线，并设置具有诱导功能的交通设施。

3．平、纵线形设计中应避免的组合

（1）避免竖曲线的顶部、底部插入小半径的平曲线。

（2）避免将小半径的平曲线起讫点设在或接近竖曲线的顶部或底部。

（3）避免使竖曲线顶部、底部与反向平曲线的拐点重合。

（4）避免出现驼峰、暗凹、跳跃、断背、折曲等使驾驶员视线中断的线形。

（5）避免在长直线上设置陡坡或曲线长度短、半径小的凹形竖曲线。

（6）避免急弯与陡坡的不利组合。

（7）应避免小半径的竖曲线与缓和曲线的重合。

与公路相对应，城市道路也涉及线形组合设计。城市线形组合设计应满足的基本要求主要有：平、纵、横设计应分别满足各自规定值的要求，不应将最不利值进行组合；平曲线与竖曲线宜相互对应，且平曲线长度宜大于竖曲线长度；竖曲线半径宜为平曲线半径的 10～20 倍。

在凸形竖曲线的顶部或凹形竖曲线的底部，不应插入急转的平曲线或反向平曲线。长直线不宜与陡坡或半径小且长度短的竖曲线组合；长的竖曲线不宜与半径小的平曲线组合。长的平曲线内不宜包含多个短的竖曲线；短的平曲线不宜与短的竖曲线组合。纵断面设计不应出现使驾驶员视觉中断的线形。此外，城市道路线形组合应满足行车安全、舒适以及与沿线环境、景观协调的要求，平面、纵断面线形应均衡，路面排水应通畅。

（五）线形与桥、隧的配合

对于公路而言，桥梁及其引道的平、纵、横技术指标应与路线总体布设相协调，桥上纵坡不宜大于4%，桥头引道纵坡不宜大于5%。对于易结冰、积雪的桥梁，桥上纵坡宜适当减小。位于城镇混合交通繁忙处的桥梁，桥上纵坡和桥头引道纵坡均不得大于3%。桥头两端引道的线形应与桥梁的线形相匹配。桥头引道与桥梁线形设计应注意桥梁及其引道的位置、线形应与路线线形相协调，使之视野开阔，视线诱导良好。高速公路、一级公路和承担干线功能的二级公路上的桥梁线形应与路线线形相协调，且连续、流畅。

公路隧道及其洞口两端路线的平、纵、横技术指标方面，隧道路段平、纵线形应均衡协调。水下隧道平面线形宜采用直线，当设为曲线时宜采用不设超高的平曲线。洞口内外侧各3s设计速度行程长度范围的平、纵线形应一致。特殊困难地段，洞口内外平曲线可采用缓和曲线，但应加强线形诱导设施。隧道内纵坡应小于3%，大于0.3%，但短于100m的隧道可不受此限。洞口外相接路段应设置距洞口不小于3s设计速度行程长度，且不小于50m的过渡段，保持横断面过渡的顺适。高速公路、一级公路交通安全评价后，隧道最大纵坡可适当加大，但不宜大于4%。

对于城市道路而言，桥梁及其引道的位置、线形应与路线线形相协调，桥梁引道坡脚与平面交叉口停车线之间的距离宜满足交叉口信号周期内的车辆排队和交织长度。桥面车行道宽度应与两端道路的车行道宽度相一致。当桥面宽度与路段的道路横断面总宽度不一致时，应在道路范围内设置宽度渐变段；路面边缘斜率可采用1：15～1：30，折点处应圆顺。

城市道路的桥梁及其引道的平、纵、横技术指标应与路线总体布设相协调，各项技术指标应符合路线布设的要求。桥上纵坡机动车道不宜大于4.0%，非机动车道不宜大于2.5%；桥头引道机动车道纵坡不宜大于5.0%。高架桥桥面应设不小于0.3%的纵坡；当条件受到限制，桥面为平坡时，应沿主梁纵向设置排水管，排水管纵坡不应小于0.3%。当桥面纵坡大于3.0%时，桥上可不设排水口，但应在桥头引道上两侧设置雨水口。

（六）线形与沿线设施的配合

公路线形与沿线设施的配合方面，线形设计应考虑收费站、服务区、停车区、客运汽车停靠站等沿线设施布设的要求。主线收费站范围内路线宜为直线或不设超高的曲线，不应将收费站设置在凹形竖曲线的底部或连续下坡的中底部。路线设计时应考虑标志、标线的设置；交通安全设施应与路线同步设计，充分体现路线设计意图。路侧设计受限制的路段，应合理设置相应防护设施。

对于城市道路线形与沿线设施的配合，道路线形和交叉口设计应与停车场、枢纽、公交停靠站等交通设施布置配合，并应满足交通组织设计和道路使用者的安全。道路线形和交叉口设计应与标志、标线等交通安全设施设计相互配合，应能准确反映路线设计意图；对路侧设计受限的路段，应合理设置防护设施。互通立交处的照明设施应与道路线形相互配合、布设合理。道路与沿线设施、街景应一体化设计，功能应相互补充。

（七）线形与环境的配合

公路线形与环境的协调方面，线形设计应充分考虑到速度对视觉的影响，设计速度高的公路，线形设计和周围环境配合的要求应更高。公路线形应充分利用地形、自然风景，尽量少改变周围的地貌、地形、天然森林、建筑物等景观，使公路与自然融为一体，最大限度地保护环境。

公路防护工程应采用工程防护与生态防护相结合的方式，减少对自然景观的影响，加大恢复力度，使公路工程与自然环境相和谐。宜适当放缓路基边坡或将边坡的变坡点修整圆滑，使其接近于自然地面，增进路容美观。公路两侧的绿化应作为诱导视线、点缀风景以及改造环境的一种措施而进行专门设计。

对于城市道路线形与环境的协调，路基防护应采用工程防护与植物防护相结合的措施，与景观相协调，恢复自然生态环境，防止水土流失。道路两侧的绿化应满足道路视距及建筑限界的要求。不同性质和景观要求的城市道路，宜运用道路空间尺度比例关系，调节并形成道路合适的空间氛围。

第二节　环境保护与景观设计

公路环境保护应贯彻“保护优先、以防为主、以治为辅、综合治理”的原则。同时，公路建设应根据自然条件进行绿化、美化路容、保护环境。高速公路、一级公路、二级公路和有特殊要求的公路建设项目应作环境影响评价和水土保持方案评价。生态环境脆弱地区，或因公路建设可能造成环境近期难以恢复的地带，应作环境保护设计。公路改扩建项目应充分利用公路废旧材料，节约工程建设资源。

根据我国公路工程环境保护设计相关技术规范，公路设计应树立全面、协调、可持续的科学发展观，体现安全、环保、舒适、和谐的设计理念。执行环境保护工程必须与主体工程同时设计、同时施工、同时投入使用的制度，遵守预防为主、保护优先、防治结合、综合治理的原则，实施各阶段的环境保护工作。

公路工程项目设计的各个阶段均应重视环境保护设计。在可行性研究阶段，应进行环境影响分析评价；在初步设计阶段，应落实环境影响评价文件提出的环境保护措施和水土保持方案；在施工图设计阶段，应根据初步设计审定意见做出环境保护工程设计。

环境保护设施应根据交通量增长情况，按照统一规划、分期实施的原则做好总体设计。各种环境保护设施应因地制宜，做到技术可行、经济合理。高速公路、一级公路和二级公路的改（扩）建工程，应对原有工程的环境保护设施及改（扩）建过程中可能引发的环境问题进行分析评价，并提出相应对策。公路环境保护投资应包括绿化和景观工程投资、噪声污染治理工程投资、污水处理工程投资、环境空气污染治理工程投资、水土保持工程投资及其他工程投资等。

一、环境保护设计

1. 总体设计

公路工程环境保护总体设计应结合工程项目自然环境、社会环境、交通需求、地区经济发展等工程建设条件，以保护沿线自然环境、维护生态平衡、防治水土流失、降低环境污染为宗旨，以环境敏感点为主，点、线、面相结合，确定环境保护总体设计原则和工程方案。

公路建设项目除工程方案因素比选外，还应对该地区相关环境敏感点进行深入调查，充分研究工程与环境的相互影响，论证不同公路路线方案给沿线环境带来的不同影响。

公路环境保护总体设计方案应根据环境质量标准、技术指标，结合项目沿线的自然环境、社会环境、生态环境等条件制定；公路环境保护总体设计应突出环境协调、技术先进、经济合理；环境保护设施应安全适用，便于养护。

公路环境保护总体设计应符合下列要求：公路选线应结合地形条件，与自然环境融为一体；公路构造物应结合区域环境进行设计，与周围环境相协调；路线平、纵、横组合得当，线形均衡、行车安全，为用户提供良好的行车环境；公路主体及沿线设施用地规模适当，保护土地资源，有利于社会环境协调发展；防护措施合理、有效，防治水土流失，减少地质灾害对工程的影响；落实环境影响评价文件中提出的各项措施，对施工与运营期可能产生的声、气、水等各种污染进行综合治理。

公路建设对周围环境及生态的多维度影响包括：路线及其相邻路网交通量增减变化所带来的噪声和废气的影响；公路工程对沿线自然环境和农田水利设施的影响，公路施工和临时工程对水土保持的影响；深路堑和高路堤对自然环境、边坡稳定和水土保持的影响；在治理工程地质病害、开挖隧道等工程时，水文地质情况改变后对周围生态环境产生的影响；桥梁墩台压缩河床对河道冲刷的影响；公路工程对生态环境分割所带来的影响，包括湿地保护、地表径流、动物迁徙等；路线布设与城镇规划、行政区划的相互配合及其影响；公路对不可移动文物和风景区的影响；路线与环境敏感点的距离及其影响。公路应结合地形、地物条件，针对路线所处区域的不同环境特征和不同的环境保护对象，进行相应的技术方案比选。

2. 设计要点

在平原地区，公路环境保护设计的重点在于：降低路基高度，保护土地资源；合理设置通道，减小公路对当地居民出行及景观的影响；减少取土、弃土方式对土地利用方式、土壤耕作条件和农田水利排灌系统的影响；减少路面汇水对养殖业水体的影响。

在地形条件复杂的山区，公路环境保护设计的重点在于：重视桥隧方案的选用，减少高路堤和深路堑对自然景观、植被及地质条件的影响；减小公路对珍稀动植物的影响；重视路基开挖、取弃土对水土保持的影响；严禁大爆破作业及乱挖、乱弃，预防诱发地质灾害；注意路基开挖对受国家保护、不可移动文物等的影响；注意隧道工程对当地原有水资源的影响。

绕城公路或接城市出入口公路环境保护设计的重点在于：公路与城市规划的协调；减小拆迁工程数量；方便当地居民的出行；选择、利用、创造、改善环境景观；采取综合措施，减少交通噪声、废气、废水等对环境的污染。

(1) 线形设计中的环境保护设计要点。公路线形设计应注重安全、环保、社会等因素，科学确定技术标准，合理运用技术指标，注意下列要点：公路自身线形的协调、公路线形与结构物的协调及公路线形与环境的协调，公路平、纵线形组合满足汽车速度协调性的要求；合理控制互通式立交规模，减少工程量和占地，合理运用互通式立交匝道指标，满足车流顺畅运行的要求。

(2) 路基路面设计中的环境保护设计要点。路基路面设计应结合工程地质条件，因地制宜，就地取材，综合考虑下列因素：合理选择路基高度，有条件时宜采用低路堤和浅路堑方案，路基边坡应顺应自然；重视路基及取弃土场范围内的表土保护与利用；充分利用现有料场，新设料场应考虑其位置、开采方式、数量等对坡面植被、河水流向和水土保持等的影响；弃方应集中堆弃，重视弃放的位置、数量等对自然环境的影响；路基路面综合排水工程设施应自成体系，不得与当地排灌系统相互干扰；路基防护形式应根据当地的自然条件合理选用，有条件时宜采用植物防护；水土流失严重或边坡稳定条件较差时，宜采用工程防护与植物防护相结合的方法，并重视表面植被防护。

(3) 公路交叉环境保护设计要点。公路交叉环境保护设计应根据公路网规划和相交公路状况，针对自然地形、地质条件以及社会环境等特点，结合公路交叉主体工程，综合考虑确定方案，并且互通式立交设计应在满足公路交叉使用功能的同时，考虑交叉形式、布局的美观；立交区综合排水系统应与路线综合排水系统统一考虑。互通式立交的匝道边坡宜放缓，设土质边沟或不设边沟，贴近自然，充分与环境协调。互通式立交主线桥和匝道桥应进行上跨与下穿的方案比选，上跨主线结构物的跨径应合理布置、主线两侧宜设置边孔；合理确定桥上纵坡及桥头路基高度；分离式立交桥的结构形式应考虑行车视距和视觉效果，与周围环境相协调。

(4) 桥隧环境保护设计要点。桥隧环境保护设计应结合地质、水文、气象、地震等情况，考虑施工和运营环境进行多方案论证，并且桥隧位置的选择应综合考虑接线设计，与周围山川、沟谷等自然景观协调；桥梁的导流设施应自然平顺；隧道洞口总体布置应贴近自然，洞门不宜过分进行人工化修饰。隧址应避开或保护储水结构层和蓄水层，保护地下水径流和地表植被。

(5) 沿线设施专业设计中的环境保护设计要点。服务设施、管理设施的位置、规模应充分考虑人性化，结合自然景观合理确定。服务设施、管理设施的位置应避让饮用水水源二级以上保护区。服务区、停车区应合理布设，充分考虑驾乘人员的需求。对生活废水、废弃物等应进行综合治理。污染防治措施应进行多方案比选。拟分期实施的防污染设施应综合论证并注意近期和远期有机结合。应结合区域路网、地形、景观和地域文化等环境进行景观设计。

3. 设计内容

在公路工程可行性研究阶段，应该重视环境影响分析和地质灾害危险性分析工作。具体的设计包括如下内容：

(1) 通过广泛调查公路沿线的人口结构、经济发展、公共卫生、文化和基础设施、土地和矿产资源、旅游和文物古迹资源等社会环境状况，进行社会环境影响分析。

(2) 通过全面调查公路沿线野生动植物的种类、保护级别、分布概况、生长习性及演替规律等生态环境和水土保持状况，结合公路工程实际进行生态环境影响分析。

(3) 依据分段调查公路沿线的城镇、风景旅游区和名胜古迹及有关的环境敏感点分布状况，结合当地地形、地貌特点和既有工业污染源的排放特性进行环境空气影响分析。

(4) 通过重点调查公路沿线的学校、城乡居民聚居区和医院、疗养院及有关的环境敏感点分布状况，结合公路施工和运营等实际情况进行环境噪声影响分析。

(5) 通过深入调查公路沿线各种不良工程地质分布状况，结合公路工程涉及范围进行地质灾害危险性评价，编制水土保持方案。

在公路工程初步设计阶段，应该将环境保护要素作为方案比选论证的重要因素，落实环境影响评价文件和水土保持方案中提出的环境保护和水土保持的各项要求，合理确定路线方案。具体的设计内容包括：依据公路沿线环境敏感点的位置、影响因素和影响范围，选择相应的保护措施和方案；结合当地自然环境，因地制宜地进行公路绿化和景观设计；根据声环境敏感点的性质进行噪声污染防治设计；针对环境影响评价文件提出的环境保护措施和水土保持方案进行环境与公路工程的协调性论证，并落实减少或避免环境侵害的实施方案；根据公路沿线设施的规模及排放标准提出经济合理的污水处理设计方案。

4. 社会环境保护与生态环境保护

公路选线应体现以人为本，路线方案应征求沿线公众和地方政府意见，并结合当地城乡发展规划、国土规划等规划性文件，通过统筹规划、合理选线，促进沿线经济发展，满足沿线人员便利、安全、舒适出行的需求，实现对沿线社会环境的积极保护。公路设计应调查、收集公路沿线行政区划、土地利用、基础设施、历史文化遗迹、生态与自然保护区、人文景观等社会环境现状，通过综合分析、论证提出社会环境保护目标及保护方案。公路设计应了解当地的矿产资源分布和开采情况，尽量绕避露天采矿区；无法绕避时，应与矿产资源开采区保持一定的距离；未经国务院授权的部门批准，不得压覆重要矿床。

公路设计应调查公路沿线区域生态环境特征，分析研究当地野生动植物习性及生长演替规律；对湿地、沙漠、戈壁、高寒等生态敏感与脆弱地区，应论证确定生态环境保护原则。当公路对生态环境中的保护对象产生影响时，应结合受保护对象的特性提出保护方案，将不利影响减少到最低程度。

5. 环境污染防治

道路交通环境污染的防治应采用“主动式”防治，综合考虑道路线位，以绕避环境敏感点为宜。公路建设项目主要防治下列环境污染：公路交通噪声、施工作业噪声对声环境的污染；公路搅拌站（场）的烟尘和施工扬尘、沿线设施内锅炉排污对环境空气的污染；公路沿线设施内的生活污水、施工废水和工程废渣等对水环境的污染；施工中的废弃物对景观环境的污染。

公路环境污染防治设计要注意以下几个敏感点：

(1) 声环境敏感点，即学校、医院、疗养院、城乡居民集居区和有特殊要求的地区。

(2) 环境空气敏感点，即学校、医院、疗养院、城乡居民集居区和有特殊要求的地区。

(3) 水环境敏感点，即饮用水水源保护区和有特殊要求的水体。道路中线距居民集居区宜大于100m，其中距医院、疗养院、学校宜大于200m。

以国家或地方污染物排放标准为设计依据；依据环境影响评价文件确定的防治目标，提出技术经济合理的治理方案；优先考虑调整线位或利用地形、公路结构物减缓环境影响。

特殊环境问题的环境保护设计包括：公路到对交通振动、电磁辐射有特殊要求的环境敏感点以及危险化学品生产装置和储存设施等的距离，应符合国家现行的有关规定；公路经过具有放射性污染源的区域时，环境保护设计应符合国家现行的有关规定。

二、绿化与景观设计

1. 公路

公路工程应根据自然环境、用地条件，结合水土保持和景观要求，因地制宜进行绿化设计。公路工程应利用绿化缓解因修建公路给沿线带来的影响，有条件时应结合防护工程进行绿化设计，保护自然环境，改善景观。公路绿化应结合地形、地区的特点，尽量改善环境，协调景观，并注重服务区、管理区、隧道洞口的绿化设计；以保护自然环境为目的的绿化设计，应充分结合地区特性、沿线条件进行；公路绿化不得遮挡交通标志。

公路建设项目水土保持应贯彻“水土保持工程与公路主体工程相结合，主体工程与附属工程、临时工程并重，预防为主，综合治理，标本兼治，防治结合”的原则。水土保持设施应合理布设，因地制宜，注重效益。公路建设项目水土保持应兼顾施工期和运营期，突出施工期，注重近期与远期相结合。应重视公路工程取弃土场的绿化和复垦弃土场应先挡后弃。

公路景观总体设计应考虑公路景观的动态视觉效果，同时也应综合考虑路线、构造物、排水防护工程绿化、沿线设施等各项景观要素，协调路内景观与路外景观，使公路景观与沿线自然人文景观和谐统一。根据工程及沿线区域环境特征或行政区划等，可将公路划分为若干景观设计路段。公路上的各种人工构造物的造型与色彩，应考虑景观效果和使用者的视觉感受。有条件时，可利用各种人工构造物和绿化改善公路景观。

2. 城市道路

城市道路绿化和景观设计应符合交通安全、环境保护、城市美化等要求，量力而行，并应与沿线城市风貌协调一致。绿化和景观设施不得进入道路建筑限界，不得进入交叉口视距三角形，不得干扰标志标线、遮挡信号灯以及道路照明，不得有碍于交通安全和畅通。

城市道路绿化设计，应包括路侧带、中间分隔带、两侧分隔带、立体交叉、平面交叉、广场停车场以及道路用地范围内边角空地等处的绿化。道路绿化设计应选择种植位置、种植形式、种植规模，采用适当的树种、草皮、花卉。绿化布置应将乔木、灌木与花卉相结合，层次鲜明。道路绿化应选择能适应当地自然条件和城市复杂环境的地方性树种，应避免不适合植物生长的异地移植。对宽度小于1.5m分隔带，不宜种植乔木。快速路的中间分隔带上，不宜种乔木。主、次干路中间分车绿带和交通岛绿地不应布置成开放式绿地。被人行横道或道路出入口断开的分车绿带，其端部应满足停车视距要求。

城市道路绿化应选择适应道路环境条件、生长稳定、观赏价值高和环境效益好的植物种类。寒冷积雪地区的城市，分车绿带、行道树绿带种植的乔木，应选择落叶树种。行道树应选择深根性、分枝点高、冠大荫浓、生长健壮、适应城市道路环境条件，且落果对行人不会造成危害的树种。花灌木应选择枝繁叶茂、花期长、生长健壮和便于管理的树种。绿篱植物和观叶灌木应选用萌芽力强、枝繁叶密、耐修剪的树种。地被植物应选择茎叶茂密、生长势强、病虫害少和易管理的木本或草本观叶、观花植物。

分车绿带的植物配置应形式简洁，树形整齐，排列一致。乔木树干中心至机动车道路缘石外侧距离不宜小于0.75m。中间分车绿带应阻挡相向行驶车辆的眩光，在距相邻机动车道路面高度0.6～1.5m范围内，配置植物的树冠应常年枝叶茂密，其株距不得大于冠幅的5倍。两侧分车绿带宽度大于或等于1.5m的，应以种植乔木为主，并宜乔木、灌木、地被植物相结合。其两侧乔木树冠不宜在机动车道上方搭接。分车绿带宽度小于1.5m的，应以种植灌木为主，并应灌木、地被植物相结合。被人行横道或道路出入口断开的分车绿带，其端部应采取通透式配置。

行道树绿带种植应以行道树为主，并宜乔木、灌木、地被植物相结合，形成连续的绿带。在行人多的路段，行道树绿带不能连续种植时，行道树之间宜采用透气性路面铺装。树池上宜覆盖池箅子。行道树定植株距，应以其树种壮年期冠幅为准，最小种植株距应为4m。行道树树干中心至路缘石外侧最小距离宜为0.75m。种植行道树其苗木的胸径，快长树不得小于5cm，慢长树不宜小于8cm。在道路交叉口视距三角形范围内，行道树绿带应采用通透式配置。

路侧绿带应根据相邻用地性质、防护和景观要求进行设计，并应保持在路段内的连续与完整的景观效果。路侧绿带宽度大于8m时，可设计成开放式绿地。开放式绿地中，绿化用地面积不得小于该段绿带总面积的70%。濒临江、河、湖、海等水体的路侧绿地，应结合水面与岸线地形设计成滨水绿带。滨水绿带的绿化应在道路和水面之间留出透景线。

城市道路护坡绿化应结合工程措施栽植地被植物或攀缘植物。

城市道路景观设计应包括道路景观、桥梁景观、隧道景观、立交景观、道路配套设施以及道路红线范围内和道路风貌、环境密切相关的设施景观。快速路及标志性道路应反映城市形象。景观设施尺度宜大气、简洁明快，绿化配置强调统一，道路范围视线开阔。应以车行者视觉感受为主。主干路、次干路及快速路的辅路应反映区域特色。景观设施宜简化、尺度适中、道路范围视线良好，车行和步行者视觉感受兼顾。次干路应反映街道特色和商业文化氛围。景观设施宜多样化，绿化配置多层次且不强调统一。尺度应以行人视觉感受为主，兼顾车行者视觉感受。支路应反映社区生活场景、街道的生活氛围。景观设施小品宜生活化，绿化配置宜生动活泼，多样化，应以自然种植方式为主。风景区道路应避免大量挖填，应保护天然植被，景观设计应以借景为主，宜将道路和自然风景融为整体。步行街应以宜人尺度设置各种景观要素。景观设施应以休闲、舒适为主，绿化配置应多样化，铺砌宜选用地方材料。

城市桥梁景观的设计应注意以下几方面：跨江河的大桥应结合自然环境和城市空间进行设计，宜展示桥梁的结构之美，注重其与整体环境和谐；跨线桥梁应结合道路景观和街道建筑景观进行设计，应体现轻巧、空透，注重其细部设计，涂装色彩应与环境相协调；人行天桥应体现结构轻盈，造型美观；桥头广场、公共雕塑、桥名牌、栏杆、灯具和铺装等桥梁附属设施，宜统一设计。对于城市隧道景观的设计，洞门设计应突出标志性，便于记忆，并应与周边景观和谐统一；洞身内部应考虑车行者视觉感受，装饰应自然简洁。

第八章　路　线　交　叉

【本章要点】

本章介绍公路和城市道路交叉工程分类体系及各类交叉设置要点；公路互通式立体交叉匝道、分流区、合流区、交织区和集散道设计服务水平；公路平面交叉间距、公路和城市道路平面交叉范围路线形条件和视距要求；公路和城市道路平面交叉渠化设计要求及设计方法；城市道路平面交叉范围平面与竖向设计、人行与非机动车过街设施设计要求；公路互通式立体交叉间距、城市快速路相邻出入口间距、公路和城市道路交叉范围主线线形条件；公路和城市道路互通式立体交叉出口形式的一致性、车道连续和车道平衡原则；公路和城市道路匝道形式、互通式立体交叉常用形式及方案选择要点；公路和城市道理互通式交叉匝道横断面组成、类型及选择条件；公路和城市道路互通式立体交叉变速车道、辅助车道和集散道设计要点。

第一节　概　　述

道路与道路相互交叉，或者道路与其他线形工程（铁路、管道、乡村道路、动物道路）的互相交叉都称为路线交叉。道路与道路交叉可分为平面交叉和立体交叉。其中，公路立体交叉的设置应综合考虑路网结构、节点功能、交叉公路功能及等级、交通源的分布、自然条件和社会条件等因素。

一、平面交叉

道路与道路（或其他线形工程）在同一平面上互相交叉并有一共同构筑面时称为平面交叉，又称为交叉口。

1. 公路平面交叉分类

公路的平面交叉可以根据不同类别进行分类。按相交道路的岔数分类，可以划分为三岔交叉、四岔交叉、五岔交叉；按照交叉形式分类，可以分为T形交叉、Y形交叉、十形交叉、X形交叉、错位交叉、斜交错位交叉、折角式交叉、环形交叉；按渠化交通的程度分类，可以分为加铺转角式、加宽路口式、设置转弯车道和交通岛，如图8-1～图8-3所示；按交通管理方式分类，可以分为无优先交叉、主路优先交叉、信号交叉。

2. 城市道路平面交叉分类

城市道路平面交叉按交通组织方式可分为平A类、平B类和平C类：

(1) 平A类。信号控制交叉口。

1) 平A_1类。信号控制，进出口道展宽交叉口。

2) 平A_2类。信号控制，进出口道不展宽交叉口。

(2) 平B类。无信号控制交叉口。

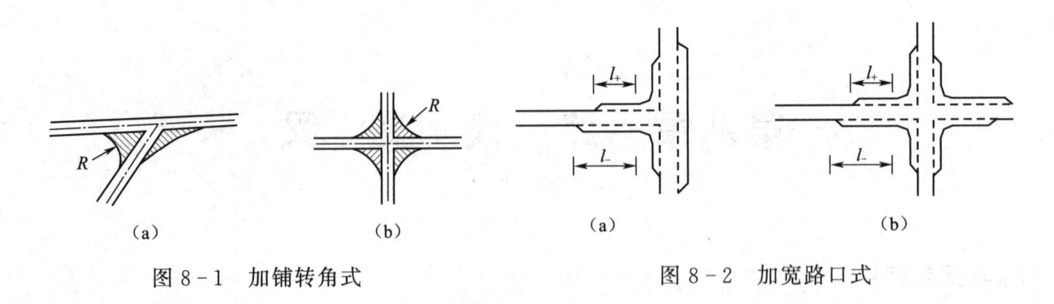

图 8 - 1　加铺转角式　　　　图 8 - 2　加宽路口式

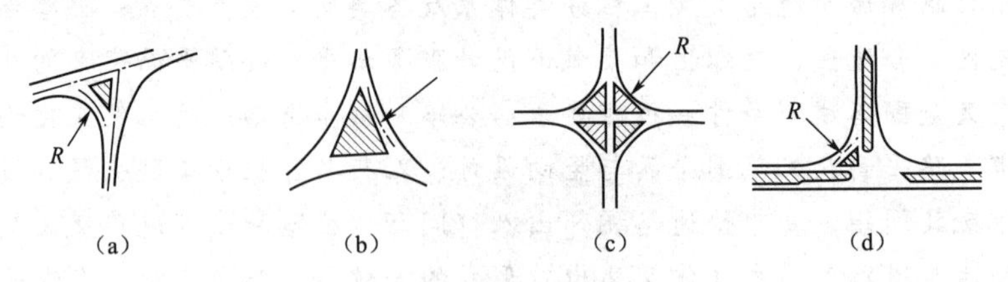

图 8 - 3　设置转弯车道

1）平 B_1 类。支路只准右转通行的交叉口（右转交叉口）。

2）平 B_2 类。减速让行或停车让行标志管制交叉口（让行交叉口）。

3）平 B_3 类。全无管制交叉口。

（3）平 C 类。环形交叉口。

城市道路交叉选型可以参见表 8 - 1。

表 8 - 1　　**城市道路交叉选型**

平面交叉口类型	选型	
	推荐形式	可用形式
主干路-主干路	平 A_1 类	—
主干路-次干路	平 A_1 类	—
主干路-支路	平 B_1 类	平 A_1 类
次干路-次干路	平 A_1 类	—
次干路-支路	平 B_2 类	平 A_1 类或平 B_1 类
支路-支路	平 B_2 类或平 B_3 类	平 C 类或平 A_2 类

注　1. 人口在 50 万以上的大城市，主干路与主干路相交，经交通预测分析，需要设置立体交叉时，宜按《城市道路交叉口设计规程》（CJJ 152—2010）表 3.1.4 选用。

2. 人口在 50 万以上的大城市，次干路与次干路相交，因景观需要，采用环形交叉口时，应充分论证。

二、立体交叉

利用跨线构造物使道路与道路（或铁路）在不同标高相互交叉的连接方式称为立体交叉，简称立交。立交是高速道路必不可少的组成部分。

1. 公路立体交叉

公路立体交叉分类如下：

（1）按主线与相交道路的跨越方式，分为上跨式、下穿式立体交叉。

（2）按交通功能，分为分离式、互通式立体交叉。其中，互通式立体交叉按方向连通程度分为完全互通型立体交叉和不完全互通型立体交叉；按交通流线的交叉方式分为完全立体交叉型和平面交叉型互通立体交叉。

2. 城市道路立体交叉

城市道路立体交叉分为枢纽立交、一般立交、分离式立交。

第二节　通行能力与服务水平

一、通行能力

1. 通行能力的概念及分类

通行能力是公路设施在正常的公路条件、交通条件和驾驶行为等情况下，在一定的时段（通常取 1h ）内可能通过设施的最大车辆数，用 pcu/h 表示。公路通行能力反映了公路设施所能疏导交通流的能力，是公路规划、设计和运营管理的重要参数。

通行能力可以有三种分类方式：

（1）基准通行能力。在理想的道路和交通条件下，公路设施在五级服务水平时所能通过的最大小时流率。

（2）设计通行能力。在某一设计服务水平时，所能通过的最大小时流率。

（3）实际通行能力。在实际道路和交通条件下，考虑影响因素后，对基准通行能力进行修正得到。

2. 通行能力的设计

（1）平面交叉的通行能力应注意以下三方面：

1）平面交叉口机动车设计交通量应区分直行及左右转交通量。确定进口道车道数等平面设计时，应采用高峰小时内信号周期平均到达车辆数，当确定渠化及信号相位方案时，应当用信号配时时段的高峰小时内高峰 15min 的到达车辆数。

2）平面交叉口非机动车设计交通量的确定方法与机动车相同。平面交叉口行人过街设计交通量应采用高峰小时内的信号周期平均到达量。

3）应根据交通量、相交道路等级、交叉口所处的区域位置及用地条件合理确定交叉口的通行能力和服务水平。

（2）匝道的通行能力计算如下：

1）匝道行车道的通行能力

$$C=C_{\mathrm{li}}C_{\mathrm{W}}f_{\mathrm{HV}} \tag{8-1}$$

式中　C——匝道单车道设计通行能力；

C_{li}——匝道单车道基本通行能力；

C_{W}——行车道宽度修正系数；

f_{HV}——大车混入率修正系数。

2）匝道本身的通行能力

$$C_{\mathrm{r}}=nC_{\mathrm{d}} \tag{8-2}$$

式中　C_r——匝道本身的通行能力；

n——匝道车道数；

C_d——一条匝道车道的设计通行能力。

匝道入口处和出口处都是平行关系的匝道，其通行能力取匝道本身的通行能力；其他类关系的匝道，其通行能力的主要控制因素为匝道本身的道路条件和交通条件以及匝道两端车辆行驶合流区、分流区或冲突区；匝道的通行能力取决于匝道本身和出入口处的通行能力，以三者之中较小者作为采用值。

城市道路立体交叉设计通行能力等于可能通行能力乘以相应设计服务水平“交通量/通行能力”比率 e，可能通行能力取值见表 8-2、表 8-3。

表 8-2　　立体交叉主线一条车道可能通行能力

设计速度/(km/h)	40	50	60	70	80	100	120
可能通行能力/(pcu/h)	2020	2050	1950	1870	1800	1760	1720

表 8-3　　立体交叉匝道一条车道可能通行能力

设计速度/(km/h)	20～25	30	80	100	120
可能通行能力/(pcu/h)	1550 (1400～1250)	1650 (1550～1450)	1800	1760	1720

若当地有可靠的平均车头时距观测值，也可由下式计算主线或匝道一条车道的可能通行能力

$$N_P=\frac{3600}{t_i} \tag{8-3}$$

式中　N_P——一条车道可能通行能力，pcu/h；

t_i——连续小客车车流平均车头时距，s/pcu。

二、服务水平

1. 公路服务水平

驾驶员感受公路交通流运行状况的质量指标，通常用平均行驶速度、行驶时间、驾驶自由度和交通延误等指标表征。服务水平的指标划分：高速公路、一级公路以饱和度作为主要指标；二级、三级公路以延误率和平均运行速度作为主要指标；交叉口用车辆延误作为主要指标。

公路的服务水平分为六级。一级公路用作集散公路时，长隧道及特长隧道路段、非机动车及行人密集路段、互通式立体交叉的分合流区段以及交织区段，设计服务水平可降低一级。公路设计服务水平应根据公路功能、技术等级、地形条件等合理选用，并不低于表 8-4 的规定。

表 8-4　　各级公路设计服务水平

公路技术等级	高速公路	一级公路	二级公路	三级公路	四级公路
服务水平	三级	三级	四级	四级	—

公路立体交叉范围内的交叉公路、匝道、分流区、合流区、交织区和集散道的服务水平分为六级。交叉公路设计服务水平应按相应公路功能及等级选取；匝道、分流区、合流

区、交织区和集散道的设计服务水平可比主线低一级，但不应低于四级。

2. 城市道路服务水平

城市道路通行能力和服务水平分析，主要包括以下内容：

(1) 快速路的路段、分合流区、交织区段及互通式立体交叉的匝道，应分别进行通行能力分析，使其全线服务水平均衡一致。

(2) 主干路的路段与主干路、次干路相交的平面交叉口，应进行通行能力和服务水平分析。

(3) 次干路、支路的路段及其平面交叉口，宜进行通行能力和服务水平分析。

需要特别注意的是，各级道路设计交通量的预测年限：快速路、主干路应为 20 年；次干路应为 15 年；支路宜为 10～15 年。设计交通量预测年限的起算年应为该项目可行性研究报告中的计划通车年。交叉口设计年限应与城市道路的设计年限一致。组成交叉口的各条道路等级不同时，以等级较高道路的设计年限为准。

关于交叉口的服务水平，应该注意以下三方面：①信号交叉口服务水平分级应符合表 8-5 的规定，新建道路应按三级服务水平设计；②无信号交叉口可分为次要道路停车让行、全部道路停车让行和环形交叉口三种形式；③信号交叉口服务水平是根据车辆在信号交叉口受阻情况确定的。一般情况下采用控制延误作为服务水平分级标准。

表 8-5　　信号交叉口服务水平分级

指　标	服务水平			
	一级	二级	三级	四级
控制延误/(s/veh)	＜30	30～50	50～60	＞60
饱和度 v/C	＜0.6	0.6～0.8	0.8～0.9	＞0.9
排队长度/m	＜30	30～80	80～100	＞100

第三节 平 面 交 叉

一、平面交叉设计依据与要求

1. 设计速度

公路交叉口的设计速度，要求平面交叉范围内主要公路的设计速度宜与路段设计速度相同。两相交公路的功能、等级相同或交通量相近时，平面交叉范围内直行车道的设计速度可适当降低，但不得低于路段的 70%。次要公路因交角等原因改线，或因条件受限采用较低的线形指标时，可适当降低设计速度。转弯车道的设计速度应根据路段设计速度、交通量、交叉类型、交通管理方式和用地情况等因素合理确定。

城市道路交叉口的设计速度，要求交叉口内的设计速度应按组成交叉口的各条道路设计速度的 50%～70%计算。直行车取大值，转弯车取小值。左转弯设计速度不宜大于 20km/h，右转弯不宜大于 40km/h。在交叉口视距三角形验算时，进口道直行车设计速度应与相应道路设计速度一致。

2. 公路平面交叉设计要求

平面交叉设置应满足下列条件：①平面交叉应根据相交公路的功能、技术等级、区域路网的现状和规划，以及交叉区域地形、地貌条件等合理设置；②一级、二级、三级、四级公路之间相互交叉时，平面交叉设置应满足表 8-6 的要求。

表 8-6　　公路平面交叉设置条件

被交叉公路	公路主线				
	一级公路（干线）	一级公路（集散）	二级公路（干线）	二级公路（集散）	三级、四级公路
一级公路（干线）	严格限制	—	—	—	—
一级公路（集散）	严格限制	限制	—	—	—
二级公路（干线）	严格限制	限制	限制	—	—
二级公路（集散）	严格限制	限制	限制	允许	—
三级、四级公路	严格限制	限制	限制	允许	允许

平面交叉的间距应根据公路功能、技术等级，及其对行车安全、通行能力和交通延误的影响确定。一级、二级公路的平面交叉最小间距应符合表 8-7 的要求。一级、二级公路作为干线公路时，应优先保证干线公路的畅通，采取排除纵、横向干扰的措施，平面交叉应保持足够大的间距，必要时可设置立体交叉。一级、二级公路作为集散公路时，应合理设置平面交叉，通过支路合并等措施，减少平面交叉的数量。

表 8-7　　平面交叉最小间距

公路等级功能	一级公路			二级公路	
	干线公路		集散公路	干线公路	集散公路
间距/m	一般值 2000	最小值 1000	500	500	300

公路平面交叉交角及岔数的确定，包括以下四方面内容：

(1) 平面交叉的交角宜为直角。斜交时，其锐角应不小于 70°，受地形条件或其他特殊情况限制时，应大于 45°。

(2) 平面交叉岔数不应多于四条；岔数多于四条时应采用环形交叉。

(3) 环形交叉的岔数不宜多于五条，有条件实行“入口让路”规则管理时，应采用“入口让路”环形交叉。

(4) 新建公路不应直接与已建的四岔或四岔以上的平面交叉相连接。

关于公路平面交叉平、纵线形的确定，应该注意平面交叉范围内两相交公路应正交或接近正交，平面线形宜为直线或大半径圆曲线，不宜采用需设超高的圆曲线。新建公路与等级较低的既有公路交角小于 70°时，应对次要公路在交叉前后一定范围实施局部改线。平面交叉范围内，两相交公路的纵面宜平缓。纵面线形应满足停车视距的要求。主要公路在交叉范围内的纵坡应在0.15%～3%的范围内；次要公路紧接交叉的引道部分应以0.5%～2%的上坡通往交叉。主要公路在交叉范围内的圆曲线设置超高时，次要公路的纵坡应服从主要公路的横坡。

3. 城市道路平面交叉设计要求

各类交叉口最小间距应能满足转向车辆变换车道所需最短长度、满足红灯期车辆最大排队长度，以及满足进出口道总长度的要求，且不宜小于150m。

城市道路平面交叉交角及岔数的确定，应保证新建平面交叉口不得出现超过4岔的多路交叉口、错位交叉口、畸形交叉口以及交角小于70°（特殊困难时为45°）的斜交交叉口。

城市道路平面交叉平、纵线形的确定，主要包括以下内容：

（1）平面交叉口范围内道路中线宜采用直线；当需采用曲线时，其曲线半径不宜小于不设超高的最小圆曲线半径。

（2）当平面交叉口为非机动车专用路交叉口时，路缘石转弯半径可取5～10m。

（3）平面交叉进口道的纵坡度，宜小于或等于2.5%，困难情况下不宜大于3%。

（4）山区城市等特殊情况，在保证行车安全的条件下，可适当增加。

城市道路进口道长度由展宽段和展宽渐变段长度组成。无交通量资料时，展宽段最小长度不应小于：支路30～40m，次干路50～70m，主干路70～90m，与支路相交取下限，与主干路相交取上限。对于进口道车道宽度，一条进口道的宽度宜为3.25m，困难情况下最小宽度可取3m；当改建交叉口用地受限时，一条进口道的最小宽度可取2.8m。转角导流交通岛右侧右转专用车道应按设计速度及转弯半径大小设置车道加宽。

城市道路出口道长度由出口道展宽段和展宽渐变段长度组成。展宽段最小长度不应小于30～60m，交通量大的主干路取上限，其他取下限；渐变段最小长度不应小于20m。出口道每条车道宽度不应小于路段车道，宽度宜为3.5m；条件受限的改建交叉口出口道每条车道宽度不宜小于3.25m。

二、平面交叉口的交通管理方式

1. 平面交叉口的交通特征分析

进出交叉口的车辆，因行驶方向不同，车辆与车辆之间的交错方式也不相同，可能产生交错点的性质各异。

（1）分流点。同一行驶方向的车辆向不同方向分离行驶的地点。

（2）合流点。不同行驶方向的车辆以较小的角度向同一方向汇合行驶的地点。

（3）冲突点。不同行驶方向的车辆以较大的角度相互交叉的地点。

三类交错点是影响交叉口行车速度、通行能力和发生交通事故的主要原因。冲突点影响最大，其次是合流点，再次是分流点。在交叉口设计时，应尽量采取措施减少冲突点和合流点，尤其要减少或消灭冲突点。

2. 平面交叉口交错点数量

（1）在无交通管制的交叉口，都存在各种交错点。其数量随相交道路条数的增加而显著增加，增加最快的是冲突点。当相交道路均为双车道时，各交错点的数量可用下式计算

$$分流点=合流点=n(n-2)$$

$$冲突点=\frac{n^2(n-1)(n-2)}{6} \quad (8-4)$$

式中　n——交叉口相交道路的条数。

因此，在规划和设计交叉口时，应力求减少相交道路的条数，尽量避免五条或五条以上道路相交。

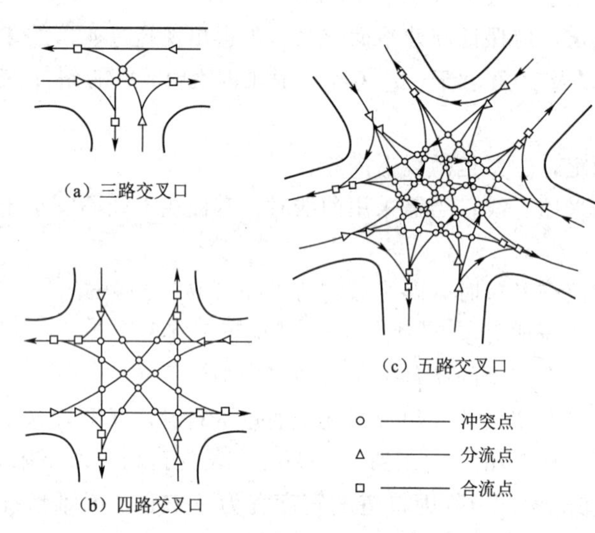

图 8-4　平面交叉交错点

(2) 产生冲突点最多的是左转弯车辆。四路交叉口若没有左转车流，如图 8-4 所示，则冲突点可由 16 个减至 4 个，而五路交叉口则从 50 个减到 5 个。因此，在交叉口设计中如何正确地处理和组织左转弯车辆，是保证交通口交通通畅和安全的关键。

3. 交通管理方式

平面交叉根据相交道路的功能、等级、交通量等可分别采用无优先交叉、主路优先交叉和信号控制交叉三种不同的交通管理方式。

(1) 无优先交叉。无优先交叉是在相交道路交通流量都很小时，各方向车流在交叉口处寻找间隙通过，不设任何管理措施的交叉口。

(2) 主路优先交叉。主路优先交叉也称停、让控制交叉，是指对没有实施信号控制的主、次道路相交交叉口，主路车辆可优先通行，次路车辆必须停车让行或减速让行的控制方式。

(3) 信号控制交叉。信号控制交叉是采用交通信号控制灯方式，对平面交叉路口的交通流实施动态控制和调节的交叉口。

三、交叉口的交通组织设计

1. 机动车交通组织方法

首选是设置专用车道，即设置专用车道分道行驶互不干扰多种组合的车道划分（根据行车道宽度和左、直、右行车辆的交通量大小)，如图 8-5 所示。

左转弯车辆交通组织方法可采用以下几种形式：

(1) 设置专用左转车道：①紧靠中线划出一条车道；②向中线左侧适当扩宽（原有行车道宽度不够）设置专用左转车道后左转车辆须在左转车道上等待开放或寻机通过，而不影响直行交通。

(2) 实行交通管制：①信号灯控制；②交警手势指挥；③在规定时间内不准左转或允许左转。

(3) 变左转为右转：①环形交通：使冲突车流变为分流与合流，如图 8-6 (a) 所

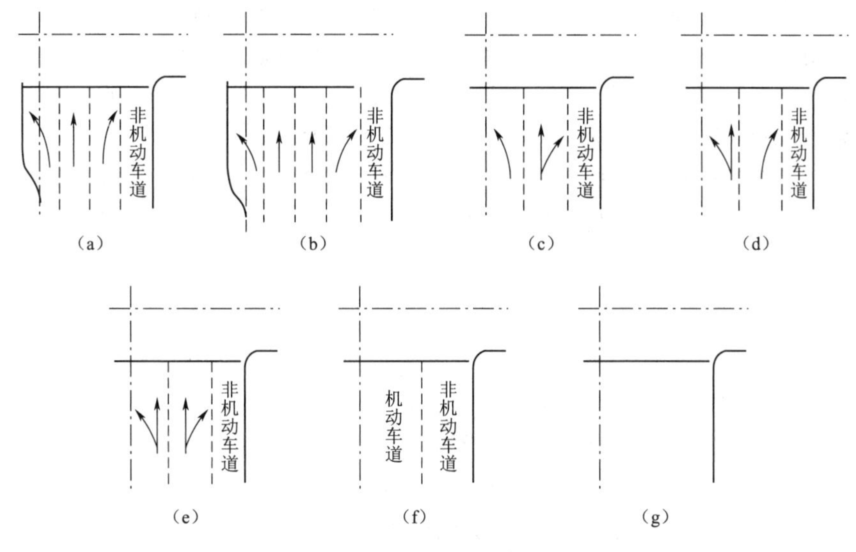

图 8－5　交叉口车道划分

示；②街坊绕行：使左转车辆环绕邻近街坊道路右转行驶实现左转，如图 8－6（b）所示；③远引绕行：利用中间带开口绕行左转，如图 8－6（c）所示。

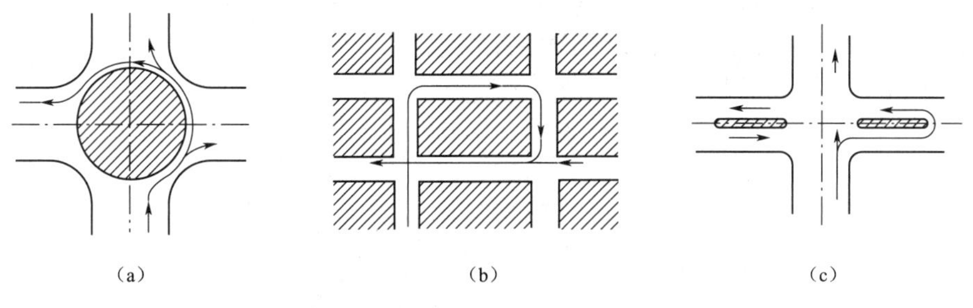

图 8－6　车辆交通组织

其次是组织渠化交通，即在交叉口设置交通标志、标线和交通岛等，引导车流和行人各行其道的措施。按构造划分，渠化交通的类型分为实体岛、安全岛和隐形岛。

2. 行人及非机动车交通组织

合理组织行人和非机动车交通，是消除交叉口交通阻塞，保障交通安全的有效方法。

行人交通组织的要求包括：

（1）交叉路口设置人行横道，且交叉口范围的人行道和人行横道相互连接；人行横道一般可布置在交叉口人行道的延续方向后退 3～4m 的地方；当转角半径较大时，可将人行横道设在圆弧段内。

（2）当人行横道长大于 16m 时，应在人行横道中央设置宽度不小于 2m 的安全岛。

（3）人行横道应垂直于道路设置，如道路斜交时，人行横道可与相交道路平行。

（4）人、车流量大且车速较高时，可设人行天桥或人行地道。

（5）停车线应布置在人行横道线后至少 1m 处，并与人行横道平行。

对于非机动车交通组织，在平面交叉口非机动车与机动车对通行时空资源的争夺，大幅增加了机动车在绿灯期间所遇到的冲突点数。城市道路交叉口设计中，非机动车在交叉口的设置原则有 4 点：①通常要设在机动车道与人行道之间；②一般车流量下，机、非不设分离设施；③车流量较大时，可采用分隔带（或墩）将机、非分离行驶；④车流量很大时，可考虑采用立体非机动车交通组织，并与人行天桥或地道合并设置。

人行天桥或地道的形式包括：行人宜用梯道型升降方式；非机动车应采用坡道升降方式；非机动车较多，因地形或其他条件限制不能设坡道时，可用梯道带坡道的混合型升降方式。

四、交叉口的视距与转弯设计

1. 交叉口的视距

首先应该明确“视距三角形”的概念。由相交道路上的停车视距所构成的三角形称为视距三角形。在其范围内不能有任何阻挡驾驶员视线的障碍物（尤其注意绿化和高秆农作物），如图 8－7 所示。视距三角形的绘制方法与步骤如下：

（1）确定停车视距，可用表 8－8 中引道视距及相应的凸形竖曲线最小半径中选用。

（2）找出行车最危险冲突点：对十字形交叉口，最危险的冲突点为最靠右侧第一条直行机动车道的轴线与相交道路最靠中心线的第一条直行车道的轴线所构成的交叉点；对 T 形（或 Y 形）交叉口，最危险的冲突点为直行道路最靠右侧第一条直行车道的轴线与相交道路最靠中心线的一条左转车道的轴线所构成的交叉点。

（3）从最危险的冲突点向后沿行车轨迹线各量取停车视距。

（4）连接末端构成视距三角形。

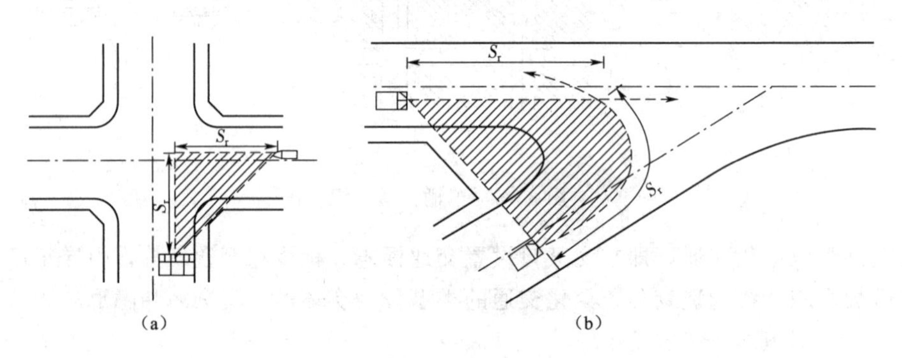

图 8－7　视距三角形

表 8－8　引　道　视　距

设计速度/(km/h)	100	80	60	40	30	20
停车视距/m	160	110	75	40	30	20
安全交叉停车视距/m	250	175	115	70	55	35

特殊地，受条件限制而不能保证两岔路间由停车视距所组成的通视三角区时，应保证主要公路上为安全交叉停车视距，次要道路上至主要公路边车道中心线为 5～7m 所组成的三角区保持通视，如图 8－8 所示。

对信号交叉口，各进口道的车辆受信号控制，速度慢且直接冲突少，信号交叉口的视距，只要满足任一条车道路口停车线前第一辆车的驾驶员看到相邻路口第一辆车即可，如图 8-9 所示。

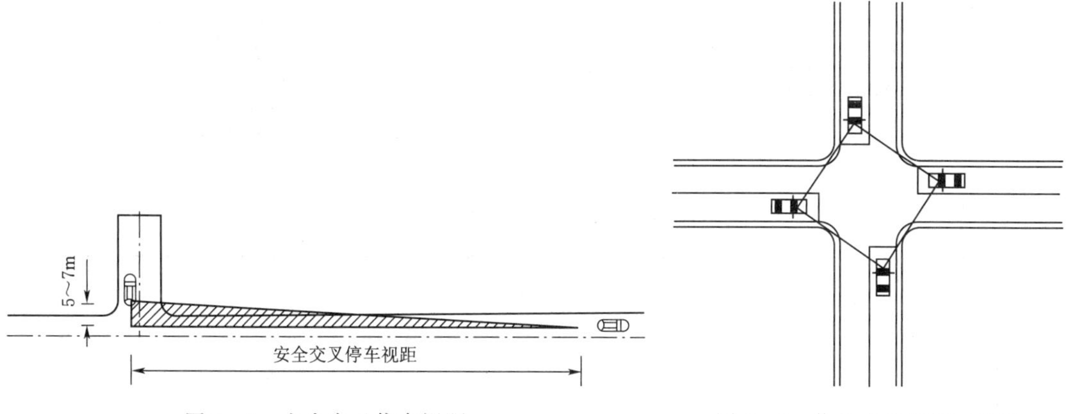

图 8-8　安全交叉停车视距

图 8-9　信号交叉通视三角区

平面交叉口视距三角形内，不得有任何高出路面 1.2m 的妨碍驾驶员视线的障碍物。交叉口视距三角形要求的停车视距应符合相关规定，见表 8-9。

表 8-9　交叉口视距三角形停车视距

交叉口直行设计速度/(km/h)	60	50	45	40	35	30	25	20	15	10
安全交叉停车视距/m	75	60	50	40	35	30	25	20	15	10

2. 识别距离

所谓识别距离，是指为保证车辆安全顺利通过交叉口，应使驾驶员在交叉口之前的一定距离能识别交叉口的存在及交通信号和交通标志等的距离。

(1) 无信号控制的交叉口。一般为次要交叉口，采用各相交道路的停车视距。

(2) 有信号控制的交叉口。驾驶员能看清交通信号和显示内容，能有足够时间制动减速直至停车，但这种制动停车并非紧急制动，识别距离可用下式计算

$$S_a = \frac{v}{3.6}t + \frac{v^2}{26a} \tag{8-5}$$

式中　S_a——交叉口的识别距离，m；

v——路段设计速度，km/h；

a——减速度，m/s^2，取 $a=2m/s^2$；

t——识别时间，s，包括驾驶员的反应时间和制动生效时间，可取 10s。

(3) 停车标志控制的交叉口。对停车标志控制的交叉口，一般为主要道路与次要道路交叉，主次关系明确，且对标志的识别要比对信号容易，可采用式 (8-5) 及识别时间为 2s 计算。

信号控制及停车标志控制交叉口的识别距离见表 8-10，在此范围内不应有任何障碍物。

表 8-10　　交叉口的识别距离

计算行车速度/(km/h)	识别距离/m						计算行车速度(km/h)	识别距离/m					
	信号控制交叉口				停车标志控制交叉口			信号控制交叉口				停车标志控制交叉口	
	公路		城市道路		计算值	采用值		公路		城市道路		计算值	采用值
	计算值	采用值	计算值	采用值				计算值	采用值	计算值	采用值		
80	348	350	—	—	—	—	30	102	100	68	70	35	35
60	237	240	171	170	104	105	20	64	60	42	40	19	20
40	143	104	99	100	54	55							

3. 交叉口的转弯设计

为了保证各种右转车辆能以一定速度顺利转弯，交叉口转角处的缘石或行车道路面边缘应做成圆曲线或多圆心复曲线，如图 8-10 所示。

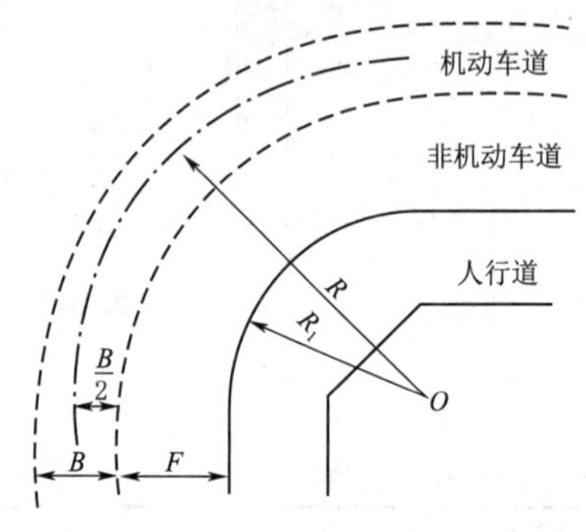

图 8-10　转弯半径计算图示

在未考虑机动车道加宽的情况下，右转车道中心线半径 R 与路缘石转弯半径 R_1 的关系为

$$R_1=R-\left(\frac{B}{2}+F\right) \tag{8-6}$$

其中

$$R=\frac{V_1^2}{127(\mu \pm i_h)} \tag{8-7}$$

式中　B——机动车道宽度，m，一般采用 3.5m；

F——非机动车道宽度，m；

V_1——右转弯设计速度，km/h，可取路段设计机动车道速度 V 的 0.5～0.7 倍；

μ——横向力系数，取值为 0.15～0.20；

i_h——交叉口路面横坡度，一般采用 2%。

注：①R_1 必须大于汽车的极限转弯半径；②考虑铰接车，R_1 应加大；③对于单进口道，R_1 应加大；④R_1 可采用经验值。

城市道路单、双幅路交叉口的路缘石转弯半径见表 8-11。三、四幅路交叉口的路缘石转弯半径应满足非机动车行车要求。有非机动车道时，路缘石转弯半径宜大于 5m，在实际使用中，可以适当调整。

表 8-11　　路缘石转弯半径

车辆右转弯设计速度/(km/h)	30	25	20	15
无非机动车道的路缘石转弯半径/m	25	20	15	10

注　有非机动车道时，推荐转弯半径可减去非机动车道及机非分隔带的宽度。

载重汽车在各种转弯速度情况下，路面内缘的圆曲线最小半径应根据转弯速度确定，见表 8-12。

表 8-12　　路面内缘的圆曲线最小半径

速度/(km/h)	≤15	20	25	30	40	50	60	70
最小半径/m	15	20（15）	20（15）	30	45	60	75	90
最小超高/%	2	2	2	2	3	4	5	6
最大超高/%	一般值：6；绝对值：8							

五、交叉口的扩宽设计

当相交道路的交通量较大、转弯车辆较多而车速又高时，若交叉口进口道仍然采用路段上的车道数，会导致转弯车辆和直行车辆受阻，分流与合流困难，且易发生交通事故。可向进口道的一侧或两侧拓宽车道，以改善交叉口的通行条件，提高交叉口的通行能力。

拓宽的车道数主要取决于进口道的各向交通量、交通组织方式和车道的通行能力等。一般应比路段单向车道数多增加一至两条车道。拓宽车道种类：右转车道和左转车道两种。

1. 转弯车道的设置条件

右转车道的设置条件：公路平面交叉口，两条一级公路相交或一级公路与交通量大的二级公路相交时，应对所有右转弯运行设置渠化分隔的右转弯车道。一级、二级公路的平面交叉中，符合下列情况之一时应设置右转弯车道：①斜交角接近于 70°的锐角象限；②交通量较大，右转弯交通会引起不合理的交通延误；③右转弯车流中大型车比例较大；④右转弯行驶速度大于 30km/h；⑤互通式立交连接线中的平面交叉右转弯交通量较大。

城市道路平面交叉口采用高峰小时内信号周期平均到达车辆数来判断是否需要设置。

左转车道的设置条件：对于公路平面交叉口，四车道公路除左转交通量很小且对直行交通不造成阻碍或延误者外，均应在平面交叉范围内设置左转弯车道。二级公路符合下列情况之一时，应设置左转弯车道：①与高速公路或一级公路互通式立交连接线相交的平面交叉；②非机动车较多且未设置慢车道的平面交叉；③左转弯交通会引起交通阻塞或交通事故。

左转弯等候段长度应不小于 30m，当左转弯交通量很小时，可不考虑等候长度。

对于城市道路平面交叉口，采用高峰小时内信号周期平均到达车辆数。当采用渠化及信号相位方案时，应当用信号配时时段的高峰小时内高峰 15min 的到达车辆数。高峰 15min 内每信号周期左转车平均流量达 2 辆时，宜设左转专用车道。当每信号周期左转车平均流量达 10 辆，或需要的左转专用车道达 90m，宜设 2 条左转专用车道。左转交通量特别大，且进口道上游路段车道数为 4 条或 4 条以上时，可设 3 条左转专用车道。

2. 转弯车道的设置方法

对于城市道路，右转车道设置方法为：展宽进口道，新增右转专用车道，如图 8-11（a）所示；在原直行车道中分出右转专用车道。

左转车道设置方法为：展宽进口道，新增左转专用车道；压缩较宽的中央分隔带，新辟左转专用车道（压缩后的中央分隔带宽度对新建交叉口至少应为 2m，对改建交叉口至少应为 1.5m，其端部宜为半圆形），如图 8-11（b）所示；道路中线偏移，新增左转专用车道；在原直行车道中分出左转专用车道。

3. 拓宽车道的长度

（1）车道变宽的右转车道的长度。车道变宽的右转车道由渠化的右转弯车道和两端的变速车道组成，如图 8-12 所示，图中参数见表 8-13。

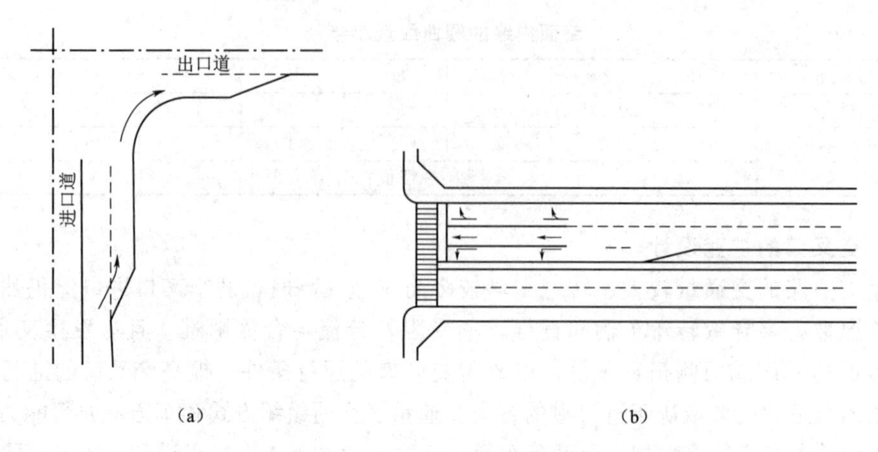

图 8-11 城市道路转弯车道设置

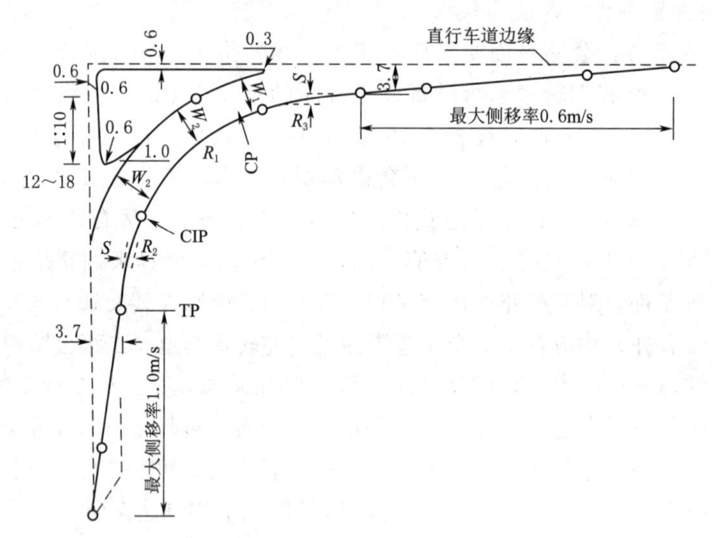

(a) 正规的处理

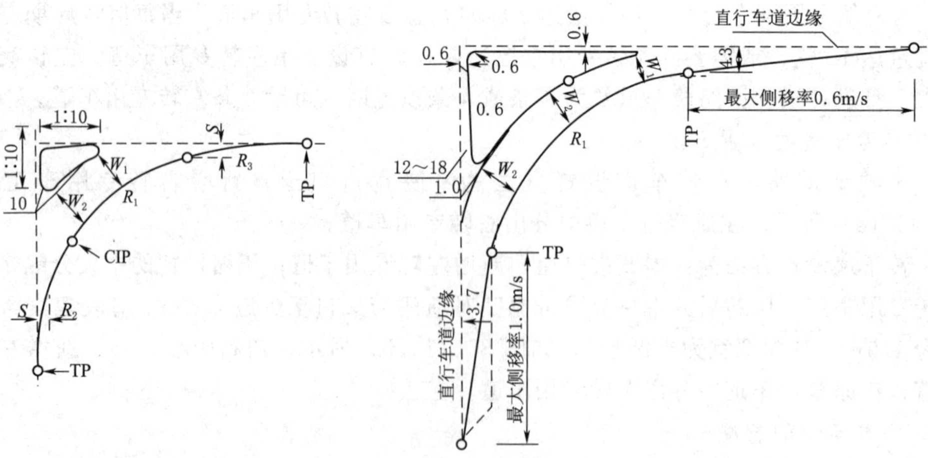

(b) 不考虑绕越停着的车辆时的处理

(c) 转弯半径较大时（大于45m）的简化处理

图 8-12 车道变宽的右转车道设置（单位：m）

表 8-13　　右转车道参数

R_1	12	14	16	18～22	22～24	30	45	90～135	150
W_1	6.4	6.1	6.1	5.5	5.2	5.2	4.9	4.6	4.6
W_2	7.7	7.7	7.4	7.1	6.8	6.4	6.1	5.8	5.8
S	1.5	1.5	1.5	1.2	1.2	1.2	0.9	0.9	0.9
R_2	$1.5R_1$						$2R_1$		
R_3	$3R_1$						$2R_1$		

注　W_1 为单车道宽度，为能绕越停放车辆的单车道宽度。

（2）车道等宽的右转车道的长度。交叉口的进口道设置了右转车道后，为不影响横向相交道路上的直行车流，在横向相交道路的出口道应设加速车道；进口道处右转车道的长度应能满足右转车辆减速所需长度，也应保证右转车不受等候车队长度的影响；出口道的加速车道应保证加速所需长度。

1）渐变段长度为

$$l_d = \frac{v_a}{3.6J}B \tag{8-8}$$

式中　v_a——路段平均行驶速度，km/h；

B——右转车道宽度，m；

J——车辆行驶时变换车道的侧移率，m/s，一般取 $J=1.0$m/s。

2）减速所需长度和加速所需长度为

$$l_b(l_a) = \frac{v_a^2 - v_R^2}{26a} \tag{8-9}$$

式中　v_a——减速时进口道或加速时出口道处路段平均行驶速度，km/h；

v_R——减速后的末速度或加速前的初速度，km/h；

a——减速度或加速度，m/s^2。

进口道的 l_b 和出口道的 l_a 可采用表 8-14 所列变速车道长度数值。变速车道是指平面交叉在需要加速合流和减速分流处，为适应加、减速而设置的附加车道。

表 8-14　　变速车道长度

类别	设计速度/(km/h)	减速所需长度 l_b/m ($a=-2.5$m/s^2)			加速所需长度 l_a/m ($a=1.0$m/s^2)		
		到停车	到 20km/h	到 40km/h	从停车	从 20km/h	从 40km/h
主要道路	100	100	95	70	250	230	190
	80	60	50	32	140	120	80
	60	40	30	20	100	80	40
	40	20	10	—	40	20	—
次要道路	80	45	40	25	90	80	50
	60	30	20	10	65	55	25
	40	15	10	—	15	15	—
	30	10	—	—	10	—	—

3）等候车队长度为

$$l_s = nl_n \tag{8-10}$$

式中 l_n——直行等候车辆所占长度，m，一般取6～12m，小型车取低值，大型车取高值，车型比例不明确时，一般可取9m；

n——高峰15min内每信号周期的右转车的排队车辆数。

n可按下式计算：

$$n = \frac{\dfrac{\text{每条车道直行通行能力} \times (1 - \text{右转车比例})}{\text{每小时周期数}}}{\text{该向红灯占周期长的比例}} \tag{8-11}$$

4）右转车道长度应能使右转车辆从直行车道最长的等候车队的尾车后驶入拓宽的车道，即

$$l_r = l_d + \max(l_b, l_s) \tag{8-12}$$

式中 l_r——右转车道长度，m；

l_d——渐变段长度，m；

max（l_b，l_s）——减速度所需长度l_b和等候车队长度l_s中取大值。

5）出口道加速车道长度为

$$l_p = l_d + l_a \tag{8-13}$$

式中 l_p——出口道加速车道长度，m；

l_a——加速所需长度，m；

l_d——渐变段长度，m。

城市道路出口道扩宽段最小长度不应小于30～60m，交通量大的主干路取上限，其他可取下限；当设置公交停靠站时，应再加上站台长度。

变速车道的长度应根据相交公路类别、设计速度和变速条件等确定。等宽式变速车道长为变速车道长度与渐变段长之和。非等宽式变速车道长为按偏移率计算的渐变段长。

（3）左转车道长度。左转车道长度有渐变段长度、减速所需长度或等候车队长度。

1）在有信号控制的交叉口，其中排队车辆数n的计算式为

$$n = \frac{\text{一条车道的通行能力} \times \text{车道数} \times \text{左转车比例}}{\text{每小时周期数}} \tag{8-14}$$

2）在无信号控制的交叉口，等候车队长度按平均每分钟左转弯车辆数的2倍取用，且不应小于30m。

$$l_s = 2nl_n \tag{8-15}$$

六、环形交叉口设计

环形交叉口根据中心岛的大小和交通组织原则的不同，可分成两种形式：①普通环形交叉口，具有单向环形车道，其中包括交织路段，中心岛直径大于25m；②入口让路环形交叉口，具有单向环形车道，中心岛直径为5～25m。

1. 中心岛设计

中心岛的形状一般多用圆形，有时也用圆角方形和菱形；主次道路相交时宜采用椭圆

形；交角不等的畸形交叉可采用复合曲线形，如图8－13所示。结合地形、地物和交角等，也可采用其他规则或不规则几何形状的中心岛。

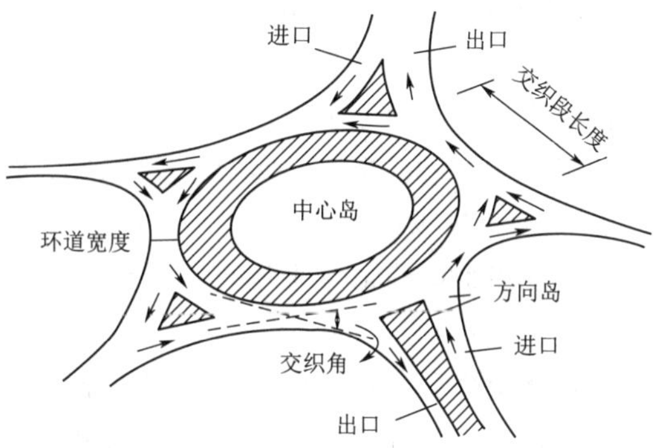

图8－13　中心岛

首先应满足设计速度的要求，然后按相交道路的条数和宽度，验算相邻道口之间的距离是否符合车辆交织行驶的要求。

（1）按设计速度的要求

$$R=\frac{v^2}{127(\mu\pm i_b)}-\frac{b}{2} \quad (8-16)$$

式中　R——中心岛半径，m；

b——紧靠中心岛的车道宽度，m；

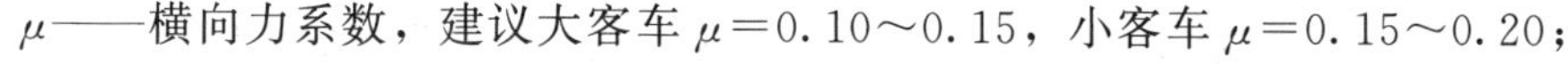

μ——横向力系数，建议大客车 $\mu=0.10\sim0.15$，小客车 $\mu=0.15\sim0.20$；

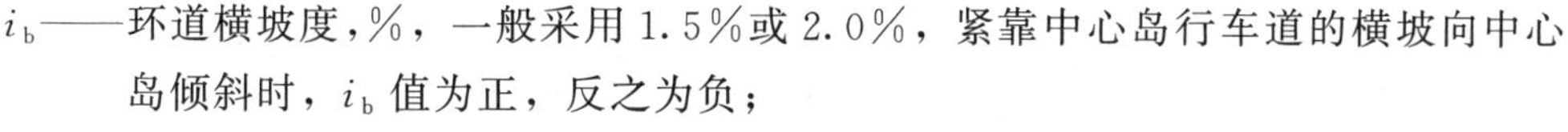

i_b——环道横坡度，%，一般采用1.5%或2.0%，紧靠中心岛行车道的横坡向中心岛倾斜时，i_b 值为正，反之为负；

v——环道设计速度，km/h；对于公共汽车，其环道设计速度取路段设计速度的0.5倍；对于载货汽车，其环道设计速度取路段设计速度的0.6倍；对于小客车，其环道设计速度取路段设计速度的0.65倍。

（2）按交织段长度的要求。所谓交织，就是指两条车流汇合交换位置后又分离的过程。交织长度是指进环和出环的两类车辆，在环道行驶时相互交织，交换一次车道位置所行驶的距离。交织段长度就是当相邻路口之间有足够的距离，使进环和出环的车辆在环道上均可在合适的机会相互交织连续行驶，该段距离称为交织段长度。交织长度的大小主要取决于车辆在环道上的行驶速度。其位置大致可取相邻道路机动车道外侧边缘延长线与环道中心线交叉点之间的弧长。

满足两条道路交角间的交织段长度对应的中心岛半径可由式（8－17）计算

$$R=\frac{360l_g}{2\pi\bar{\omega}} \quad (8-17)$$

式中　$\bar{\omega}$——相邻两条相交道路间的夹角，rad；

l_g——最小交织长度，m。

2. 环道的宽度与交织角

环道即环绕中心岛的单向行车带，其宽度取决于相交道路的交通量和交通组织。环道车道数宜为3、4条。对于机动车道宽度，如果采用三条机动车道，每条车道宽3.50～3.75m，并按前述曲线加宽中单车道部分的加宽值，当中心岛半径为20～40m时，则环逆机动车道的宽度一般为15～16m。对非机动车交通可与机动车混行或分行布置，为保证交通安全，减少相互干扰，一般以分行为宜，可用分隔带（或墩）或标线等分隔。非机动车道宽度应视具体情况而定，一般不小于相交道路中的最大非机动车行车道宽度，也不宜超过6m。

交织角是进环车辆轨迹与出环车辆轨迹的平均相交角度。它以距右转机动车道的外缘

1.5m 和中心岛边缘 1.5m 的两条切线交角来表示，如图 8－14 所示。

交织角的大小取决于环道的宽度和交织段长度。环道宽度越窄，交织段长度越大，则交织角越小，行车越安全。但交织段越长，中心岛半径增大，占地增加。根据经验，交织角以控制在 20°～30°为宜。通常在交织段长度已有保证的条件下，交织角多能满足要求。

3. 环道外缘线形

环道外缘平面线形宜采用直线圆角形或三心复曲线形状。决定环道进、出口的曲线半径应注意：

（1）环道进、出口的曲线半径取决于环道的设计速度。为使进环车辆的车速与环道车速相适应，应对进环车辆的车速加以限制。

（2）环道进口曲线半径采用接近或小于中心岛的半径，而且各相交道路的进口曲线半径不要相差太大。

（3）环道出口的曲线半径可比进口曲线半径大一些，以便车辆加速驶出环道。

横断面的形状取决于路脊线的选择。环道横断面的路脊线设在交织车道的中间，若机动车与非机动车之间设有分隔带，其路脊线也可设在分隔带上。环道路脊线通过设于进、出口之间的三角形方向岛或直接与交汇道路的路脊线相连，如图 8－15 所示。应在中心岛的周围设置雨水口，以保证环道内不产生积水，进、出环道处的横坡度宜缓一些。

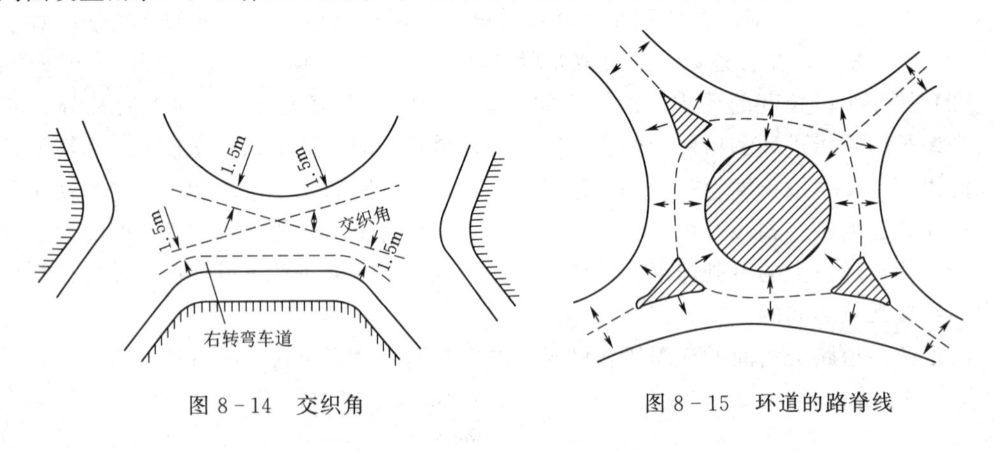

图 8－14　交织角　　　　图 8－15　环道的路脊线

第四节　立　体　交　叉

一、立交选型

1. 立交设置的部位

互通式公路立交通常设置于以下地点：高速公路与一级公路的交会处；高速公路、一级公路与通往县级以上城市、重要经济或政治中心的主要公路的交叉点；高速公路、一级公路与连接重要工矿区、港口、机场、车站及游览胜地等关键交通节点的主要公路的相交处；当两条具有干线功能的一级公路相交时；若平面交叉口的通行能力不足以满足需求或交通事故频发时；当地形或场地条件适宜，且设置互通式立交的综合效益优于平面交叉时。

对于城市道路立交，在高速公路与城市各级道路相交时，必须设置立交。快速路与快速路、主干路、次干路、支路相交，必须采用立交。进入主干路与主干路交叉口的现有交通量超过 4000～6000pcu/h，相交道路为四条车道以上且对平面交叉口采取改善措施、调整交通组织均难收效时，可设置立交，并妥善解决设置立交后对邻近平面交叉口的影响。两条主干路交叉或主干路与其他道路交叉，当地形适宜修建立交，经技术经济比较确实合理时，可设置立交。道路跨河或者跨铁路时，可利用桥边孔修建道路与道路的立交。

2. 立交选型的一般要求

立交选型应该考虑车道数和车道平衡原则、一致性原则、立交形式多样统一原则以及环境协调原则。互通式立交形式的选择，应根据道路、交通条件，结合自然、环境条件综合考虑而定。首先，立交的形式取决于相交道路性质、使用任务和远景交通量等。选定的立交形式须与立交所在地的自然条件和环境条件相适应。形式选择要全面考虑近远期结合，既要考虑近期交通要求，减少投资费用，又要考虑远期交通发展需要改建提高的可能。形式选择必须考虑是否收费问题及实行的收费制。形式选择应从实际出发，有利于施工、养护和排水，尽量采用新技术、新工艺、新结构，以提高质量、缩短工期、降低成本。形式选择和匝道布置要全面安排，分清主次。形式选择应与定位相结合。在城市道路上，立体交叉的结构形式应简单，占地面积应少。

根据车道平衡原则，分、合流处应按车道数平衡公式（8－18）进行计算，以检验车道数是否平衡，高速公路互通式立交的匝道车道数 $N_E>1$ 时，出入口应增设辅助车道。

$$N_C \geqslant N_F + N_E - 1 \tag{8-18}$$

式中 N_C——分流前或合流后的正线条数，条；

N_F——分流后或合流前的正线车道数，条；

N_E——匝道车道数，条。

交通条件受交通量及交通组成、交通发展预估、交通网现状及规划、设计通行能力影响。自然条件受地形状况、地质资料、水文资料、气候资料影响。道路条件受相交道路性质、任务等级、相交道路计算行车速度、近远期结合方面的要求、确定收费体系、投资额及可提供的用地范围、主管部门和设计部门的意见影响。环境条件受用地规划、土地利用现状、建筑设施现状、文物古迹保护区影响，如图 8－16 所示。

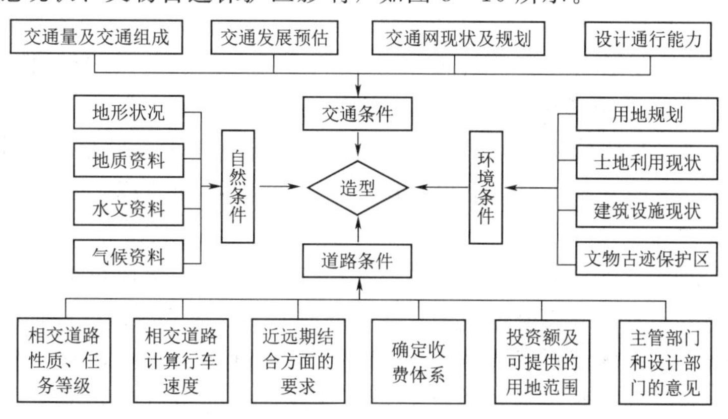

图 8－16 影响立交形式选择的因素

二、立交设计

（一）立交主线设计

立交区主线的纵坡应尽可能平缓，要考虑行车安全，标准规定立交区主线的最大纵坡值均比一般公路小，见表 8－15。

表 8－15　　减速车道下坡路段和加速车道上坡路段的主线最大纵坡

主线设计速度/(km/h)		120	100	80	60
最大坡度/%	一般值	2.0	2.0	3.0	4.5 (4.0)
	最大值	2.0	3.0	4.0 (3.5)	5.0 (4.5)

注　当互通式立体交叉位于主线连续长大下坡路段底部时，减速车道下坡路段取表中括号内的值。

主线分流鼻端之前应保证判断出口所需的识别视距，见表 8－16。条件受限制时，识别视距应大于 1.25 倍的主线停车视距。

表 8－16　　识　别　视　距

设计速度/(km/h)	120	100	80	60
识别视距/m	350 (460)	290 (380)	230 (300)	170 (240)

（二）立交匝道设计

互通式立体交叉的匝道，若按横断面车道的类型可划分为以下四种：

(1) 单向单车道匝道（Ⅰ型横断面）：如图 8－17 (a) 所示，这是一种常用的匝道形式。无论右转匝道或左转匝道，当转弯交通量比较小而未超过单车道匝道的设计通行能力时都可用。

(2) 单向双车道匝道（Ⅱ型横断面）（简称简双匝道）：如图 8－17 (b) 所示，匝道出入口之间的路段采用双车道，但出入口采用单车道。双车道之间可以采用划线分隔，右侧不设置紧急停车带。主要适用于转弯交通量未超过单车道匝道的设计通行能力，且考虑超车需要的情况。

(3) 单向双车道匝道（Ⅲ型横断面）（简称标双匝道）：如图 8－17 (c) 所示，匝道（包括出入口）采用双车道。双车道之间可划线分隔，右侧设置紧急停车带。主要适用于转弯交通量超过单车道匝道的设计通行能力，且考虑超车和紧急停车需要的情况。

(4) 对向双车道匝道（Ⅳ型横断面）：对向行车道之间一般采用中央分隔带隔离，如图 8－17 (d) 所示，适用于转弯交通量满足设计通行能力要求且用地允许的情况。如用地较紧张，也可采用划线分隔，但只适用于转弯交通量小于单车道匝道设计通行能力的情况。根据双向交通量的分布情况，也可采用双向三车道或双向四车道匝道。

1. 左转弯匝道

第一种方式是直连式，又称定向式（图 8－18），适用于交通量大小相当的两条多车道公路呈三岔交叉。因匝道要跨过两条主线，故应尤为考虑其匝道纵断面问题、变速车道问题、安全问题。左转弯匝道具有以下特点：匝道长度最为短捷，营运费用低，自然顺当，跨线构造物多。右转弯匝道基本都采用直连式，因此本节只介绍左转弯匝道的其他形式。

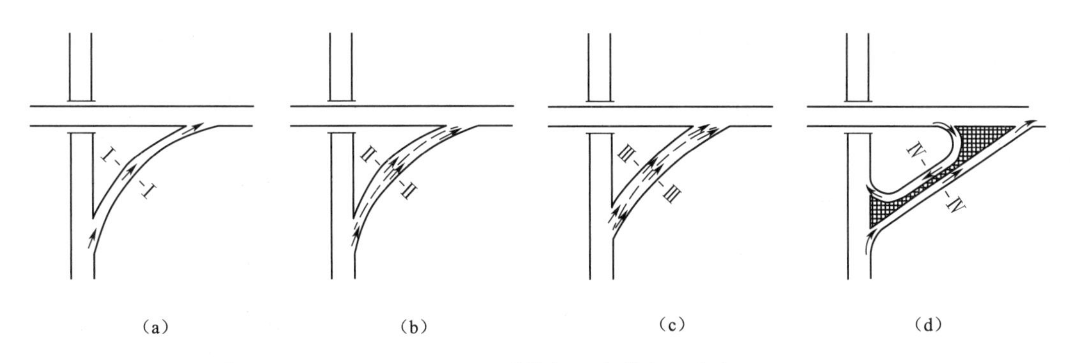

图 8－17　按匝道横断面车道类型分类

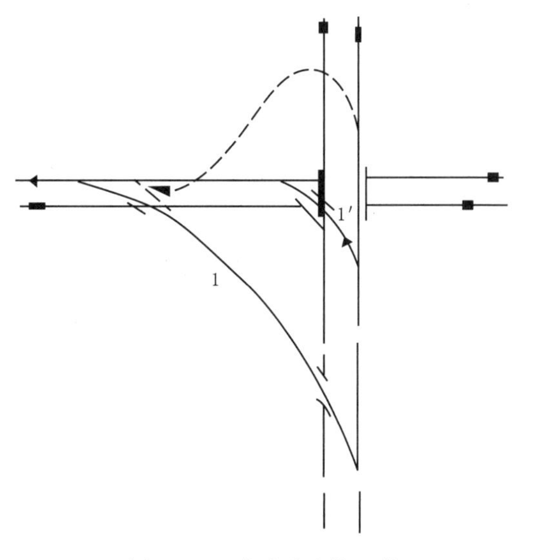

图 8－18　直连式左转匝道

第二种方式是半直连式，按车辆由相交道路的进出方式又可分为三种基本形式：

(1) 左出右进式。如图 8－19 (a) 所示，左转车辆从行车道左侧直接驶出后左转弯，到相交道路时由行车道右侧驶入。

(2) 右出左进式。如图 8－19 (b) 所示，左转车辆从行车道右侧右转弯驶出，在匝道上左转弯，到相交道路后直接由行车道左侧驶入。

(3) 右出右进式。如图 8－19 (c) 所示，左转车辆都是由行车道右侧右转弯驶出和驶入，在匝道上左转改变方向。

第三种方式是间接式，主要是环形左转匝道，如图 8－20 所示，左转车辆驶过正线跨线构造物后向右回转约 270°达到左转的目的，在相交道路的右侧驶入。环形左转匝道的特点是右出右进，行车安全，匝道上不需设跨线构造物，造价最低；匝道线形指标差，适应车速低，通行能力较小，占地面积大，左转绕行距离长。有时间也可以采用迂回式匝道，本节暂时不涉及这部分内容。

2. 三岔交叉左转弯匝道

三岔交叉左转弯出口匝道形式可以分为以下三种：

(1) 主次分明的两条多车道公路呈三岔交叉，且左转弯交通量在合流交通量中为主交通流时，宜采用右出左进半直连式，如图 8－21 (a) 所示。

(2) 转弯交通量在合流交通量中为次交通流时，宜采用右出右进半直连式，如图 8－21 (b) 所示。

(3) 当被交叉公路为双车道公路，或被交叉公路交通量较小时，可采用右出左进半直连式或环形。

三岔交叉左转弯入口匝道形式也可以分成如下三种：

(1) 主次分明的两条多车道公路呈三岔交叉，且左转弯交通量在分流交通量中为主交

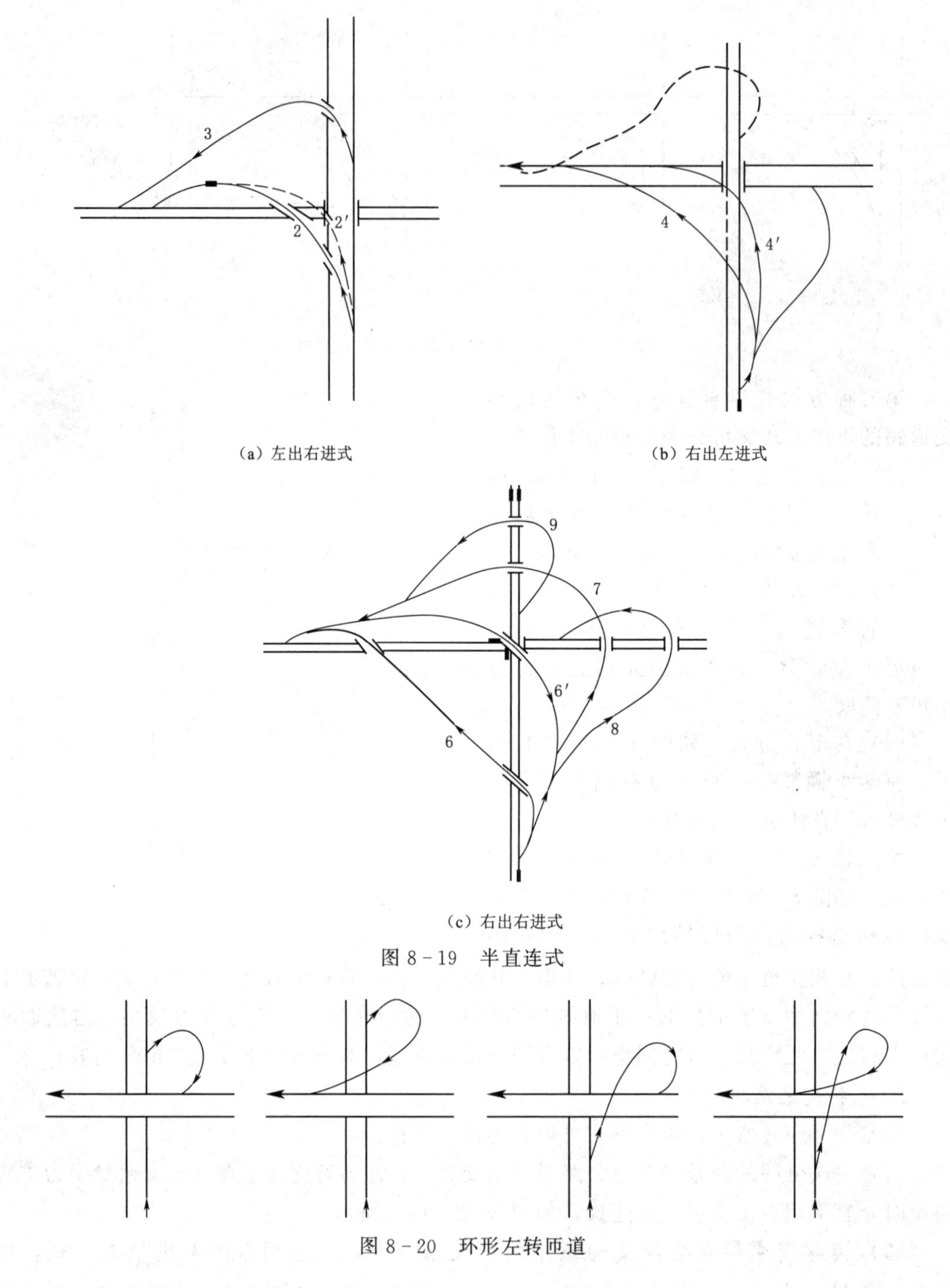

(a) 左出右进式　(b) 右出左进式

(c) 右出右进式

图 8-19　半直连式

图 8-20　环形左转匝道

通流时，宜采用左出右进半直连式，如图 8-22（a）所示。

（2）左转弯交通量在分流交通量中为次交通流时，宜采用右出右进半直连式，如图 8-22（b）所示。

（3）当被交叉公路为双车道公路，或被交叉公路交通量较小时，可来用左出右进半直连式或环形。

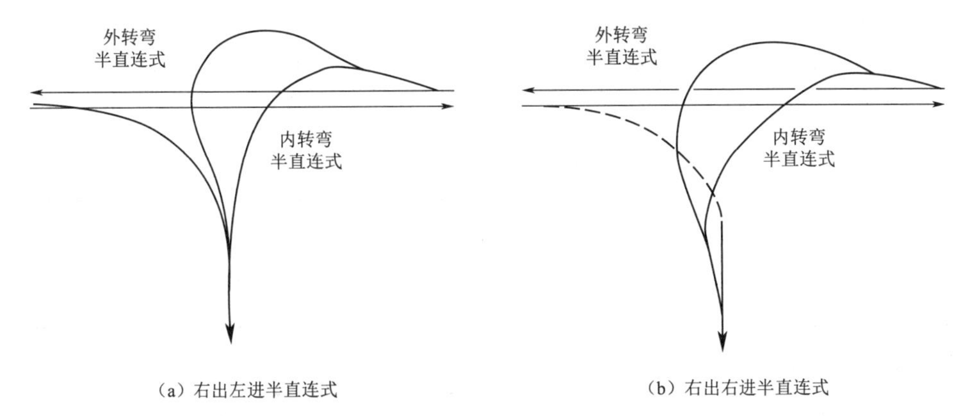

图 8-21 三岔交叉左转弯出口匝道形式

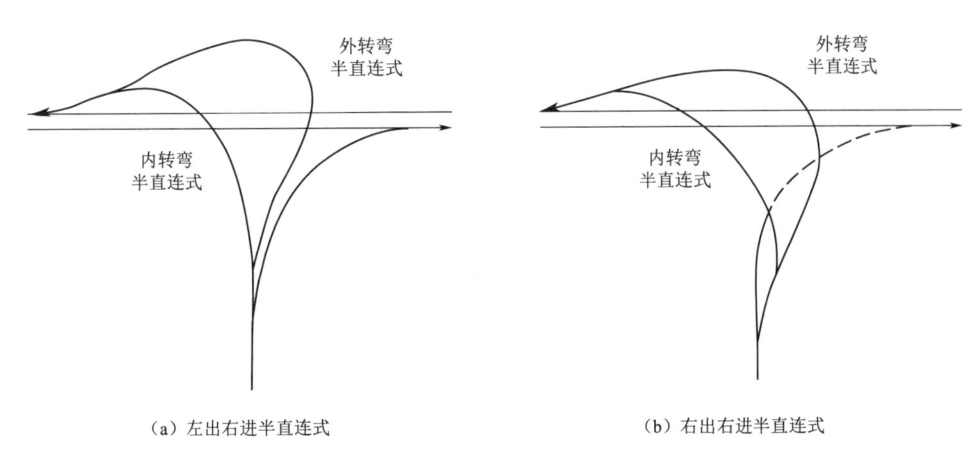

图 8-22 三岔交叉左转弯入口匝道形式

3. 匝道设计速度

关于匝道的设计速度，一般认为设计速度不宜过小，可以为主线的 50%～70%，30～40km/h 为宜，见表 8-17。按匝道的不同形式选用，同一座立体交叉每条匝道的计算行车速度应当不同，原则上应根据匝道的形式选用。右转匝道宜采用上限或中间值；定向式左转匝道宜采用上限或接近上限值；半定向式宜采用中间值或接近中间值；环圈式宜采用下限值。适应出、入口行驶状态需要驶出匝通分流端的计算行车速度不能小于主线计算车速的 50%～60%；驶入匝道与加速车道连接处的计算行车速度应保证车辆驶至加速车道末端的速度能达到主线的 70%。考虑匝道的交通组织，双向无分隔带的匝道应取同一设计速度，双向独立的匝道根据交通量的不同可分别选用。在设有收费口，或次要道路上的入口处有红绿灯控制的匝道，设计速度 35km/h 左右，并注意交通组织。

表 8-17　　匝 道 设 计 速 度

匝道类型		直连式	半直连式	环形匝道
匝道设计速度/(km/h)	枢纽互通式立体交叉	80、70、60、50	80、70、60、50、40	40
	一般互通式立体交叉	60、50、40	60，50、40	40，35、30

4. 匝道平面线形标准

公路立交匝道圆曲线最小半径可以参照表 8－18 进行取值。公路匝道回旋线的参数取值可以参照表 8－19。

表 8－18　　匝道圆曲线最小半径

匝道设计速度/(km/h)		80	70	60	50	40	35	30
圆曲线最小半径/m	一般值	280	210	150	100	60	40	30
	极限值	230	175	120	80	50	35	25

表 8－19　　匝道回旋线的最小参数及长度

匝道设计速度/(km/h)	80	70	60	50	40	35	30
回旋线最小参数/m	140	100	70	50	35	30	20
回旋线最小长度/m	70	60	50	50	35	30	25

5. 匝道纵坡及竖曲线要求

匝道的最大纵坡规定见表 8－20。表中数据因地形困难或用地紧张时可增大 1%，非冰冻积雪地区在特殊困难情况下可增知 2%。匝道竖曲线的最小半径及最小长度的要求见表 8－21。

表 8－20　　匝道最大纵坡

匝道设计速度/(km/h)			80、70	60、50	40、35、30
最大纵坡/%	出口匝道	上坡	3	4	5
		下坡	3	3	4
	入口匝道	上坡	3	3	4
		下坡	3	4	5

表 8－21　　匝道竖曲线的最小半径及长度

匝道设计速度/(km/h)			80	70	60	50	40	35	30
竖曲线最小半径/m	凸形	一般值	4500	3500	2000	1600	900	700	500
		极限值	3000	2000	1400	800	450	350	250
	凹形	一般值	3000	2000	1500	1400	900	700	400
		极限值	2000	1500	1000	700	450	350	300
竖曲线最小长度/m	一般值		100	90	70	60	40	35	30
	最小值		75	60	50	40	35	30	25

6. 匝道横断面

横断面各部分尺寸应分别进行考虑，并且应按要求设置必要的加宽。车道宽度参考设计速度确定，车道宽 3.5m 或 3.75m。路肩宽度不考虑停车时，左右路肩同宽，可取 1.0m（包括路缘带宽 0.5m）；设供紧急停车用的硬路肩时，右侧硬路肩宜取 3m，条件受限可取 1.5m，但为双向分隔式双车道宜取 2m，单向双车道匝道左侧硬路肩宽度可取 0.75m。路肩宽度，土路肩宽度为 0.75m，条件受限制，不设路侧护栏时可采用 0.5m。

中央带宽度仅在双向双车道匝道设置，中央带包括分隔带和两侧路缘带，总宽度1.5～2m为宜，不应小于1m。城市立交设计中，考虑非机动车通行时，非机动车道每侧另加2.5～3.5m，当自行车流量较大时，应按计算确定。分行时，自行车专用道一般在4m以上，人行道一般为3m左右。

三、立交一致性设计

1. 出口形式

高速公路宜采用相对一致的出口形式，如图8-23（a）所示。有条件时，分流端部宜统一设置于交叉点之前，并宜采用单一的出口方式。不一致的出口形式如图8-23（b）所示。

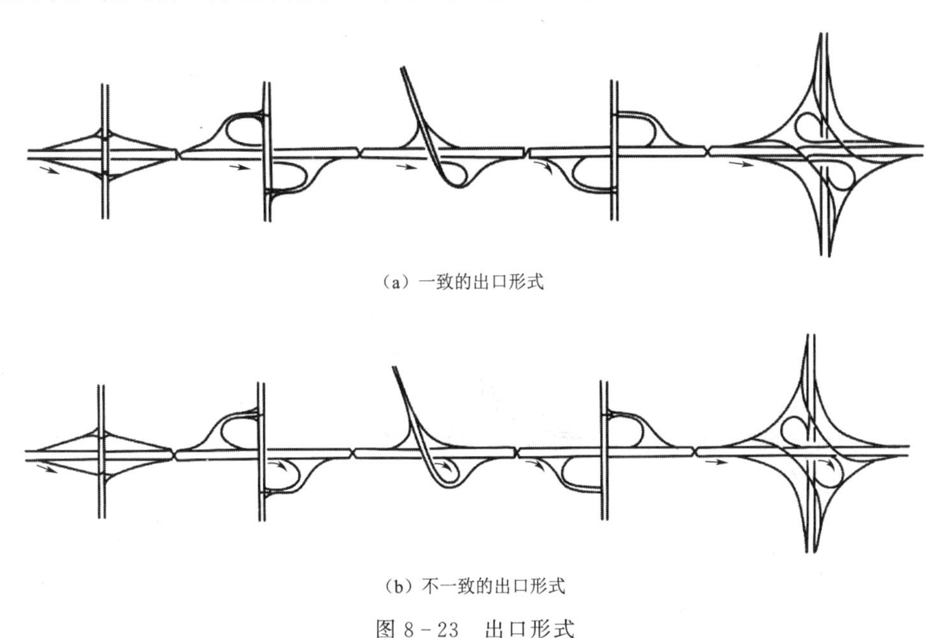

（a）一致的出口形式

（b）不一致的出口形式

图8-23　出口形式

2. 分流方向

当分流交通量主次分明时，次交通流应采用一致的分流方向，如图8-24（a）所示。次交通流宜统一于主交通流的右侧分流，不应采用左、右侧交替分流的方式。不一致的分流方向如图8-24（b）所示。

3. 立交车道连续

（1）交通流方向。互通式立体交叉应保证主交通流方向基本车道的连续性。当直行交通为主交通流时，应保持原有的交叉形态。当主交通流在交叉象限内转弯，且其交通流线为同一高速公路的延续时，该转弯交通流线宜按主线设计，原直行交通流线宜按匝道设计，如图8-25所示。

（2）共用路段的车道分布。当两条高速公路形成错位交叉的互通式立体交叉时，共用路段的车道布置应符合下列规定：

1）当共用路段长度大于3km时，共用路段可按整体式横断面设计。共用路段的基本车道数应根据该路段的设计小时交通量确定，且相对于相邻路段所增加的基本车道数不应超过一条，如图8-26所示。

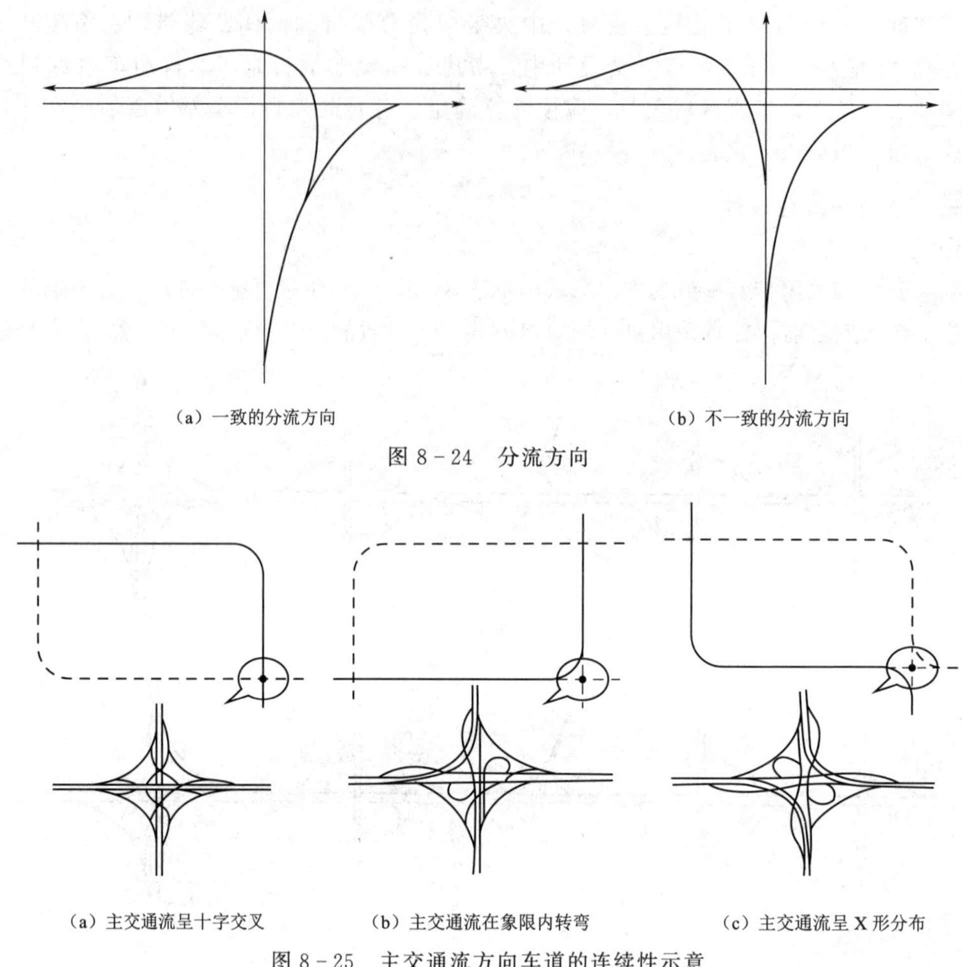

（a）一致的分流方向　　（b）不一致的分流方向

图 8－24　分流方向

（a）主交通流呈十字交叉　　（b）主交通流在象限内转弯　　（c）主交通流呈 X 形分布

图 8－25　主交通流方向车道的连续性示意

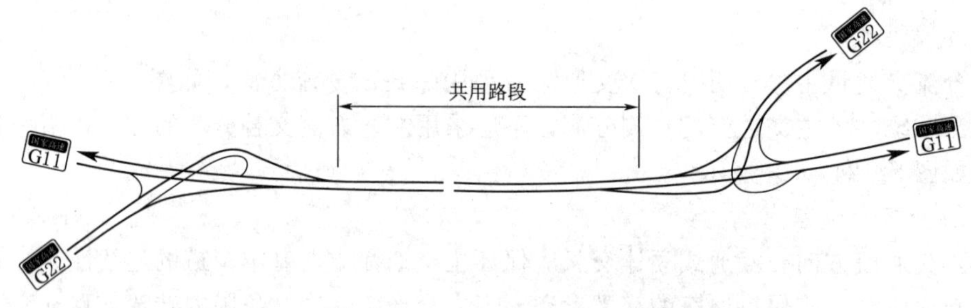

图 8－26　路段长度大于 3km 时共用路段的车道分布

2）当共用路段长度小于或等于 3km，或共用路段需增加的基本车道数超过一条时，两条高速公路的直行车道应分开布置，并应保持各自直行车道的连续性。

四、立交连接部设计

1. 变速车道的形式及适用条件

（1）平行式。在正线外侧平行增设一条附加车道，其特点是车道划分明确，行车容易辨认，但车辆行驶轨迹呈反向曲线，对行车不利。平行式变速车道连接部应设渐变段与正线连接，如图 8-27 所示。

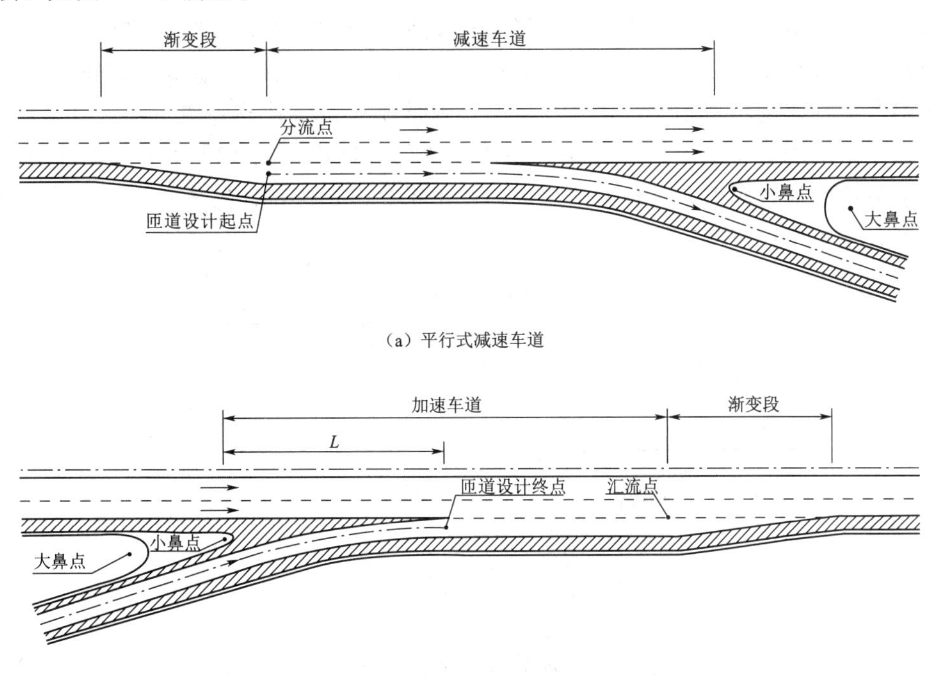

（a）平行式减速车道

（b）平行式加速车道

图 8-27 平行式变速车道

（2）直接式。不设平行路段，由正线斜向渐变加宽，形成一条与匝道连接的附加车道。其特点是线形平顺并与行车轨迹吻合，对行车有利，但变速车道起点不易识别，如图 8-28 所示。若起点不易识别，则可以采用不同颜色的路面或地面划线予以区分提醒驾驶员进出口位置。

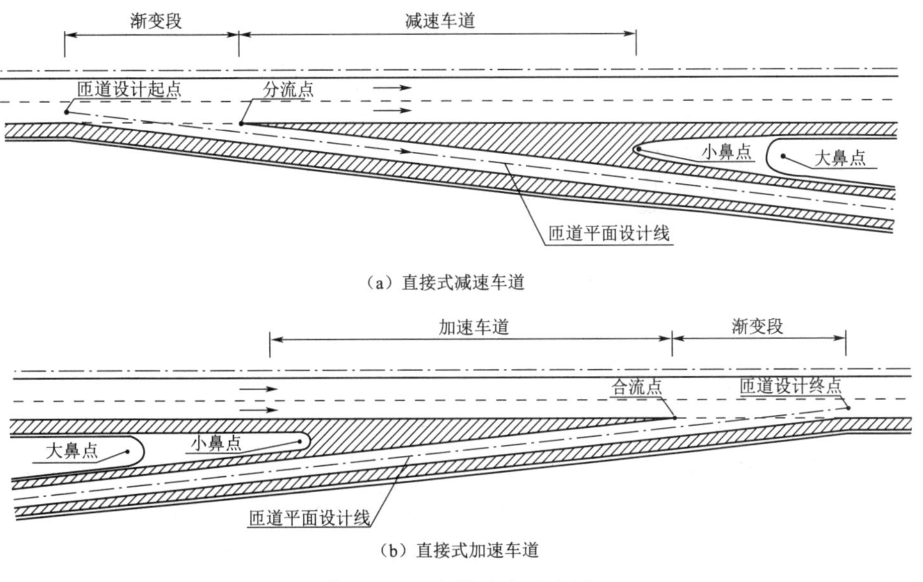

（a）直接式减速车道

（b）直接式加速车道

图 8-28 直接式变速车道

2. 变速车道长度计算

(1) 变速车道长度调整。当变速车道位于纵坡大于2%的路段时，应增长变速车道。当减速车道纵坡小于2%但紧接主线纵坡大于4%的下坡路段时，应增长减速车道。当匝道基本路段设计速度小于40km/h时，减速车道最小长度宜按高一级主线设计速度取值。当双车道匝道采用单车道加速车道时，加速车道的长度应增加10～20m。下坡段的减速车道和上坡段的加速车道，其长度按规定的修正系数进行修正，见表8-22，同时符合下列情况者宜增长变速车道：

表8-22　　坡道上变速车道长度的修正系数

主线平均坡度/%	$i \leqslant 2$	$2 < i \leqslant 3$	$3 < i \leqslant 4$	$i > 4$
下坡减速车道修正系数	1.00	1.10	1.20	1.30
上坡加速车道修正系数	1.00	1.20	1.30	1.40

1) 主线设计速度小于100km/h，且匝道的线性指标又不高时，宜采用高一个速度档次的变速车道长度。

2) 主线匝道预测交通量接近通行能力，或载重车和大型客车比例较高时，宜增长变速车道。

(2) 变速车道横断面的布置。变速车道的车道宽度宜采用匝道车道宽度；变速车道与主线直行车道之间宜设置路缘带，宽度可采用0.5m。右侧硬路肩宽度宜采用主线与匝道硬路肩中较宽者的宽度，条件受限时，右侧硬路肩宽度可适当减窄，但不应小于1.5m。

位于主线曲线路段的变速车道设置，应该注意两个方面：第一，在曲线内侧设置平行式变速车道时，其与匝道圆曲线之间可采用卵形或复合型回旋线相连，如图8-29所示；第二，在曲线外侧设置平行式变速车道时，其与匝道圆曲线之间宜采用S形回旋线相连，当主线圆曲线半径大于2000m，且设置S形回旋线困难时，可采用基本型回旋线，如图8-30所示。

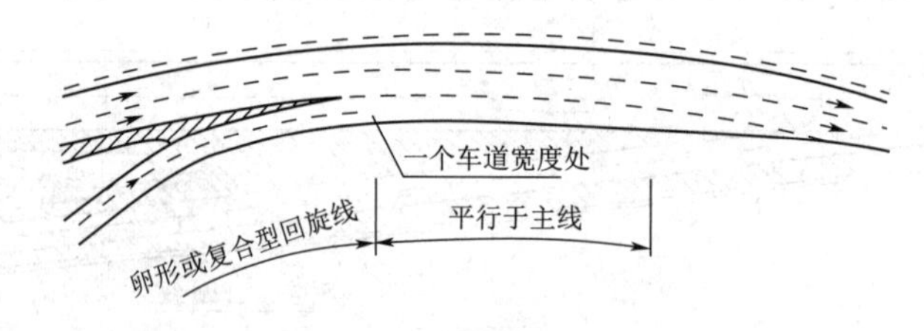

图8-29　曲线内侧平行式

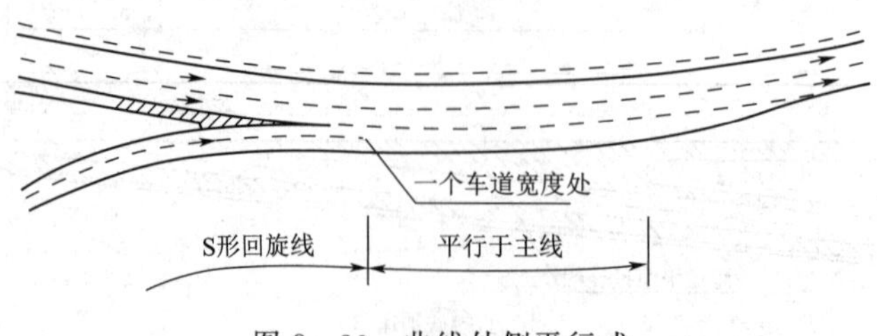

图8-30　曲线外侧平行式

(3) 位于主线曲线路段的变速车道设置。在曲线内侧设置直接式变速车道时，变速车道宜采用与主线相同或曲率相近的曲线，然后采用卵形或复合型回旋线与匝道圆曲线相连，如图 8－31 所示。在曲线外侧设置直接式变速车道时，变速车道宜采用与主线相同或曲率相近的曲线，然后采用 S 形回旋线与匝道圆曲线相连，当主线圆曲线半径大于 2000m，且设置 S 形回旋线困难时，可采用基本型回旋线，如图 8－32 所示。

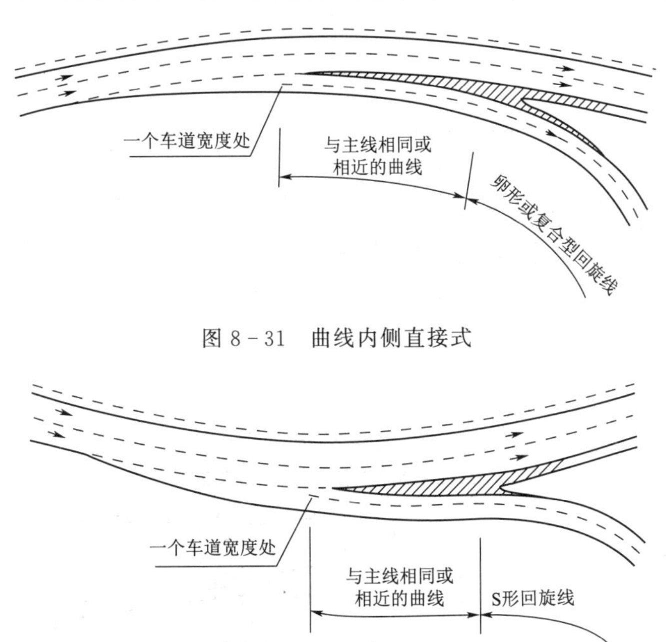

图 8－31　曲线内侧直接式

图 8－32　曲线外侧直接式

(4) 匝道出入口端部设计。对于流入匝道的端部，流入角要尽量小，与主线最好有一定长度的能够相互通视的平行部分，并清除主线、匝道分别距楔形端 100m 和 60m 范围内的一切障碍物，如图 8－33 所示。流入部分最好不设在上坡段。三角区须铺砌，除标出匝道两边的车道线外，三角区的构造和颜色应与行车道路面不同。流入楔形端一般不必设置缩进间距。对于流出匝道的端部，必须设置缩进间距，并考虑减速车道的形状和形式。流出端部易发生车辆碰撞，故须缩进、后退，并设置防撞安全设施，流出端应有足够的视距，并容易识别。

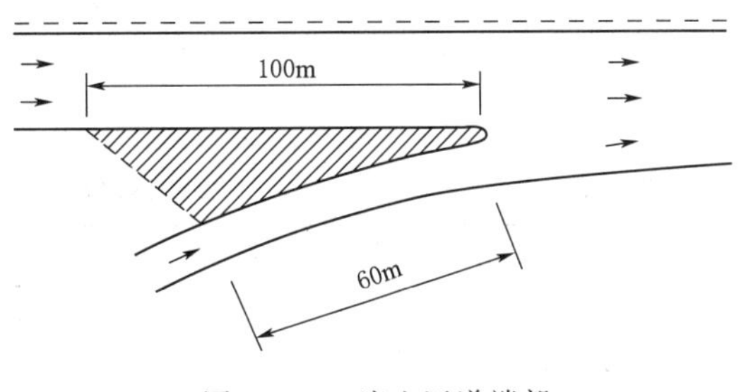

图 8－33　流入匝道端部

(5) 端部设计。主线与匝道分流鼻处，为给误行车辆提供返回的余地，行车道边缘应设置偏置加宽，用圆弧连接主线和匝道的路面边缘，如图 8－34 所示。偏置加宽值和分流鼻端圆弧半径见表 8－23，分流鼻处的加宽路面收敛到正常路面的偏置过渡段长度，应不小于依据表 8－24 渐变率计算的值。保证车辆出入顺适、安全，线形与主线协调一致；出入口应视认方便；正线与匝道间应能相互通视。

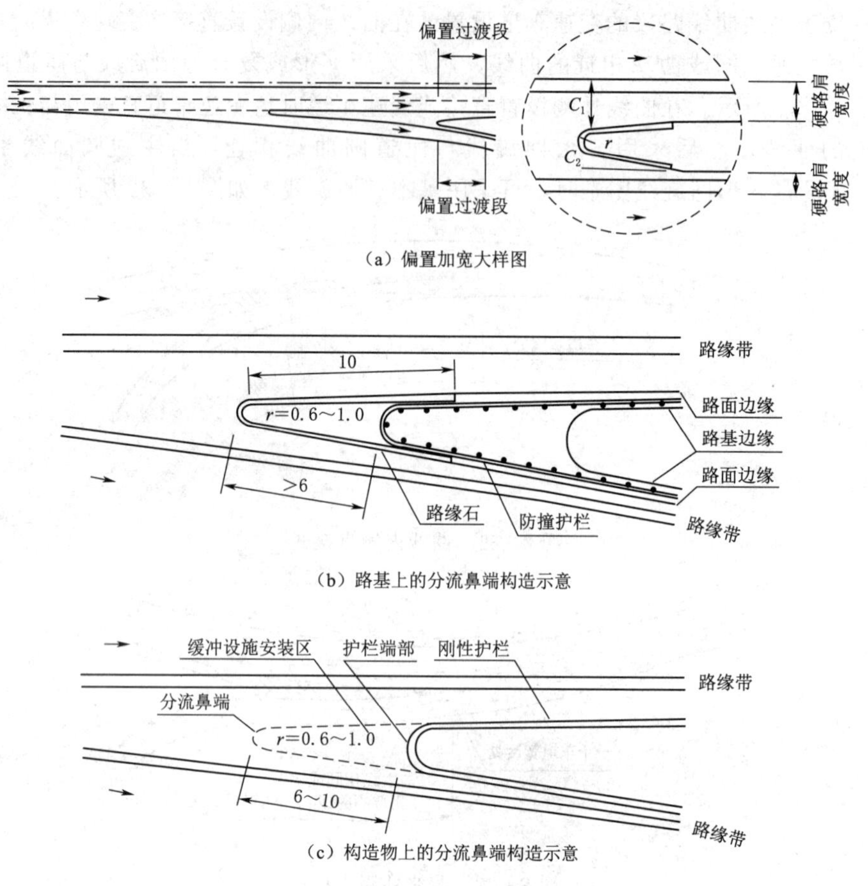

（a）偏置加宽大样图

（b）路基上的分流鼻端构造示意

（c）构造物上的分流鼻端构造示意

图 8-34　分流鼻处的偏置加宽

C_1—主线路面偏置值；C_2—匝道路面偏置值；r—分流鼻端半径

具体的设置要求包括：主线出、入口应设在主线行车道的右侧；出口设置在跨线桥等构造物前，当设置在其后时，应与构造物保持 150m 以上的距离为宜；出口最好位于上坡坡段；入口设在主线下坡坡段，并能保证通视区域；在分流鼻两侧，在行车道边缘设置偏置加宽。

表 8-23　　分流鼻偏置值与鼻端半径

分流方式	主线偏置值 C_1/m	匝道偏置值 C_2/m	连接部半径 r/m
驶离主线	2.5～3.5	0.6～1.0	0.6～1.0
主线分岔	≥1.8		0.6～1.0

表 8-24　　分流鼻端偏置加宽渐变率

设计速度/(km/h)	120	100	80	60	≤40
渐变率	1/12	1/11	1/10	1/8	1/7

在主线与匝道分流处，分流处楔形端的布置应在行车道边缘设置偏置加宽。主线一侧（右）硬路肩或其加宽后的偏置值宽 C_1 宜为 2.5～3.5m。高速公路上各种相邻出口或

入口之间、匝道上相邻出口或入口之间、主线上的出口至前方相邻入口之间的距离应不小于一定的限值，见表 8－25。

表 8－25　　高速公路相邻出、入口最小间距

<table>
<tr><td colspan="4">主线设计速度/(km/h)</td><td>120</td><td>100</td><td>80</td></tr>
<tr><td rowspan="6">间距/m</td><td rowspan="2">L_1</td><td colspan="2">一般值</td><td>400</td><td>350</td><td>310</td></tr>
<tr><td colspan="2">最小值</td><td>350</td><td>300</td><td>260</td></tr>
<tr><td rowspan="2">L_2</td><td rowspan="2">最小值</td><td>枢纽互通式立体交叉</td><td>240</td><td>210</td><td>190</td></tr>
<tr><td>一般互通式立体交叉</td><td>180</td><td>160</td><td>150</td></tr>
<tr><td rowspan="2">L_3</td><td colspan="2">一般值</td><td>200</td><td>150</td><td>150</td></tr>
<tr><td colspan="2">最小值</td><td>150</td><td>150</td><td>120</td></tr>
</table>

当不能保证主线出入口间的应有距离或遇转弯车流的紧迫交织干扰主线车流时，应采用与主线相分隔的集散道将出入口串联起来。通常，集散道由行车道和硬路肩组成，集散道与主线间应设分隔带。集散道宜为双车道；交通量较小时，非交织段可为单车道。右侧硬路肩的宽度宜为 2.50m；当双车道的交通量不大于或接近单车道的通行能力时，硬路肩的宽度可减至 1.0m。集散道与主线的连接应按出入口对待，并符合车道数平衡原则。单车道出入口能满足交通量的需要时，可采用单车道出入口的双车道匝道的布置形式。集散道上相继入口或出口的间距，应满足匝道出入口间距的规定；入门和后继出门之间的间距应满足交织的需要。

3. 辅助车道

辅助车道为出入主线车辆调整车速、车距、变换车道或为平衡车道等而平行设置于主线直行车道外侧的附加车道。

(1) 车道平衡原则。两条车流合流后正线上的车道数不应少于合流前交汇道路上所有车道数总和减一。正线上的车道数不应少于分流后分岔道路的所有车道数总和减一。正线上一个方向的车道数每次减少不应多于一条。

(2) 车道宽度。辅助车道的宽度应与主线车道相同，其与主线车道间可不设路缘带。辅助车道右侧硬路肩的宽度宜与主线硬路肩相同，用地或其他条件受限制时可减窄，但不得小于 1.50m。

(3) 车道长度。一般地，辅助车道长度在分流端为 1000m，最小为 600m，在合流端为 600m，见表 8－26。当相邻立交加速车道的间距小于 500m 时，必须设辅助车道将两者连接起来。当交通量很大时，也应连续设置。关于辅助车道的长度，还可以参考表 8－27 中的取值。

表 8－26　　主线侧合分流连接部的辅助车道最小长度

<table>
<tr><td colspan="2">主线设计长度/(km/h)</td><td>120</td><td>100</td><td>80</td><td>80</td></tr>
<tr><td rowspan="2">辅助车道最小长度/m</td><td>一般值</td><td>120</td><td>1100</td><td>1000</td><td>800</td></tr>
<tr><td>极限值</td><td>1000</td><td>900</td><td>800</td><td>700</td></tr>
</table>

表 8-27 **辅助车道的长度**

主线设计速度/(km/h)			120	100	80
辅助车道长度/m	入口		400	350	300
	出口	一般值	580	510	440
		最小值	300	250	200
渐变段长度/m	入口		180	160	140
	出口		90	80	70

当互通式立体交叉入口与下一个互通式立体交叉出口均设有或其中之一设有辅助车道，且入口终点至出口起点的距离小于1000m时，应将辅助车道贯通设置。交通量大、交织运行比例较高、间距不大于2000m时，且增加车道的成本不高，也宜采用贯通的辅助车道。辅助车道的宽度应与主线车道相同，其与主线车道间可不设路缘带。辅助车道右侧硬路肩的宽度宜与主线硬路肩相同，用地或其他条件受限制时可减窄，但不得小于1.50m。互通式立体交叉下道车道数应根据匝道交通量和匝道长度确定。主线与匝道或匝道与匝道的分、合流连接部，应保持车道数的平衡。

下　篇

风电场道路工程研究与实践

第九章　风电场道路设计

【本章要点】

发展以新能源为主的新型电力系统已经成为当前电力行业的重要内容和时代使命。风力发电在新能源时代的发展中占据重要地位，而风电场道路也正是建设风电设施的前期准备，也是风电设施成功实施的重要保障。国内外学者针对风电场道路的设计及建设开展了相关研究，总结得出：山地风电场道路建设的难易程度直接影响风场建设的成本。在山地风电场道路建设中虽然运输道路设计与施工费用仅占风电场投资成本的很小部分，一般约为10%，但却占到土建工程造价的50%以上，是项目成本控制十分重要的部分。另外，随着近年来风力发电项目大规模开发，对于风力发电建设十分有利的地形资源日益紧张，陆上风电场类型正向丘陵、山区等风资源较好但工程建设相对投资大幅增加的区域推进。在风电场建设期设备运输过程中，风电机组的塔筒、叶片、机舱、轮毂及变压器等均属于大件、重件，对风电道路有特殊要求，道路设计难度较大，因此对风电场道路进行系统性的研究十分重要。本章介绍了风电场道路设计的基本内容，包括平面设计、纵断面设计、横断面设计以及路基路面工程设计，最后给出两个山区风电场道路的工程案例。

第一节　概　　述

在能源短缺和环境污染日益加剧的背景下，新能源建设受到越来越多国家的重视，风能作为一种取之不竭、用之不尽的可再生能源，以其技术成熟、成本较低、建成后日常养护容易等优点，而被我国广泛应用。目前我国已建成风电场主要有山地风电场、滩涂风电场和平原风电场三种。其中平原风电场道路与同等级公路类似；位于滩涂区域的风电场由于道路容易被海水淹没，需要注意路面的防潮防浪功能方面的设计；山地风电场地形条件最为复杂，道路建设相对困难，更具代表性，本书将主要介绍山地风电场的道路设计。

一、风电场道路及其分类

风电场道路是为了满足风电场施工及运维阶段大型起吊机械的通行、风机大型部件的运输及其他施工机械与材料运输的通行要求而建造的风电场工程配套基础设施。风电场道路可以根据使用阶段、用途及交通量进行不同类别的划分。

根据使用阶段的不同，风电场工程道路可划分为施工道路与检修道路，其中施工道路是为满足风电场建造、安装阶段的运输通行要求而修建的道路工程，检修道路则主要针对风电场建成之后的运维阶段。根据用途划分，风电场道路可分为进场道路、场内道路与进站道路。进场道路是连接当地已有交通网络与风电场的道路；场内道路是连接不同风电机组的道路和连接风电机组与变电站的道路；进站道路是连接当地已有交通网络与风电场内变电站（开关站）的道路。根据交通量可划分为干线道路与支线道路，其中干线道路一般作为风电场主要运输道路，承担的运输任务较多；支线道路一般作为风电场次要运输道路，承担的运输任务较少。

二、风电场道路的特点

1. 平纵设计要求不同

与同等级公路相比，平原地区风电场道路的平曲线和纵坡要求相差不多，但山地风电场由于其地形条件的复杂性及通行车辆差别，其平曲线的要求相对较高，纵坡的要求相对较低，且风电场道路设计速度较低，一般为15km/h。这是风电场道路区别于一般公路的特点，在风电场道路线形设计时，应特别注意其设计指标与一般公路的差别和联系，本章第二节将对风电场道路线形设计指标进行详细介绍。

2. 运输对象特殊

风电场建设期设备运输过程中，风电机组的塔筒、叶片、机舱、轮毂及变压器等均属于大件、重件，其运输车辆的通过条件决定了运输道路的技术指标。目前陆上风电场的主力机型单机容量为3～5MW不等，最大的单机容量可达6MW。单个叶片长度一般介于45～75m甚至更长，最长可达90m以上。风机塔筒可分为全钢柔性塔筒、混凝土-钢混合塔筒、全混凝土塔筒，全钢柔性塔筒为多节钢制塔筒拼接组装而成，单节的塔筒长度一般介于18～30m之间，塔筒最大直径4.5～5m，甚至更宽。混凝土-钢混合塔筒是指下部用更加经济的混凝土替代钢材，上部为纯钢塔的塔筒形式。全混凝土塔筒是指全部塔筒都是用混凝土浇筑而成的塔筒。混凝土塔筒段按施工方法不同可分为预制式混塔及现浇式混塔，预制混凝土塔筒包括O形构件和C形构件，O形构件可以一次浇筑形成也可由C形构件拼装而成，如图9-1、图9-2所示。

（a）全钢柔性塔筒

（b）混凝土-钢混合塔筒

（c）全混凝土塔筒

图9-1　塔筒类型

3. 运输方式复杂

风电机组设备属于大件设备，而风电场大多位于风资源较为丰富的地区，这些地区的地形条件都非常复杂。通常风电机组设备会经过高速公路、水运或铁路运输至风电场附近，最终还是采用公路运输的方式运至风电场内。为了保证运输能顺利进行，物流公司需要完成前期的运输选线、路堪、清障等工作，采用经济、合理的运输路线。

风机部件实际多采用牵引车结合长轴距半挂车的车辆运输，为克服运输困难，近些年

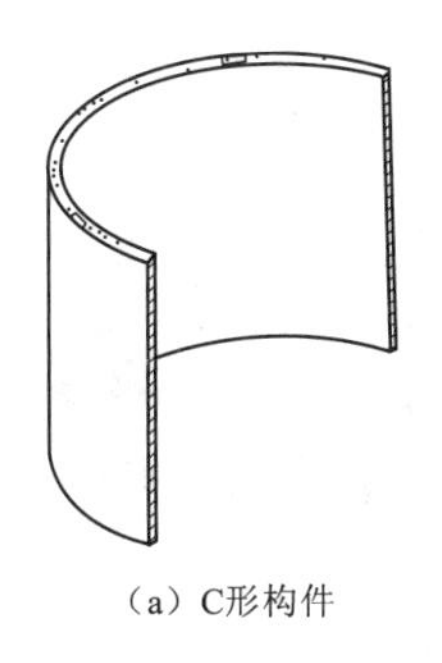
(a) C形构件

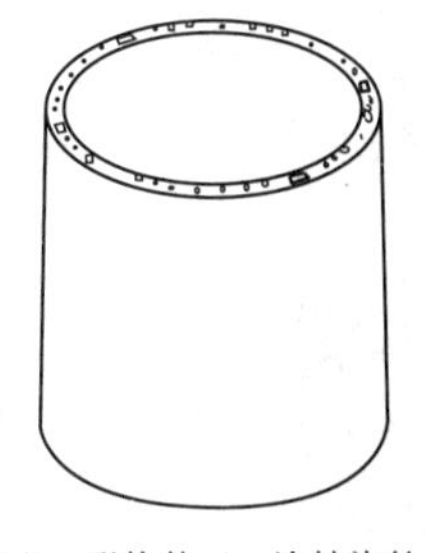
(b) O形构件(一次性浇筑)

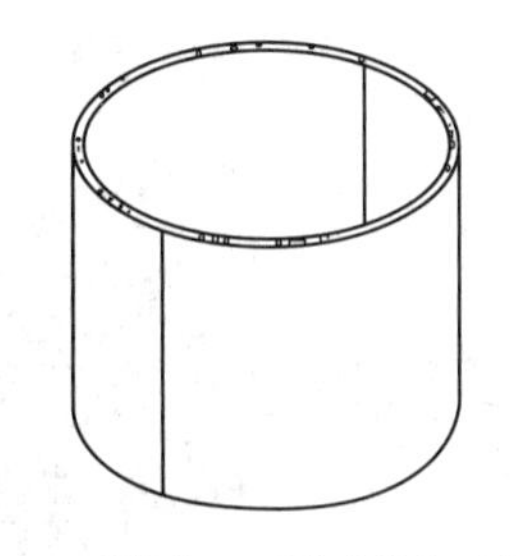
(c) O形构件(C形构件拼装而成)

图 9-2 预制混凝土塔筒

开发出叶片专用举升运输车、塔筒专用低平板运输车、伸缩抽拉半挂车、后轮转向运输车等多种专用运输车辆。运输时,车辆及大件设备对空间的要求及动力性能决定了道路设计各项主要指标的选取。

三、风电场道路设计车辆

风电场工程道路设计采用的设计车辆以社会运输车辆和特殊运输车辆相结合的车型,以适应建设期及运营期的需要。由于风电设备运输车辆种类繁多,而对设计指标取值起决定因素的主要是叶片、塔筒运输时最为困难的通过条件,故设计车辆采用常规叶片、塔筒的运输车辆(规范设计道路各项指标时采用平板车参数作为计算参数的原因)。具体工程设计时与实际运输车辆进行比较,复核相关设计。建设期主吊设备转场及拖运车辆、运营期维修设备运输车辆等外廓尺寸较特殊时复核相关设计。

需要指出的是,风电机组等大型不可解体设备的专用运输车辆,不同于普通货运车辆,不适用于《汽车、挂车及汽车列车外廓尺寸、轴荷及质量限值》(GB 1589—2016)规定的超限认定标准。

风电机组设备需要运用牵引车、平板挂车、叶片液压举升车、吊车、人力拖移等方式进行接驳、转运至目的地。不同的运输工具对道路设计的要求也是不同的,进入风电场后,最常用的运输工具是牵引车+平板挂车和叶片液压举升车。通过合理地选择运输工具,优化道路设计参数,能有效地减小风电场道路建设成本。

1. 一般常见的运输车辆

(1) 6轴凹型平台半挂车;装载机舱平板高度为0.6~0.8m,车板总长16.5~17.5m;常用的牵引车头品牌为陕汽德龙、斯太尔、联合重卡等,6×4驱动,牵引功率420~480马力。

(2) 低板半挂平板车:挂车车板长13.5~17.5m,车板高1.1~1.2m,车板宽3m;轮毂运输通常采用375~430马力的牵引车头,常用的牵引车头品牌为陕汽德龙、斯太尔、联合重卡等。

(3) 叶片长途运输专用车:平台长26~42m,车板高1.2m,牵引车375~420马力,6×2驱动,常用的牵引车头品牌为陕汽德龙、斯太尔、联合重卡等,该车的特点就是可以纵向伸缩来适应不同长度的叶片运输,可以从厂家直接运输到风机机位,如图9-3、图9-4所示。

图 9-3　叶片长途专用运输车

图 9-4　塔筒半挂运输车

图 9-5　叶片液压举升车

2. 特种车辆

风电场修建过程中使用的特种车辆主要指牵引车＋叶片液压举升车，此种运输方式一般采用一种叶片举升-旋转-液压后轮转向的特种叶片运输车，如图 9-5 所示。该特种车在行驶途中可以通过液压控制将叶片举升、自身 360°旋转，避让运输途中的各种制约障碍（山体边坡、树木、房屋、桥梁、隧道等），由此可以大幅减少叶片运输车体总长、提高弯道通过性能。

特种车运输的优势在于，通过举升方式进行叶片运输，可以较好地避开高山峭壁，或者房屋建筑群，从而实现叶片快捷运输。同时，这种方式还能减小道路改造、房屋拆迁成本，有助于提升叶片运输效率和工程收益。但是，特种车运输也存在一些弊端，由于高速公路及大部分等级公路的限制，风机设备在国家公共交通路网上只能采用普通平板车运输，因此山地风电场采用特种车运输时需在靠近风电场场区附近选择一合适的地点设置中途转运场，由此将造成项目的费用大大增加。此外，叶片在举升后高度增加到 30m 以上对沿线净高要求增大，相比普通平板车运输会增加移出限高物（如横跨公路电缆、管道、树枝等）工作。

3. 风电场道路设计车辆

通过对目前风电场道路运输所采用的车辆进行调查和整理，得出设计车辆外廓尺寸，见表 9-1。

表 9-1　设计车辆外廓尺寸　单位：m

使用时限	车辆类型	总长	车宽	总宽	总高	前悬	轴距	后悬
建设期	20m 塔筒运输半挂车	25.7	3.0	4.8	5.5	1.2	4.5+15	5.0
	25m 塔筒运输半挂车	30.7	3.0	4.8	5.5	1.2	4.5+18	7.0
	30m 塔筒运输半挂车	35.7	3.0	4.8	5.5	1.2	4.5+22	8.0
	50m 叶片运输半挂车	55.7	3.0	3.0	5.0	1.2	4.5+22	28.0
	60m 叶片运输半挂车	65.7	3.0	3.0	5.0	1.2	4.5+28	32.0

续表

使用时限	车　辆　类　型	总长	车宽	总宽	总高	前悬	轴距	后悬
建设期	70m 叶片运输半挂车	75.7	3.0	3.0	5.0	1.2	4.5＋35	35.0
	90m 叶片运输车	98.8	—	—	—	—	—	—
	95m 叶片运输车	103.8	—	—	—	—	—	—
	叶片液压举升车	22.0	3.0	3.0	5.5	1.2	4.5＋17.5	—
运营期	小客车	6.0	1.8	1.8	2.0	0.8	3.8	1.4
	载重汽车	12.0	2.5	2.5	4.0	1.5	6.5	4.0

注　1. 总长及后悬均包含塔筒、叶片超出挂车车体的长度。

2. 叶片长度目前已经发展到 90m 以上，运输车辆及运输技术还在进一步发展中。

第二节　平　面　设　计

一、选线与定线

风电场道路的选线包括确定路线基本走向、确定路线方案到选定线位的全过程。

选线应根据风电机组和升压站具体位置、当地路网情况，确定风电场工程道路选线的主要控制点，并结合路线所经地域的生态环境、地形、地质的特性与差异，按拟定的各控制点由面到带、由带到线确定具体平面路径，同时还应全面权衡、分清主次确定风电场道路的主线及各风电机组支线。其中，控制点应满足以下要求：确定路线基本走向的控制点应包括路线起终点，必须连接的对外交通接口，风电场各功能区，以及特定的桥涵、隧道等位置；确定路线方案的控制点应包括各风电机组变电站的位置及高程。

风电场道路选线工作应针对路线所经地域的生态环境、地形、地质的特性与差异，按拟定的各控制点进行方案的比较、优化与论证。线位选择应根据道路功能和使用任务，全面权衡、分清主次，处理好全局与局部的关系。线位选择应充分利用现有道路，同时考虑永久道路和临时道路相结合。路线宜绕避滑坡、崩塌、泥石流、岩溶、软土等地质条件较差区域，确需穿过时应选择合适的位置，缩小穿越范围，并采取相应的工程措施。线位选择应做好同当地路网、农田与水利设施、林业资源等的协调与配合，合理确定建设规模，切实保护耕地、林地。路线应避让不可移动文物、军事活动区、测量基准点、生态保护区及重点保护树木等限制性区域。此外，选线还应合理选择路基填挖高度，避免高填深挖，应考虑平面、纵断面、横断面的相互间组合与合理配合。

需要注意的是，不同地形区域的风电场道路，其选线要点也各不相同。平原微丘区选线应满足下列要求：

（1）应采用较高的技术指标，注重线形的平顺。

（2）应降低路基高度，减少取土数量。

（3）路线布设宜不占或少占耕地、林地。

（4）新建道路布线时宜避免穿过村镇。

沿河（溪）区选线应满足下列要求：

（1）路线应避免选在河道或冲沟内，确需占用时应采取相应的措施，满足原河道或冲沟的排洪能力。

（2）应减少跨河（溪）次数。

（3）宜避免跨越有通航要求的河流。

山岭重丘区选线应满足下列要求：

（1）对于山体外形不规则、起伏变化较大的复杂地形，应首先确定地形控制点，拟定路线布设位置。

（2）对于长大纵坡路段，应调整平面线形使之与纵断面相适应。

（3）路线布设应考虑土石方综合平衡。

（4）路线宜选择在坡面整齐、横坡平缓、地质条件好、无支脉横隔的向阳一侧。

（5）桥梁、隧道平面线形宜采用直线。

（6）展线路段纵坡宜接近平均坡度，不宜采用反向坡度。

（7）山体坡度较缓时宜采用半填半挖形式；山体坡度较陡时宜采用全挖方路基形式；石料来源充足时可设置路肩墙降低挖方高度。

二、圆曲线

圆曲线是平面线形要素中常用的线形要素，对于风电场工程道路设计而言，不论转角大小均应设置圆曲线。圆曲线设计的设计指标主要有圆曲线最小半径、不设超高最小半径和圆曲线最小长度，其设计要求与一般公路有明显差别。

1. 圆曲线最小半径

在风电机组部件中，叶片为最长件，故在叶片采用平板挂车运输时，圆曲线最小半径宜按叶片的运输尺寸设计；当叶片采用举升车运输时，水平放置的风机叶片举升成倾斜状态，叶片的垂直投影长度被大大缩短，对转弯半径的要求降低，此时影响半径大小因素转变为风机塔筒最长一节的尺寸，故采用叶片举升车运输时，圆曲线最小半径宜按最长一节塔筒的运输尺寸设计。《风电场工程道路设计规范》（NB/T 10209—2019）根据不同运输车辆及不同弯道类型，对风电场道路的圆曲线最小半径做出了表 9-2 的规定。

表 9-2　圆曲线最小半径　　单位：m

设计条件		Ⅰ类		Ⅱ类		Ⅲ类	
		内弯	外弯	内弯	外弯	内弯	外弯
圆曲线最小半径	一般值	50	40	35	30	30	25
	极限值	40	35	30	25	25	20

表 9-2 中，Ⅰ类条件为叶片采用平板挂车运输工况；Ⅱ类条件为塔筒采用平板挂车运输工况；Ⅲ类条件为塔筒采用后轮转向车运输工况，在进行设计时应根据设备运输方式选择合适的半径值；内弯为运输车辆扫尾区有障碍物时弯道，外弯为运输车辆扫尾区无障碍物时弯道；设计时应根据表 9-1 中设计车辆尺寸确定圆曲线最小半径，当实际运输车辆尺寸差别较大时应进行单独设计；“一般值”为正常情况下的采用值；“极限值”为条件受限制时可采用的值；设备尺寸较大时不应采用极限值。

在 15～20km/h 的设计速度下，三级、四级公路圆曲线最小半径一般为 15～20m，对比表9-2可知，风电场道路圆曲线最小转弯半径大于三级、四级公路的转弯半径，因山地风电场叶片多采用举升车运输，圆曲线最小半径按最长一节塔筒的运输尺寸设计，运输塔筒的特种车辆轴距常接近甚至超过20m，大于一般车辆，故其圆曲线最小半径也大于行驶一般车辆的三级、四级公路。

2. 不设超高最小半径

当圆曲线半径较大时，离心力的影响较小，并且风电场道路设计速度较低，路面摩阻力可保证汽车有足够的稳定性。当圆曲线半径较小时，路面摩阻力无法保证汽车有足够的稳定性，此时需要设置超高来增加汽车行驶的稳定性。因此，不设超高最小半径是指不设置超高就能满足行驶稳定性的最小圆曲线半径。

对于风电场工程道路而言，一般圆曲线半径小于100m时应在曲线上设置超高。故风电场道路设计中不设超高圆曲线最小半径为100m。

3. 圆曲线最小长度

汽车在曲线线形的道路上行驶时，如果曲线很短，则驾驶员操作转向盘频繁而紧张，这种情况是非常危险的。在平面设计中，为便于驾驶操作和行车安全与舒适，汽车在任何一段线形上行驶的时间都不短于3s。因此，在平曲线设计时，圆曲线的最小长度一般要达到3s行程。对于风电场工程道路而言，车辆行驶的速度不是太快，一般在15km/h左右，因此圆曲线最小长度不宜小于15m。

三、平面线形设计

风电场道路的平面线形设计一般应直捷、连续、均衡，并与地形相适应，与周围环境相协调；应尽量避免小半径圆曲线与陡坡相重合的线形；当两同向圆曲线间直线过短时，应调整为单曲线或复曲线线形；当两反向圆曲线间直线过短时，应调整为S形曲线线形。

受地形、地质条件限制，不能采取自然展线时，风电场道路也可以采用回头曲线。回头曲线应符合下列规定：

(1) 两相邻回头曲线之间应有较长的距离。由一个回头曲线的终点至下一个回头曲线起点的距离不宜小于60m。

(2) 回头曲线圆曲线半径不应小于20m，最大纵坡不宜大于5.5%。

(3) 回头曲线前后的线形应连续、均匀、通视良好，并设置限速标志、交通安全设施等。

风电场道路也存在视距问题。一般情况下，风电场工程道路的视距应采用会车视距，长度不应小于40m。当平曲线内侧设置的人工构造物或平曲线内侧挖方边坡妨碍视线时，应对视距予以检查与验算。不符合规定要求时，可加宽路肩，将构造物后移或设置交通安全设施。

风电场工程道路相互交叉时，一般都采用平面交叉方式。平面交叉位置的选择应综合考虑道路规划、地形、地物和地质条件等因素。相交道路在平面交叉范围内的路段宜采用直线或较大半径的曲线。由干线道路同一分岔点所分出的支线道路，不宜超过两条。分岔的支线道路与风电机组设备运输方向宜采用较小的角度。平面交叉处纵断面应平缓，并符合视觉所需的最小竖曲线半径值。两相交道路共有部分的立面形式应同时调整两道路的横断面以满足平顺要求。平面交叉范围内的路基、路面排水应流畅。平面交叉处应设置标志牌，视距不满足要求时应设置凸面镜。

当风电场工程道路与公路、铁路、管线等交叉时，与铁路、高速公路等封闭性交通路线交叉时应采用立体交叉；与各级非封闭公路、乡村道路等交叉时宜采用平面交叉；与石油、燃气、电力、通信等各种管线交叉时，道路距管线之间的安全距离及防护要求应满足对应行业的标准规定。

第三节 纵断面设计

风电场道路的纵断面设计与一般公路有较大差别，其设计最大允许纵坡远超三级、四级公路。主要原因在于风电场道路交通量不足 150 辆/年，大件运输车辆功率普遍较大，一般都超过 300 马力，且上下坡困难时可以配备牵引车，因此风电场道路的纵坡指标一般都比较大。

一、纵断面设计指标

1. 最大纵坡与最小纵坡

一般情况下，新建干线道路最大纵坡不宜大于 12%，支线道路最大纵坡不宜大于 15%。最大纵坡确需增大时应进行论证，且不应超过表 9-3 的规定。

表 9-3　　最大纵坡

设计条件	干线道路		支线道路	
	上坡	下坡	上坡	下坡
最大纵坡/%	15	12	18	15

注　上坡、下坡方向均为装载设备时的车辆行驶方向。

在高海拔地区，空气密度下降而使汽车发动机功率、汽车的驱动力以及空气阻力降低导致汽车的爬坡能力下降。另外，汽车水箱中的水易于沸腾而破坏冷却系统。为此，在高原地区除了汽车本身要采用一些措施使得汽油充分燃烧，避免随海拔增高而使功率降低过大外，在道路纵坡设计中应适当采用较小的坡度。风电场建设在高海拔地区时其新建干线、支线道路最大纵坡应符合表 9-4 的规定。

表 9-4　　高海拔地区新建干线、支线道路最大纵坡

海拔/m	3000～4000	4000～5000	5000 以上
最大纵坡/%	12	11	10

为保证风电场道路的排水，防止水渗入路基而影响路基的稳定性，应设置不小于 0.3%的纵坡。在横向排水不畅的路段或长路堑路段，道路纵坡采用平坡或小于 0.3%纵坡时，边沟应进行纵向排水设计。

2. 坡长限制

坡长是纵断面上相邻两变坡点间的长度。坡长限制，主要是对较陡纵坡的最大长度和一般纵坡的最小长度加以限制。

纵断面上若变坡点过多，从行车上来看，纵向起伏变化频繁，影响行车舒适和安全；

从线形几何构成来看，相邻变坡点之间距离不宜过短，以免出现驼峰式纵断面。因此，从行车的平顺性和线性几何的连续性考虑，纵坡不宜过短。对于风电场工程道路设计而言，风电场道路纵坡的最小坡长不应小于40m。

当汽车在长距离陡坡上行驶时，汽车上坡时为克服坡度阻力，需采用低速挡行驶，坡长过长，长时间使用低速挡行驶，会是发动机过热，水箱沸腾，行驶无力；而下坡时，则因坡度过陡，坡段过长频繁制动，容易出现制动失效，造成交通事故，影响行车安全。因此对纵坡长度也必须加以限制。在风电场道路设计中最大纵坡应符合表9-5的规定。

表9-5　　道路不同纵坡最大纵坡

纵坡坡度/%		5～7	8～11	12～14	15～18
最大坡长/m	一般值	600	300	150	100
	极限值	1200	600	300	200

注　“一般值”为正常情况下的采用值；“极限值”为条件受限制时可采用的值。

此外，道路连续上坡或下坡时，应在不大于表9-5规定的纵坡长度之间设置缓和坡段。缓和坡段的纵坡不宜大于3%，条件受限制时不应大于5%，其长度应符合最小坡长的规定。

二、纵断面线形及线形组合设计

1. 竖曲线

纵断面上两个坡段的转折处，为了行车安全、舒适并满足视距的需要，常用一段曲线缓和，这条曲线成为竖曲线。

在纵断面设计中，竖曲线的设计要受到众多因素的限制，在公路设计中主要限制因素为缓和冲击、时间行程不过短以及视距的要求，在风电场道路设计中为满足叶片运输，对竖曲线还需按照叶片运输要求设置，以叶片不剐蹭和车底板不碰地面为设置原则。

竖曲线最小半径及最小长度应符合表9-6的规定。

表9-6　　竖曲线最小半径和最小长度　　单位：m

项目		数值
凸形竖曲线最小半径	一般值	200
	极限值	100
凹形竖曲线最小半径	一般值	300
	极限值	200
竖曲线最小长度	一般值	50
	极限值	20

注　1. “一般值”为正常情况下的采用值；“极限值”为条件受限制时可采用的值。
2. 叶片采用平板挂车、塔筒采用低平板半挂车运输时，应根据运输尺寸进行校验。

2. 纵断面线形及线形组合设计

风电场道路的纵断面线形设计，应保证线形平顺、圆滑、视觉连续。当进行连续下坡路段的纵坡设计时，除应符合不同纵坡值最大坡长规定外，还应考虑下坡方向的行驶安全。一般情况下，路线平面采用小半径曲线且转角大于 90°时，纵坡值不宜大于 5.5%，当条件受限时不应大于 8%。

线形组合设计应满足下列要求：

（1）应避免平面、纵断面、横断面的最不利值相互组合的设计。

（2）平面、纵断面的线形组合设计原则宜相互对应。当平曲线、竖曲线半径均较小时，其相互对应程度应较严格；随着平曲线、竖曲线半径的同时增大，其对应程度可适当放宽；当平曲线、竖曲线半径均较大时，可不严格相互对应。

第四节 横断面设计

风电场工程道路由于交通量较小，且车速较低，一般采用单车道设计。风电场道路的横路基断面组成也较为简单，由车道和路肩组成，且圆曲线的超高、加宽也要体现在横断面设计中，但是其路基宽度、圆曲线的超高及加宽方面与一般公路有较大差别。

一、路基宽度

路基宽度应为车道宽度与两侧路肩宽度之和。场内施工道路路基宽度应符合表 9-7 的规定。

表 9-7 场内施工道路路基宽度 单位：m

道路等级		路基宽度	车道宽度	单侧路肩宽度
干线道路	一般值	6.00	5.00	0.5
	极限值	5.50	5.00	0.25
支线道路	一般值	5.00	4.00	0.50
	极限值	4.50	4.00	0.25

注 1. “一般值”为正常情况下的采用值；“极限值”为条件受限制时可采用的值。
2. 当道路外侧为陡坡、陡崖、遇不良地质体质或填高较大时应适当加宽。
3. 设计时应根据实际运输车辆、设备尺寸进行校验。
4. 检修道路车道宽度不宜小于 3.5m。

车道宽度除应满足表 9-7 的规定外，还应符合下列规定：

（1）施工期设置的错车道宽度不应小于 7.5m，有效长度不应小于 20m，过渡段长度不应小于 10m。错车道坡度不宜大于 5%，宜在不大于 500m 的距离内选择有利地点设置错车道。

（2）设置避险车道时，避险车道宽度不应小于 4.0m。

二、圆曲线超高

超高为路段横断面上做成外侧高于内侧的单向横坡形式，其作用是抵消或减小车辆在平曲线路段上行驶时所产生的离心力。风电场工程道路车速较低，一般不设置超高，但当圆曲线半径小于 100m 时需设置超高，设置超高时应满足以下规定：

（1）超高值应根据圆曲线半径、路面类型、自然条件等经计算确定。最大超高值不宜超过 4%。

（2）超高横坡度等于路拱坡度时，采用将外侧车道绕路中线旋转，直至超高横坡值；超高横坡度大于路拱坡度时，绕内侧车道边缘旋转。

（3）超高过渡段长度不应小于10m。

三、圆曲线加宽

为避免运输过程中山体与风机叶片刮擦从而影响设备质量，需对道路进行加宽。由于风电场地形条件复杂，转弯处的地形也多种多样，不同的地形对道路加宽的要求也不同，应对不同地形区别考虑。

弯道可分为内弯和外弯（平曲线远离圆心侧为挖方路基，统称为内弯，平曲线远离圆心侧为填方路基，统称为外弯）。根据道路转弯处两侧填挖的不同，内外弯又可以分为以下四种类型：

（1）全挖方型内弯。即平曲线两侧都为填方的情况，如图9-6所示。

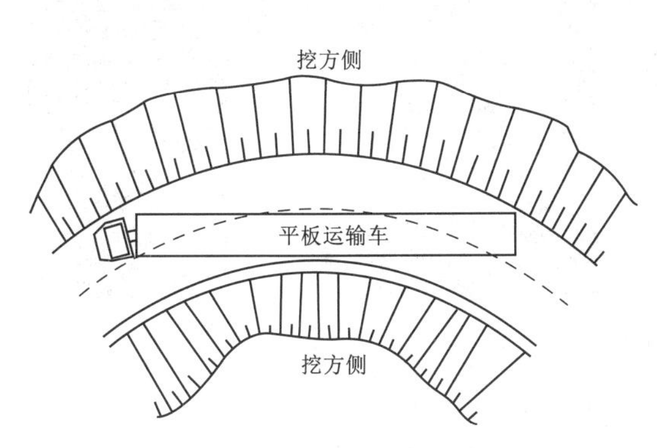

图9-6　全挖方型内弯

（2）内填外挖型内弯。即平曲线远离圆心侧为挖方，靠近圆心侧为填方的情况，如图9-7所示。

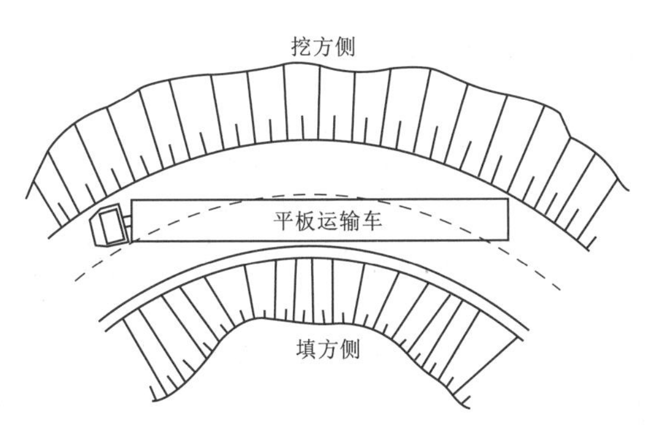

图9-7　内填外挖型内弯

（3）内挖外填型外弯。即平曲线远离圆心侧为填方，靠近圆心侧为挖方的情况，如图9-8所示。

（4）全填方型外弯。即平曲线两侧都为填方的情况，如图9-9所示。

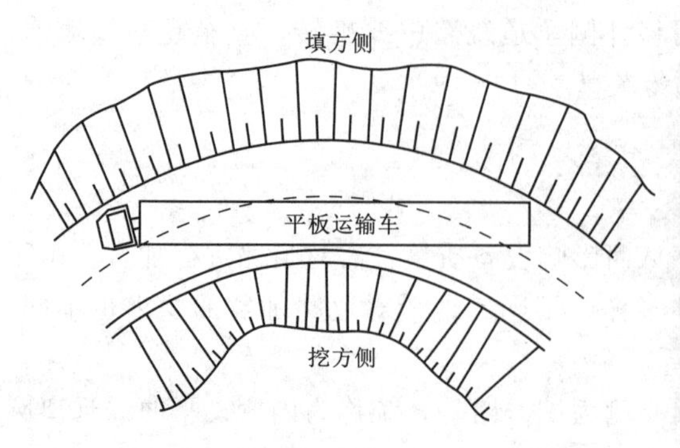

图 9-8　内挖外填型外弯

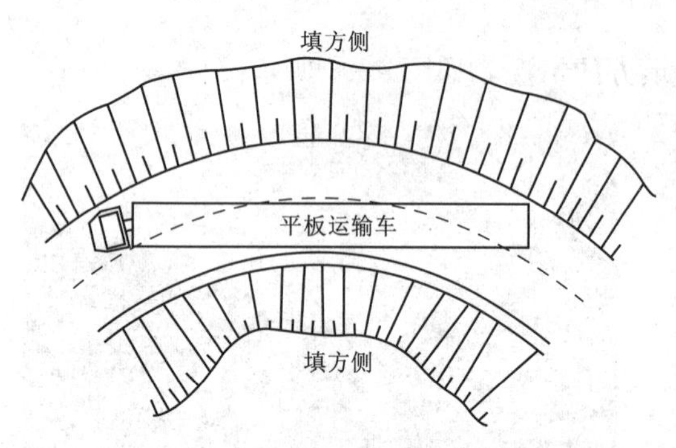

图 9-9　全填方型外弯

1. 采用半挂车运输时的圆曲线加宽值计算（图 9-10）

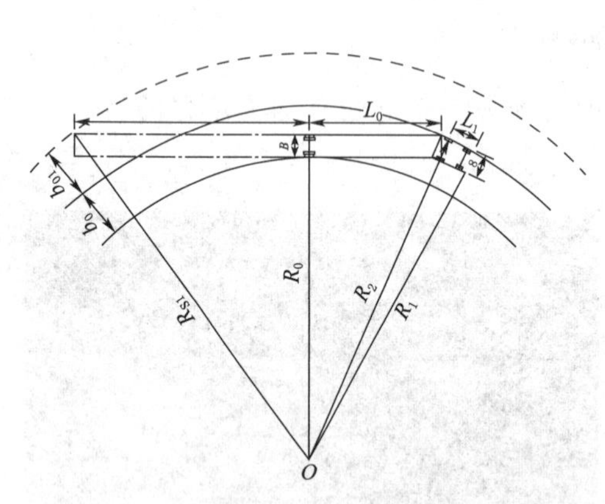

图 9-10　半挂车运输时道路圆曲线加宽

(1) 不考虑外侧扫尾，道路圆曲线加宽值计算。半挂车运输时道路圆曲线加宽值为车辆通过路面最小路面宽度与设计路宽之差，即

$$\Delta b_1 = b_0 - b \tag{9-1}$$

式中　Δb_1——不考虑外侧扫尾时的曲线加宽值，m；

b_0——车辆通过最小路面宽度，m；

b——直线段设计路宽，m。

由图 9-10 中几何关系可知，车辆通过最小路面宽度为牵引车前悬最外侧轨迹圆半径与半挂车后轴最内侧轨迹圆半径之差，即

$$b_0 = R_2 - R_0 \tag{9-2}$$

其中，R_0、R_2 可由图中几何关系求得

$$R_0 = \sqrt{R_2^2 - L_0{}^2} - B \tag{9-3}$$

$$R_2 = \sqrt{R_1^2 - L_1^2} \tag{9-4}$$

故

$$\Delta b_1 = R_1 - \sqrt{R_1^2 - L_1^2 - L_0^2} + B - b \tag{9-5}$$

式中　R_2——牵引车后轴最外侧轨迹圆半径，m；

R_0——半挂车后轴最内侧轨迹圆半径，m；

L_0——挂车轴距，m；

B——设计车宽，m；

R_1——牵引车前悬最外侧轨迹圆半径，m；

L_1——牵引车轴距及前悬长度和，m。

(2) 若将外侧扫尾范围计入路面宽度范围，道路圆曲线加宽值计算。计算考虑扫尾范围的路面宽度只需在前面计算出的不考虑扫尾的基础上加上叶片悬出车外部分所扫过的宽度即可，即

$$\Delta b_2=\Delta b_1+b_{s1} \tag{9-6}$$

其中，b_{s1}、R_{s1} 可由图 9-10 中的几何关系求得

$$b_{s1}=R_{s1}-R_1 \tag{9-7}$$

$$R_{s1}=\sqrt{(R_0+B)^2+L_s^2} \tag{9-8}$$

故

$$\Delta b_2=\sqrt{R_1^2-L_1^2-L_0^2+L_s^2}-\sqrt{R_1^2-L_1^2-L_0^2}+B-b \tag{9-9}$$

式中　L_s——挂车后悬长度，m；

R_{s1}——半挂车后悬最外侧轨迹圆半径，m；

Δb_2——将外侧扫尾范围计入路面宽度范围时的曲线加宽值，m。

2. 采用后轮转向车运输时的圆曲线加宽值计算（图 9-11）

(1) 不考虑内侧侵占、外侧扫尾，道路圆曲线加宽值计算。采用后轮转向车与半挂车的加宽值计算原理相同，其加宽值也为车辆通过的最小宽度与直线段设计宽度之差，即

$$\Delta b_1=b_0-b \tag{9-10}$$

其中，车辆通过最小宽度为牵引车最外侧轨迹圆半径与后轮转向车最内侧轨迹圆半径之差，即

$$b_0=R_1-R_0 \tag{9-11}$$

式中　Δb_1——不考虑外侧扫尾、内侧侵占时的曲线加宽值，m；

b_0——车辆通过最小路面宽，m；

b——直线段设计路面宽，m；

R_1——牵引车前悬最外侧轨迹圆半径，m；

R_0——后轮转向车后轴最内侧轨迹圆半径，m。

图 9-11 中，R_2、L_1、R_1 构成直角三角形，故

$$R_2=\sqrt{R_1^2-L_1^2} \tag{9-12}$$

式中　R_2——牵引车后轴最外侧轨迹圆半径，m；

L_1——牵引车轴距及前悬长度和，m。

δ 为后轮转向车调整角度，由图 9-12 中的几何关系可推出 R_0 与 R_{s2} 的夹角也为 δ，由此可得

$$R_0=R_{s2}/\cos\delta \tag{9-13}$$

式中　R_{s2}——后轮转向车车体最内侧轨迹圆半径，m；

δ——后轮转向车调整角度，$\sin\delta$ 不大于 $L_0/(2R_2)$。

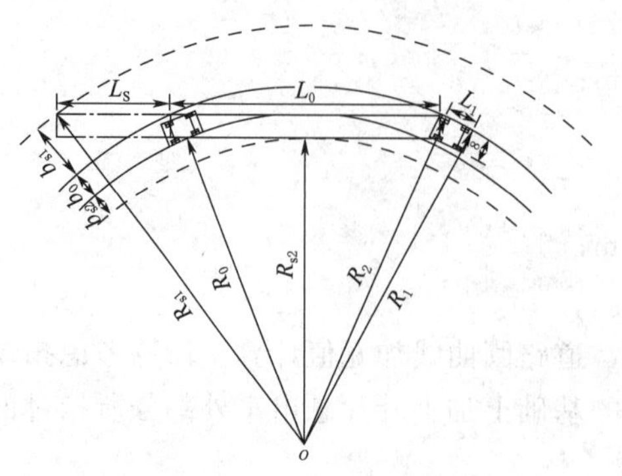

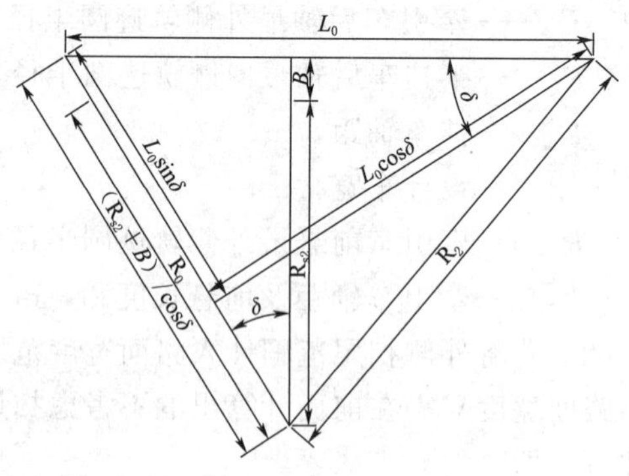

图 9-11　后轮转向车运输时道路圆曲线加宽

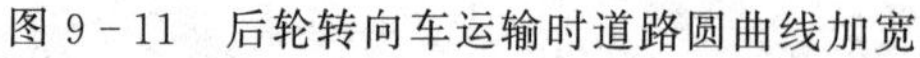

图 9-12　以 L_0、R_2、$(R_{s2}+B)/\cos\delta$ 为边构成的三角形

图 9-12 中，过 L_0 与 R_2 的交点做 $(R_{s2}+B)/\cos\delta$ 的垂线，显然 L_0 与该垂线的夹角等于 δ，则该垂线长度为 $L_0\cos\delta$；垂足到 L_0 与 $(R_{s2}+B)/\cos\delta$ 的交点距离为 $L_0\sin\delta$；由图中几何关系可得

$$\frac{R_{s2}+B}{\cos\delta}=\left[L_0\sin\delta+\sqrt{R_2{}^2-(L_0\cos\delta)^2}\right] \tag{9-14}$$

整理后得

$$R_{s2}=\cos\delta\left[L_0\sin\delta+\sqrt{R_2{}^2-(L_0\cos\delta)^2}\right]-B \tag{9-15}$$

故不考虑内侧侵占、外侧扫尾时道路的圆曲线加宽值为

$$\Delta b_1=R_1-\frac{\cos\delta\left[L_0\sin\delta+\sqrt{R_2{}^2-(L_0\cos\delta)^2}\right]}{\cos\delta}-b \tag{9-16}$$

式中　L_0——后轮转向车轴距，m。

（2）若将外侧扫尾范围计入路面宽度范围，道路圆曲线加宽值计算。此种情况加宽值只需在第一种情况的基础上加上外侧扫尾所增加的宽度，即

$$\Delta b_2=\Delta b_1+b_{s1} \tag{9-17}$$

其中，外侧扫尾宽度为后轮转向车后悬最外侧轨迹圆半径与牵引车前悬最外侧轨迹圆半径之差，即

$$b_{s1}=R_{s1}-R_1 \tag{9-18}$$

式中　Δb_2——将外侧扫尾范围计入路面宽度范围时的曲线加宽值，m；

b_{s1}——道路外侧扫尾宽度，m；

R_{s1}——后轮转向车后悬最外侧轨迹圆半径，m。

$R_{s2}+B$ 到 L_0 左端的距离为 $(R_{s2}+B)\tan\delta$，由图 9-12 中的几何关系可得

$$R_{s1}=\sqrt{(R_{s2}+B)^2+\left[(R_{s2}+B)\tan\delta+L_s\right]^2} \tag{9-19}$$

故将外侧扫尾范围计入路面宽度范围，道路圆曲线加宽值为

$$\Delta b_2=\Delta b_1+\sqrt{(R_{s2}+B)^2+\left[(R_{s2}+B)\tan\delta+L_s\right]^2}-R_1 \tag{9-20}$$

式中　B——设计车宽，m；

L_s——后轮转向车后悬长度，m。

（3）若将内侧侵占范围计入路面宽度范围，道路圆曲线加宽值计算。此种情况的加宽

值只需在第一种情况的基础上加上内侧侵占所增加的路宽，即

$$\Delta b_3 = \Delta b_1 + b_{s2} \tag{9-21}$$

式中　Δb_3——将内侧侵占范围计入路面宽度范围时的曲线加宽值，m；

b_{s2}——道路内侧侵占宽度，m。

内侧侵占增加的宽度为后轮转向车后轴最内侧轨迹圆半径与后轮转向车车体最内侧轨迹圆半径之差，即

$$b_{s2} = R_0 - R_{s2} \tag{9-22}$$

（4）若将内侧侵占、外侧扫尾同时计入路面宽度范围，道路圆曲线加宽值计算。此种情况的加宽值需要在第一种情况的基础上加上内侧侵占和外侧扫尾所增加的道路宽度，即

$$\Delta b_4 = \Delta b_1 + b_{s1} + b_{s2} \tag{9-23}$$

式中　Δb_4——将外侧扫尾、内侧侵占范围同时计入路面宽度范围时的曲线加宽值，m。

3. 加宽过渡段

圆曲线加宽宜在曲线内侧，加宽值为圆曲线内等值最大加宽（也称全加宽），而直线上不加宽。加宽过渡段是为使路面由直线上的正常宽度过渡到圆曲线上的加宽宽度而设置的宽度变化段。在加宽过渡段内，路面宽度逐渐过渡变化。加宽过渡的设置根据道路性质和等级可采用不同方法，常见的过渡方式为比例过渡，即在加宽过渡段全长范围内按其长度成比例逐渐加宽。加宽过渡段内任意点的加宽值为

$$b_x = \frac{L_x}{L} b \tag{9-24}$$

式中　L_x——任意点到过渡段起点的距离，m；

L——加宽过渡段长度，m；

b——圆曲线上的全加宽，m。

风电场道路圆曲线加宽过渡段长度不应小于10m。加宽过渡段的设置，应采用在加宽过渡段全长范围内按其长度成比例增加的方式。过渡段应设在紧接圆曲线起点或终点的直线上，圆曲线径向连接构成的复曲线，其加宽过渡段应对称地设在相接处的两侧。道路设人工构造物，当因设置过渡段而在圆曲线起点、终点内侧边缘产生明显转折时，可采用路面加宽边缘线与圆曲线上路面加宽后的边缘圆弧相切的方法予以消除。

第五节　路　基　路　面

一、路基

路基是路面结构的基础，承受路面传来的行车荷载。风电场道路多采用碎石或泥结石路面，路基施工质量直接影响道路的安全稳定。

进行路基设计时应注意以下几点：

（1）路基设计之前应收集沿线水文、气象、地震、地形地貌、地质条件、筑路材料等资料，做好沿线地质、路基填料勘察试验工作，查明地层岩土性质、厚度、空间分布特征及有关物理力学参数。改建道路设计时，还应收集历年路况资料。

(2) 路基设计应根据风电场工程道路分类、使用要求及收集的前期资料，结合施工方法和当地经验，提出设计方案。

(3) 路基设计应考虑气候环境、水文、工程地质等因素，选择适当的路基横断面形式和边坡坡度。同时，路基设计应考虑水和冰冻对路基性能的影响，设置完善的排水系统或防冻害设施，以及必要的路基防护工程。

(4) 沿河路基不宜侵占河道，应根据冲刷情况设置必要的防护支挡工程，并妥善处理废弃方，避免河床堵塞、河流改道或冲毁沿线构筑物、农田、房屋等。

(5) 路基填料应符合现行行业标准《公路路基设计规范》(JTG D30—2015) 的相关要求。

(6) 土石方调配设计应对移挖作填、集中取土、集中弃土、填料改良处理等方案进行技术经济比较，充分利用挖方材料，节约土地。

(7) 路基工程的地基应满足承载力要求。

1. 路床

路床是指根据路面结构层厚度及标高要求，在采取填方或挖方筑成的路基上整理成的路槽。路床供路面铺装。

风电场道路中路床的厚度应按照在计算路基工作区深度来确定，且路床填料应均匀，其最小加州承载比 (*CBR*) 上路床不应低于 5%，下路床不应低于 3%。路床在铺筑时应分层进行铺筑，并碾压密实。此外，路床填料粒径应小于 100mm；压实度不应低于 94%，当铺筑沥青混凝土和水泥混凝土路面时，其压实度不应低于 95%；顶面横坡应与路拱横坡一致。

路床处理应根据土质、降水量、地下水类型及埋藏深度、加固材料来源等，经比选采用就地碾压、换土或土质改良、加强地下排水、设置土工合成材料等措施。

2. 填方路基

路堤时指路基顶面高于原地面的填方路基。填方路基尤其是高填方路基，常存在路基沉降变形、边坡失稳的问题，需要注意基底处理及路基压实、填料选择、坡面防护及排水。

选用路堤填料应符合下列规定：

(1) 路堤宜选用级配较好的砾类土、砂类土等粗粒土作为填料，填料最大粒径应小于 150mm。

(2) 泥炭、淤泥、冻土、强膨胀土、有机质土及易溶盐超过允许含量的土等，不应直接用于填筑路基。季节性冻土地区路床及浸水部分的路堤不应直接采用粉质土填筑。

(3) 路堤填料最小 *CBR* 值，上路堤不应低于 3%，下路堤不应低于 2%。当填料 CBR 值达不到要求时，可掺石灰或其他稳定材料处理。

(4) 液限大于 50%、塑性指数大于 26 的细粒土，不应直接作为路堤填料。

(5) 浸水路堤、桥涵台背和挡土墙墙背宜选用渗水性良好的填料。在渗水材料缺乏的地区，选用细粒土填筑时，可采用石灰、水泥、粉煤灰等无机结合料进行稳定处置。

路堤在进行铺筑时应分层进行铺筑，并均匀压实，上路堤压实度不应低于 93%，下路堤压实度不应低于 90%。

路堤边坡形式和坡率应根据自然条件、填料的物理力学性质、边坡高度、工程地质条件和施工方法确定，并应符合下列规定：

(1) 当地质条件良好，边坡高度不大于20m时，路堤边坡坡率不宜陡于表9－8的规定值。

表9－8　路 堤 边 坡 坡 率

填料类别	边坡最大高度/m			边坡坡率		
	全部	上部	下部	全部	上部	下部
一般黏性土	20	8	12	—	1∶1.5	1∶1.75
砾石土、粗砂、中砂	12	—	—	1∶1.5	—	—
碎石土、卵石土	20	12	8	—	1∶1.5	1∶1.75
不易风化的石块	8	—	—	1∶1.3	—	—
	20	—	—	1∶1.5	—	—

注　用大于25cm的石块填筑路堤且边坡采用干砌时，其边坡坡率应根据具体情况确定。

(2) 浸水路堤在设计水位以下的边坡坡率不宜陡于1∶1.75。

(3) 修筑在地面横坡陡于1∶5的山坡上的路堤，应将原地面挖成台阶，其宽度不宜小于2m。

(4) 对边坡高度大于20m的路堤和陡坡路堤，边坡形式坡率应根据地形与工程地质条件、路基边坡高度、填料性质等，结合经济与环保因素，经稳定分析计算确定，并应进行工点设计。断面形式宜采用台阶式。路基稳定分析计算可按《公路路基设计规范》(JTG D30—2015) 的相关规定执行。

位于陡坡上的半挖半填路基可根据地形地质条件选择护肩、砌石或挡土墙；当填方路基受地形地物限制或路基稳定性不足时，可设置挡土墙。

护肩路基的护肩高度不宜超过2m，顶面宽度不应侵占硬路肩或行车道及路缘带的路面范围；护脚高度不宜超过5m，受水浸淹的路堤护脚应予加固。

当风电场工程道路采用砌石路基时，砌石应选用当地不易风化的片石、块石砌筑，内侧填石；砌石顶宽不应小于0.8m，基底面应向内倾斜，砌石高度不宜超过15m。砌石边坡坡率不宜陡于表9－9规定值。

表9－9　砌 石 边 坡 坡 率

砌石高度/m	内坡坡率	外坡坡率	砌石高度/m	内坡坡率	外坡坡率
≤5	1∶0.3	1∶0.5	≤15	1∶0.6	1∶0.75
≤10	1∶0.5	1∶0.67			

3. 挖方路基

路堑边坡形式和坡率应根据自然条件、土石类别及其结构、边坡高度、工程地质条件、排水防护措施和施工方法等，结合自然稳定边坡和人工边坡的调查及力学分析综合确定，并应符合下列规定：

(1) 当地质条件良好且土质均匀，路堑边坡坡率可采用表9－10规定值。

表 9-10 **路堑边坡坡率**

土石类别		边坡最大高度/m	边坡坡率
一般土		20	1∶0.5～1∶1.5
黄土及类黄土		20	1∶0.1～1∶1.25
碎石土、卵石土、砾石土	胶结和密实	20	1∶0.5～1∶1.0
	中密	20	1∶1.0～1∶1.5
强、中风化岩石		20	1∶0.5～1∶1.5
强风化岩石		20	1∶0.3～1∶0.5
微、未风化岩石		—	1∶0.1～1∶0.3

注 1. 非均质土层，路堑边坡可采用适应于各土层稳定的折线形。
2. 边坡高度较大时，表中数据宜取缓值。
3. 有可靠的资料和经验时，可不受本表限制。

(2) 按照规定进行工点设计。

当挖方边坡较高时，可根据不同的土质、岩石性质和稳定要求开挖成折线式或台阶式边坡。边沟外侧宜设置碎落台，其宽度不宜小于 1.0m；台阶式边坡中部应设置边坡平台，其宽度不宜小于 2.0m。边坡坡顶、坡面、坡脚和边坡中部平台应设置地表排水系统。

4. 路基防护与排水

路基防护方面，风电场工程道路路基应根据当地水文、气象、地形地质条件、筑路材料分布、道路性质、使用要求等，采取工程防护和植物防护相结合的综合措施。对易受自然作用破坏的路基边坡，宜采用植物防护，有防冲刷要求时应设置浆砌石或水泥混凝土骨架；对植物不易生长或过陡的边坡，可采用抹面、喷浆、捶面、勾缝以及砌筑边坡渗沟、护坡、护墙等措施；对完整性较好、稳定的硬质岩石边坡，可不做防护。

路基坡面防护工程应设置在稳定的边坡上。当路基稳定性不足时，应设置支挡加固工程。

在地面横坡较陡地段，当修筑路堤有顺基底及基底下软弱层滑动可能，或开挖路堑有滑动可能时，应设置挡土墙或采取其他加固措施。

挡土墙设计应根据路基横断面、地形地质条件和地基承载能力，结合道路性质、使用要求及工程投资进行技术经济比较，合理确定挡土墙类型、位置、起讫点、长度和高度。

路基排水方面，风电场工程道路应根据沿线水文气象、地形地质条件及桥隧、风电机组安装平台设置情况，遵循总体规划、合理布局、防排疏结合、保护环境的原则，设计边沟、截水沟、排水沟等防排水系统。

边沟设计应符合下列规定：

(1) 边沟的断面形式及尺寸，应根据降雨强度、汇水面积、地形地质条件、对路侧安全与环境景观的影响程度和施工方法确定。

(2) 土质边沟可采用梯形或三角形；石质边沟、砌体边沟可采用梯形、矩形或三角形；水泥混凝土边沟可采用 U 形、梯形、矩形或三角形。

(3) 梯形、U 形和矩形边沟底部内侧宽度不宜小于 40cm，深度不宜小于 40cm；干旱地区边沟宽度和深度均可采用 30cm。

（4）边沟沟底纵坡宜与路线纵坡一致，并不宜小于 0.3%。

（5）冲刷较大或易产生路基病害时，应采取防护加固措施。

截水沟设计应符合下列规定：

（1）截水沟应根据地形条件及汇水面积等进行设置。挖方路基的路堑坡顶截水沟应设置在坡口 5m 以外，并宜结合地形进行布设。

（2）截水沟的断面形式及尺寸应结合设置位置、排水量、地形及边坡情况确定。截水沟可采用梯形或矩形，底部宽度可采用 50～60cm，深度可采用 40～60cm。

（3）截水沟沟底纵坡不宜小于 0.3%。

（4）截水沟内的水应排到路基范围以外，不宜引入路堑边沟，当受地形条件限制需要通过边沟排泄时，应采取防路基冲刷或淤塞边沟措施。

（5）截水沟应进行防渗加固，冲刷较大时还应采取防冲刷加固措施。

排水沟设计应符合下列规定：

（1）排水沟断面形式应结合地形地质条件确定。排水沟可采用梯形和矩形，其尺寸应按排水流量计算确定。

（2）排水沟沟底纵坡不宜小于 0.3%，与其他排水设施的连接应顺畅。

（3）冲刷较大或易产生路基病害时，应采取防护加固措施。

地下水影响路基稳定或强度时，应根据地下水类型、含水层埋藏深度、地层的渗透性等条件及对环境的影响，采取拦截、引排、疏干、降低等措施，地下排水设施应与地表排水设施相协调。地下排水设施形式可按下列原则确定：

（1）当地下水埋藏浅或无固定含水层时，可采用隔离层、排水垫层、暗沟、渗沟等措施。

（2）当地下水埋藏较深或存在固定含水层时，可采用仰斜式排水孔、渗井等措施。

5. 路基取弃土

取土场、弃土场的设置，应根据各路段所需取土或弃方数量，结合路基排水、地形、土质、施工方法、节约土地、环境保护等要求，统一规划设计。

取土场设置应满足下列要求：

（1）取土场不应影响路基边坡稳定。

（2）取土场的边坡坡率应根据土质和坡高确定。

弃土场的设置应满足《水土保持工程设计规范》（GB 51018—2014）的有关要求，并应符合下列规定：

（1）弃土场不应影响路基边坡稳定。

（2）弃土场宜选择在低洼处的荒地或坡地。在保证排水的情况下，宜将土堆摊平利用。

（3）弃土场内侧坡脚至路堑坡顶之间应根据土质和边坡高度保留一定的距离，宜取 2～5m。

（4）弃土场边坡坡率应根据土质和堆土高度综合确定，顶面应设置不小于 2%的横坡。

取土场和弃土场应采取排水、防护支挡和绿化等措施。

6. 路基拓宽

风电场工程道路路基拓宽设计前，应查明既有道路和拓宽场地的工程地质条件、填料性质以及路基的稳定情况等。经查明既有路基无明显损坏且强度及稳定性满足改造要求时，应全部利用；当部分损坏或不满足改建要求时，可加固利用、改建或拆除重建。

路基拓宽设计应符合下列规定：

(1) 拓宽路堤的填料，宜选用与既有路堤相同，且符合要求的填料。

(2) 拓宽既有路堤时，应在既有路堤坡面开挖台阶，台阶宽度不应小于1.0m；当加宽拼接宽度小于0.75m时，可采取超宽填筑或翻挖既有路堤等工程措施。

(3) 应采取必要的工程措施减小新老路基的不均匀沉降。

二、路面

风电场工程道路路面应根据风电场工程道路的性质、使用要求、运输任务、自然条件、材料供应、施工方式和养护条件等进行设计。路面材料选择应遵循因地制宜、就地取材的原则。路面等级及面层类型应根据道路功能及用途确定。路面等级及面层类型可按表9-11划分。

表9-11 路面等级及面层类型

路面等级	面层类型
高级路面	水泥混凝土
	沥青混凝土
	热拌沥青混凝土
次高级路面	沥青贯入碎石、沥青贯入砾石
	沥青碎石表面处置、沥青砾石表面处置
	半整齐块石
中级路面	泥结碎石
	级配碎石、级配砾石
	不整齐块石
低级路面	粒料加固土、砂砾石

1. 路面结构及形式

路面结构可分为单层、双层和多层三种形式。双层路面应包括面层和基层，多层路面宜包括面层、基层和垫层。路面结构宜采用双层路面结构，地质条件较好地段可采用单层路面结构，采用高级、次高级路面结构时应采用多层路面结构。路面横断面型式（图9-13）宜采用槽式横断面，当采用级配碎石、级配砾石路面及低等级路面时可采用全铺式横断面。

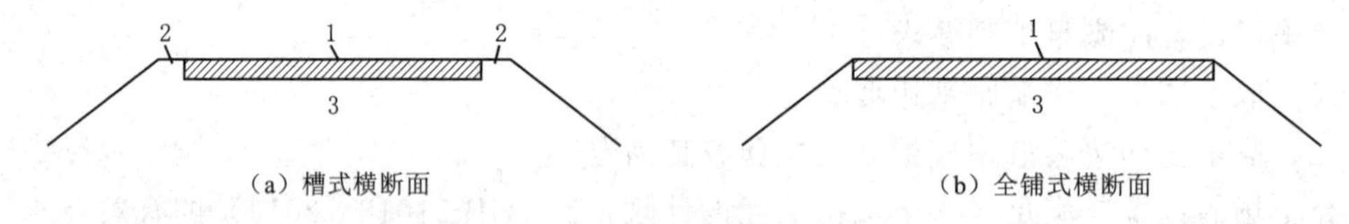

(a) 槽式横断面　　(b) 全铺式横断面

图9-13 路面横断面型式

路拱横坡应根据路面等级及路面类型确定，并应符合下列规定：

(1) 风电场工程道路宜采用双向路拱横坡。采用高级路面、次高级路面时路拱横坡应取1.5%～2%；采用中级路面时路拱横坡应取2%～3%；采用低级路面时路拱横坡应取3%～4%。多雨或降雨强度较大地区宜取高值，干旱地区宜取低值。

(2) 当采用单向直线型路拱时，路拱坡度宜采用1%～3%。

2. 路面结构组合设计

路面结构组合设计时，各类结构层宜按材料回弹模量自上而下递减进行组合，层间结合应紧密。当采用高级路面、次高级路面时，路面结构组合设计应符合《公路沥青路面设计规范》（JTG D50—2017）和《公路水泥混凝土路面设计规范》（JTG D40—2011）的有关规定。

（1）当采用中级路面、低级路面设计时，面层设计宜符合下列规定：

1）泥结碎石、级配碎石、级配砾石面层厚度宜为 15～30cm，当地质条件较好时厚度可适当减小，但不宜小于 10cm。

2）不整齐块石路面厚度宜为 20～40cm，石块高度宜为 14～20cm，宜铺砌在砂或其他透水性材料的垫层上。

3）粒料加固土路面，利用当地砂砾、未筛分碎石等材料加固土路面，厚度宜为 10～20cm，不另设磨耗层。

4）泥结碎石、级配碎石、级配砾石等面层宜设置磨耗层。磨耗层宜采用砂砾、细石，厚度宜为 2～3cm。

（2）当采用中级路面、低级路面时，基层设计应符合下列规定：

1）基层的宽度可与面层同宽。

2）石灰土、碎石灰土、砾石灰土等可用于路面基层，厚度宜为 10～30cm。

3）级配碎石、级配砾石、天然砂砾等作为路面基层时，厚度宜为 15～20cm。

4）散铺块石、片石、卵石作为路面基层时，单层铺筑厚度宜为 12～18cm。石料最大尺寸不应大于层厚的 80%。

在路基排水不良或易发生冻胀翻浆的路段宜设置垫层。垫层应具有一定的强度、较好的水稳定性和抗冻性。垫层材料宜采用不含土和有机杂质的砂或砂砾，厚度宜为 15～20cm。

3. 路面材料

路面采用水泥混凝土及沥青混凝土等类型时，面层材料应满足《公路水泥混凝土路面设计规范》（JTG D40—2011）和《公路沥青路面设计规范》（JTG D50—2017）的有关规定。

路面基层可采用砂、片石、大块碎石、大块砾石等材料。砂应采用粗砂或中砂，片石及大块碎石、大块砾石的石料硬度应高于 4 级，颗粒最大尺寸不应超过压实厚度的 90%。作为面层材料的碎石、砾石，针片状颗粒含量不应超过 20%，最大粒径不应大于压实厚度的 70%并不应超过 5cm。

天然混合料宜接近级配要求，泥结碎石路面材料可采用天然碎石或人工碎石。泥结碎石路面黏土的塑性指数宜采用 10～20，用量宜采用 15%～20%；天然混合料黏土的塑性指数宜采用 8～15，用量宜采用 15%～25%

第六节　工　程　案　例

一、天润唐河仪马风电项目介绍

（一）概述

河南唐河仪马 100MW 风电场项目位于河南省唐河县东南 28～34km 处，位于唐河县的东南部山区，距唐河县 26km 左右处，胡阳镇境内。风电场海拔为 210～550m。项目区域为复杂山地，距离城市较远，区域内道路交通较不方便。南侧与湖北枣阳市相邻。

工程装机容量为100MW，共布置单机容量为2.5MW的风电机组30台。同时新建一座220kV升压变电站。

本项目共布置场内道路27条，长度合计38.071km；进站道1条，长度0.125km。本项目场内道路在工程施工期主要承担外来物资运输、机组设备和吊装设备运输等任务，运行期主要承担机组检修等任务。

（二）工程地质

1. 地形地貌

拟建风电场位于唐河县祁仪镇南面，在宏观地貌上为大别山向西延伸余脉，风机场地微地貌为低山和丘陵，地形起伏较大，整个风电场海拔为165～360m。

部分风机位于波状起伏剥蚀残丘的丘陵顶部，丘顶一般地势开阔浑圆，植被主要为松树、杂木，交通相对较好。部分风机位于低山山脊上，植被稀少，多数为杂草杂木，山脊多数地势狭长，整体呈北西走势，外侧山坡坡度一般为15°～25°，但部分风机位（如T32～T36等）所处山脊的外侧山坡较陡，坡度一般达到30°～60°。

2. 地层岩性

拟建风机位置位于丘顶及山脊上，基岩裸露，勘探揭示丘陵段主要的岩层为燕山期（侏罗系）的全～强风化花岗岩；低山地段主要有燕山期（侏罗系）强～中风化花岗岩、花岗片麻岩，以及侏罗系强～中风化白云岩，个别位置见少量强风化砂岩。

3. 水文地质条件

拟建风机位置场区地下水主要为基岩裂隙水，具微承压性，且埋深一般大于10.0m，补给来源主要为大气降水补给。勘探阶段未勘探出风机位有地下水。

4. 工程场地稳定性评价

公路改建路段沿线地质环境条件较好，现状地质灾害不发育，但是工程建设将对现状山体进行切坡，将改变斜坡的天然安息角，使斜坡形成临空面，可能引发滑坡、崩塌等地质灾害。公路沿线对切坡地段要按设计和规范进行放坡，对稳定性差的边坡要进行堡坎护坡，内侧修好排水沟，过沟段要保证桥、涵洞的过水通畅。

（三）场外交通运输方案

1. 场区周边交通概况

本风电场附近有G40沪陕高速、G312国道、S240省道、X001县道、X010县道、岗祁线、汤郭线等多条道路，交通条件便利。

2. 进场交通方案选择

本工程推荐的大件运输方案为公路运输方案：除T32～T39共8台风机外的其他风机，大件运输路线为产地→G40沪陕高速唐河收费站→G312国道江河村→041县道马振抚乡→004乡道李连村→新建场内道路→各机位。T32～T39共8台风机大件运输方案为产地→天润唐河一二期风电场场内道路→新建场内道路→各机位。

3. 叶片运输方式选择

叶片作为风机设备的最长件，其运输车辆的性能决定了风电场进场及场内道路的路线技术指标的选用，特别是平面圆曲线半径、曲线加宽等。现国内叶片运输车辆主要有平板车及举升车两类。举升车运输技术上更为先进，较适合山地、丘陵及村庄密集的风电场。由于本风电场既有山地地形，丘陵区域村庄也较多，因此建议采用工装车运输叶片，使得道路布线跟地形更加吻合，能有效节约道路建设投资。

本风电场叶片运输采用特种运输车辆。

（四）道路设计

1. 设计依据

本工程场内道路为等外道路，参照四级公路标准进行设计，进场、场内道路设计依据：

(1)《公路路线设计规范》(JTG D20—2017)。

(2)《公路路基设计规范》(JTG D30—2015)。

(3)《公路排水设计规范》(JTG/T D33—2012)。

(4)《公路桥涵设计通用规范》(JTG D60—2015)。

(5)《公路涵洞设计细则》(JTG/T D65-04—2007)。

(6)《公路桥涵地基与基础设计规范》(JTG 3363—2019)。

(7)《公路工程水文勘测设计规范》(JTG C30—2015)。

(8)《公路环境保护设计规范》(JTG B04—2010)。

(9)《公路交通标志和标线设置规范》(JTG D82—2009)。

(10) 本项目风机设备厂家提出的道路技术指标及业主对道路设计的具体要求。

2. 设计标准

场内道路及吊装平台主要技术指标见表9-12。

表9-12 场内道路主要技术指标

序号	项目	单位	指标
1	公路等级		参照四级公路
2	设计速度	km/h	15
3	设计汽车荷载等级		公路-Ⅱ级
4	行车道宽度	m	4.5
5	路基宽度	m	5.5
6	平曲线最小半径	m	25
7	最大纵坡	%	主线14%，支线20%
8	凸形竖曲线最小半径	m	200
9	凹形竖曲线最小半径	m	200
10	挖方边坡		1∶0.3
11	填方边坡		1∶1.3
12	路面横坡		2%
13	路肩横坡		3%
14	路面类型		20cm厚山皮石

3. 路线

路线参照《公路路线设计规范》(JTG D20—2017) 中四级公路标准进行设计。场内道路：设计行车速度 15km/h；圆曲线最小半径 25m；主线最大纵坡采用主线 14%，支线 20%。为保证超长件叶片及塔筒运输安全，曲线半径小于 80m 时，道路外侧 8m 内不得有不可移动的障碍物。

4. 路基路面排水

(1) 一般路基设计原则、依据。路基设计主要参照《公路路基设计规范》(JTG D30—2015) 的要求，认真做好调查研究，贯彻因地制宜、就地取材的原则，采取必要的排水防护措施，防止各种不利的自然因素对路基造成危害，确保路基具有足够的强度和稳定性。路基标准断面如图 9-14 所示。

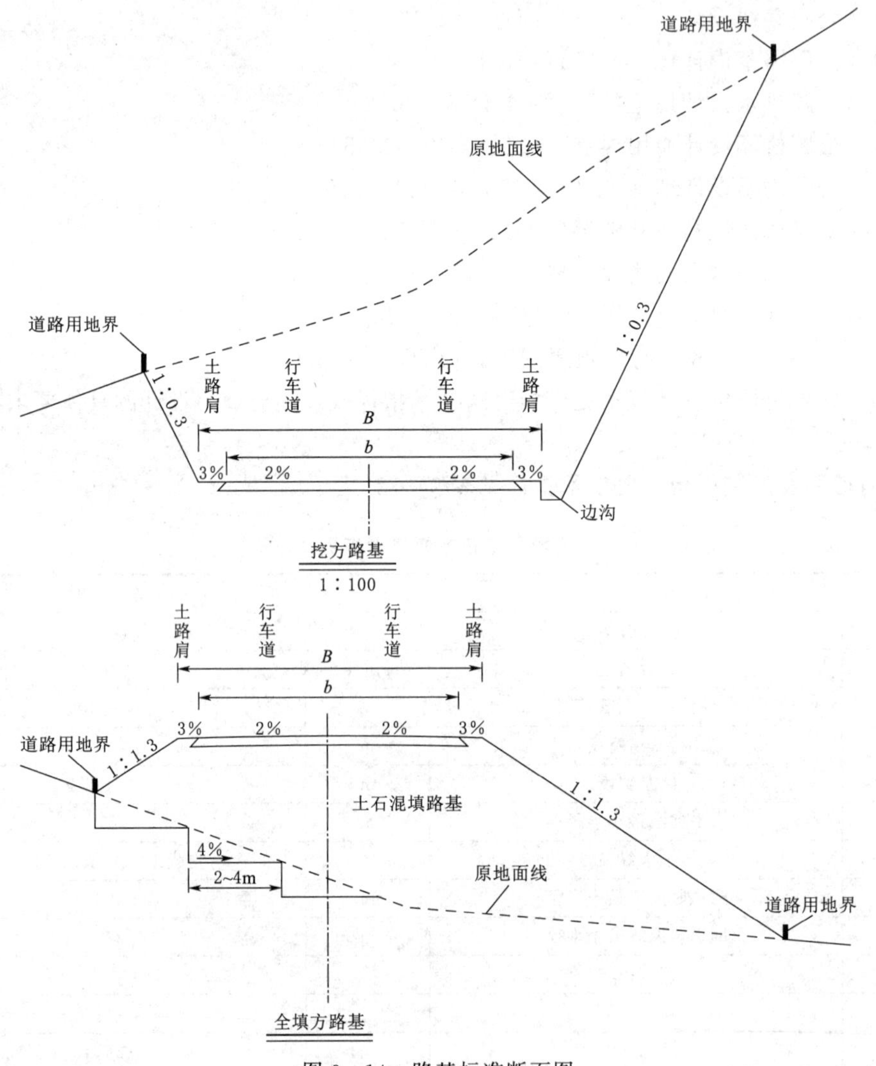

图 9-14 路基标准断面图

填方路基：路基的填方边坡坡率采用 1∶1.3。本道路填方用土优先考虑路基挖方土，然后再考虑路外借方。填方路基应分层铺筑均匀压实，填料应用指定的料场且经过试验确认后方能填筑。每一层填料的规格、压实度和填料最小强度必须满足表 9-13 所列数值要求，当填料无法满足规范要求时，必须采取适当的处理措施或换填符合要求的土。每层填土最大松铺厚度应根据现场压实试验确定，一般最大松铺厚度不大于30cm，也不小于10cm，同种材料的填筑层累计厚度不宜小于50cm，压实层的表面应整平并做成路拱。土的压实应控制在接近最佳含水量进行。施工过程中对土的含水量必须严加控制、及时测定、随时调整。

表9-13　　　　　　　　路基压实度及填料要求

项　目　分　类		路面地面以下深度/cm	填料最小强度/%	压实度（重型击实）/%
填方路基	上路床	0～30	5	≥94
	下路床	30～80	3	≥94
	上路堤	80～150	3	≥93
	下路堤	＜150	2	≥90
零填及挖方路堑路肩		0～30	5	≥94

挖方路基：一般挖方路基边坡率1∶0.3～1∶0.5。本项目无20m以上高边坡，不设马道。

（2）路基超高、加宽方式。道路曲线段路基超高方式为绕曲线内侧行车道边缘旋转，最大超高为2%；本风电场叶片采用举升车运输，平曲线加宽值主要受塔筒运输控制。本项目塔筒为4节，顶端一节最长。采取的平曲线加宽值：R＞60m，不加宽；60m≥R≥45m，加宽值为1m；45m＞R≥30m，加宽值为2m；30m＞R≥20m，加宽值为3m；R＜20m，根据地形特点设置转弯平台。

（3）路基防护。

1）路基防护按照设计、施工与养护相结合的原则，采取工程防护为主，确保稳定、协调景观。

2）填方边坡防护。沿线的路堤，因受地形及沿路冲沟的影响，须设置防护措施加以支挡，以保证路基的稳定性。本项目沿线根据地形、填方边坡高度及地质、地层等情况设置路肩挡土墙、路堤挡土墙等。

挡土墙材料要求：一般路段挡土墙石料极限抗压强度应不小于40MPa；一般路段挡土墙砌筑砂浆为M7.5，勾缝砂浆为M10；墙背回填石渣应采用不宜风化的路基开挖石料，粒径应不大于8cm。

3）挖方边坡防护。尽量避免深挖边坡的开挖，必要时采用浆砌片石护面墙进行防护。在采用防护措施的同时考虑系统的截排水工程。

（4）路面设计。

1）路面形式。道路横断面设计采用单幅的路幅形式，同时兼顾施工期间风机运输和安装的大型车辆及施工设备的通行要求。场内道路路基宽5.5m，路面宽4.5m。进站道路加铺水泥混凝土路面，路基宽6.5m，路面宽6.0m。在直线路段采用双向横坡，由路中央向两侧倾斜，形成直线式路拱，行车道横坡为2%，路肩横坡为3%。曲线段圆曲线半径小于150m时，按规定设置超高，形成单一横坡。

2）路面结构。场内道路路面采用山皮石路面，厚度20cm。山皮石路面所用的石料，其等级不宜低于Ⅳ级，尽量选用尺寸较大、表面粗糙、有棱角、颗粒形状接近立方体的碎石，长条、扁平状颗粒不宜超过20%。在面层中，可采用尺寸为15～25mm或25～35mm的碎石，嵌缝料可用5～15mm的石屑。可采用路基开挖料中符合上述要求的石料。筑路材料及施工措施应满足有关路面设计及施工技术规范的要求。

进站道路路面参照《公路水泥混凝土路面设计规范》（JTG D40—2011）设计，道路设计基准期10年，安全等级三级。结合进站道路的交通量、施工条件及类似工程项目的经验，进站道路采用水泥混凝土路面结构型式：22cm C30水泥混凝土面层+20cm水泥稳定级配碎石基层（水泥掺量5%）。水泥稳定级配碎石基层压实度不小于98%，7d无侧限抗压强度不小于4.0MPa，水泥掺量不小于5%；C30水泥混凝土路面设计弯拉强度不小于4.0MPa。接缝施工按照《公路水泥混凝土路面施工技术细则》（JTG/T F30—2014）要求执行。进站道路路面结构待大件设备运输结束后再行施工。

筑路材料及施工措施应满足有关路面设计及施工技术规范的要求。

（5）路基、路面排水设计。

1）路基排水。

填方地段：道路所处区域降雨量较大，地形陡峭，填方地段路面排水经路堤就近排到自然水沟或路基低洼处。

挖方路段：靠山侧设40cm×40cm（高×宽）的矩形边沟。土质路基采用M7.5浆砌石砌筑防护，厚20cm。路基排水边沟如图9-15所示。边沟汇水须引出路基范围。

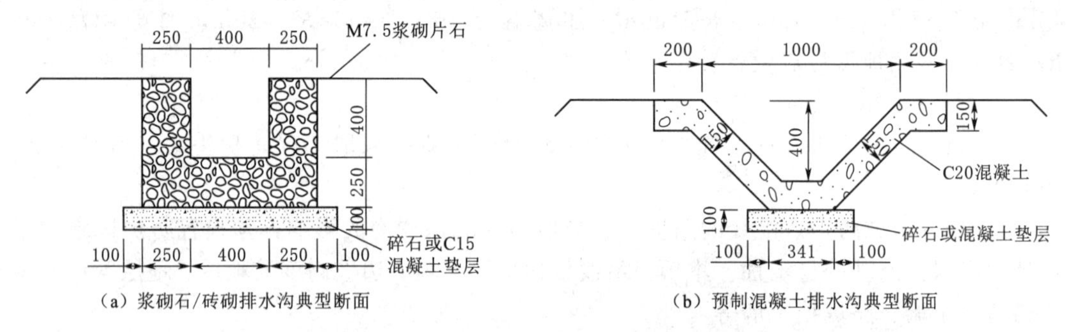

图9-15 路基排水边沟示意（单位：mm）

2）路面排水。路面排水一般是通过路拱横坡采用漫流形式排除。

5. 涵洞

（1）技术标准采用情况。全线采用的设计标准如下：

设计汽车荷载等级：公路-Ⅱ级。

设计洪水频率：大、中桥为1/150；小桥及涵洞为1/25。

桥涵宽度：涵洞与路基同宽。

（2）沿线桥梁、涵洞的分布情况。全线无新建桥。于地势低洼需过水处设置涵洞，一般采用单孔或双孔直径1m的圆管涵。

（3）圆管涵主要材料。

管身混凝土：C30。

管身钢筋：采用HPB300钢筋。

基础：管身及进出口基础采用 M10 浆砌片石。

洞口：洞口墙身及帽石采用 M10 浆砌片石，石料强度不低于 40MPa。洞口铺砌、隔水墙均采用 M10 浆砌片石，石料强度不低于 40MPa。勾缝材料用 M10 砂浆。

6. 沿线设施

道路路线布置于山腰且坡度较大时，应布置安全防撞措施。本工程采用防撞墩，C25 素混凝土浇筑，表面刷反光漆。沿线根据需要设置道路交通广角镜、限速标志、转向标识、示警桩等。交通标志做法参见《公路交通标志和标线设置规范》(JTG D82—2009)。

7. 环境保护

施工期间，做好土石方调配工作，开挖弃渣采取集中堆存的原则，严禁随意弃渣，以避免水土流失污染环境。

由于新建道路改变地表水的自然流态，因而对沿线排水做了系统的设计，使整个排水系统自成体系，避免破坏天然植被，保护环境。

在施工期间应注意加强管理，尽量减少施工机械噪声和灰尘对沿线环境和村庄的污染，高填深挖裸露坡面施工应同步实施防护。严禁向江河、水库、水塘倾倒弃方和垃圾。强化施工人员环境教育，确保各项环保措施得到具体实施。

（五）风机吊装平台

1. 布置形式

为满足风电机组的施工吊装需要，在每个风机基础旁，设一处施工吊装平台，并与场内施工道路相连。根据地形，吊装平台布置为饱满的多边形布置，布置原则为依照山体地形开挖，面积不小于 1800m^2，包括风机基础，吊装平台宽度不小于 30m 以保证吊装需要。根据吊装要求，需对部分吊装平台进行扩挖，保证在吊装平台具备风机叶片拼装条件。

2. 技术要求

风机吊装平台技术要求如下：

(1) 吊装平台尺寸：包括风机基础不小于 1800m^2。

(2) 场地最小坡度：0.3%，场地最大坡度：1%。

(3) 地基承载力：不小于 200kPa。

(4) 挖方边坡：1∶0.5，填方边坡：1∶1.5。

(5) 填筑材料及压实标准同场内道路路基。

（六）弃土场设计

本工程土石方平衡后无弃方，无须设置弃土场。

二、江西莲花山风电项目介绍

（一）概述

国家电投江西兴国莲花山风电场工程位于江西省赣州市兴国县东北面 25～50km 处的兴莲乡、古龙冈镇及兴江乡境内。场区周边有 G72 国家高速、G319 国道、S323 省道、S208 省道，对外交通较便利。

莲花山风电场工程拟安装 WTG3/2MW 风机 51 台，总装机容量 102MW，海拔为 700～960m。风机叶片直径为 115m，轮毂高度为 85m。本风电场新建一座 220kV 升压站。施工总工期为16个月。

莲花山风电场进场道路方向与大水山风电场一致，即在兴国西下高速后，沿G319国道向东南至高兴镇，转S323省道向北，在草青村向东转X974县道，经过方太乡、城岗乡后，在城岗乡东北约3.0km的山脊处与新建进场道路的起点相接。

本项目共布置场内主线道路5条，支线道路34条，总长72.573km。

本项目场内道路在工程施工期主要承担外来物资运输、机组设备和吊装设备运输等任务，运行期主要承担机组检修等任务。

（二）工程地质

1. 地形地貌

本场区地形属于侵蚀构造中低山地形，地势高耸，地形切割较剧烈，场区内植被茂密，如图9-16所示，风电场区海拔为700～960m。风电机主要布置在地势相对较高的山梁上。本工程场区交通较便利，场区附近有S225省道、G319国道、G72泉南高速等通过。

图9-16　风电场区地形地貌

2. 地层岩性

拟建场区内布置风电机位置控制性地层以震旦系变余砂岩（$Z_{Ⅱ}$、$Z_{Ⅲ}^{1}$）、凝灰质砂岩（$Z_{Ⅰ}$）、燕山岩浆旋回早期斑状花岗岩（γ_5^{2-1}）为主，为便于描述，以下不再细化砂岩成分，统一以砂岩代称。根据收集地质的资料结合场区天然岩层断面及探井揭露地层特征，本场区主要地层共分为3个主层，4个亚层。以下按由新至老的顺序进行描述：

（1）残积土（Q_4^{el}），褐色、棕红色，湿，中密，主要成分为黏质粉土，表层含大量植物根系及碎石，开挖容易，分布较广，但是厚度较薄。该层层厚1.0～1.5m，承载力特征值f_{ak}=160kPa。

（2）层：全风化砂岩②$_1$层、中等风化砂岩②$_2$层，该层未被穿透，该层最大厚度约8.0m。

全风化砂岩②$_1$层，杏黄、紫红色，粉砂质结构，层状构造，岩石已基本风化成土状，但岩石结构尚可辨别，尚有残余结构强度，主要矿物为石英、长石，镐可挖动，岩石坚硬程度等级为极软岩，岩体完整程度破碎，岩体基本质量等级分类为Ⅴ类。承载力特征值f_{ak}=250kPa。

中等风化砂岩②$_2$层，杏黄、紫红色，粉砂质结构，层状构造，节理裂隙较发育，主要矿物为石英、长石。锤击清脆，岩芯钻方可钻进。岩石坚硬程度等级为较软岩，岩体完整程度较完整，岩体基本质量等级分类为Ⅳ类。该层承载力特征值 f_{ak}=900kPa。

（3）层：全风化花岗岩③$_1$层、中等风化花岗岩③$_2$层，该层未被穿透，最大揭示厚度 8.0m。

全风化花岗岩③$_1$层，紫红色，粗粒花岗结构，块状构造，岩石已基本风化成土状，但岩石结构尚可辨别，尚有残余结构强度，主要矿物为石英、长石，镐可挖动，岩石坚硬程度等级为极软岩，岩体完整程度破碎，岩体基本质量等级分类为Ⅴ类。承载力特征值 f_{ak}=300kPa。

中等风化花岗岩③$_2$层，紫红色，粗粒花岗结构，块状构造，节理裂隙较发育，主要矿物为石英、长石。锤击清脆，岩芯钻方可钻进。岩石坚硬程度等级为较软岩，岩体完整程度较完整，岩体基本质量等级分类为Ⅳ类。承载力特征值 f_{ak}=1200kPa。

本场区地下水主要为风化带网状裂隙水和基岩裂隙水，埋藏较深，水量较贫。山间洼地及坡脚处其地下水以孔隙潜水为主，埋藏较浅且水量较丰富；地下水的补给方式为大气降水和地表水，山坡斜坡地带为径流区，排泄方式为蒸发及向低处渗透，水位随季节有所变化。

在本次勘察期间，在井探深度（最大 8.0m）内未见地下水，综合考虑场地环境、探井资料，可不考虑地下水对风电机基础和升压站内建筑物基础施工的影响。

3. 水、土腐蚀性评价

本次勘察期间场区附近未发现外界污染源且场区控制性地层主要为基岩，依据本阶段勘探成果及在附近场区工程经验，场地土对混凝土结构及钢筋混凝土结构中的钢筋按微腐蚀性考虑。

4. 工程场地稳定性评价

场区内部分风电机所处位置处山脊较窄，风电机布置应留足与坡肩的安全距离，并将基础嵌入基岩中，基础开挖后要及时浇筑回填。场平过程中如进行削坡，应采取适当的堡坎、护坡等加固措施，具备放坡条件的情况下可考虑适当放坡。同时，应注意合理弃渣，防止形成泥石流、滑坡等次生灾害。风电机基础地段开挖后坑壁应按照不同地层岩性考虑放坡坡度。

场内道路沿线地质环境条件较好，现状地质灾害不发育，无滑坡、崩塌、泥石流等地质灾害，工程建设切坡将改变斜坡的天然安息角，使斜坡形成临空面，可能引发滑坡、崩塌等地质灾害。公路沿线对切坡地段要按设计和规范要求进行放坡，对稳定性差的边坡要进行堡坎、护坡，内侧修好排水沟，过沟段要保证桥、涵洞的过水通畅。

（三）场外交通运输方案

1. 场区周边交通概况

场区南部 G72 泉南高速东西向经过；东部有 G6011 昌宁高速南北向通过；西部有 S223 省道南北向通过；北部紧邻县界，在北部宁都县境内有 S225 省道东西向穿过。距离风电场最近的高速出口分别是位于 G72 泉南高速上的兴国西、兴国东和鼎龙出口。

根据本项目可研报告的评审意见，本风电场与大水山风电场建设统筹考虑。现阶段基本确定大水山风电场和莲花山风电场在运营期的运维人员全部在大水山风电场的升压站内工作。为便于运营期交通便利，打通大水山风电场和莲花山风电场之间的交通连接是极其必要的。由于大水山风电场进场道路通过紧邻莲花山风电场西侧的城岗乡，莲花山风电场的进场道路重点考虑从城岗乡方向进场。

2. 进场交通方案选择

本方案进场方向与大水山风电场进场道路方向完全一致：从兴国西下高速后，经过G319国道到达高兴镇，转S223省道，在草青转X794县道，经过方太乡，到达城岗乡，之后继续沿X794县道到达城岗乡东北方向的山脊马鞍处，到达新建进场道路的起点处。

该方案与大水山风电场共用，沟通协调工作减少很多；打通了莲花山风电场和大水山风电场连接道路，后期运营交通便利；上山道路全部为新建进场道路，不经过村庄，无拆改，且路线较短，约为6.8km，作为进场道路方案优势明显。

但是，也因为该方案为两个风电场的唯一进场通道，施工期设备运输交通量过大，协调工作量较大。另外，城岗乡有一转盘需要拆除，如图9-17所示。

(a) X794县道上的大桥

(b) 城岗乡的转盘

(c) 新建进场道路的起点

图9-17　场外交通现状

3. 叶片运输方式选择

叶片作为风机设备的最长件，其运输车辆的性能决定了风电场进场及场内道路的路线技术指标的选用，特别是平面圆曲线半径、曲线加宽等。现国内叶片运输车辆主要有平板车及举升车两类。举升车运输技术上更为先进，较适合山地、重丘风电场。

由于本风电场场内地形陡峭复杂，道路多布置于陡坡、冲沟，小半径曲线设置较多，采用举升车可使道路布线跟地形更加吻合，对道路工程量的影响较小，能有效节约道路建设投资。

本风电场叶片运输采用特种运输车辆。

（四）场内外道路设计

1. 设计依据

本工程场内道路为等外道路，参照四级公路标准进行设计，进场、场内道路设计依据：

(1)《公路路线设计规范》(JTG D20—2017)。

(2)《公路路基设计规范》(JTG D30—2015)。

(3)《公路排水设计规范》(JTG/T D33—2012)。

(4)《公路桥涵设计通用规范》(JTG D60—2015)。

(5)《公路涵洞设计细则》(JTG/T D65-04—2007)。

(6)《公路桥涵地基与基础设计规范》(JTG D63—2007)。

(7)《公路工程水文勘测设计规范》(JTG C30—2015)。

(8)《公路环境保护设计规范》(JTG B04—2010)。

(9) 本项目风机设备厂家提出的道路技术指标及业主对道路设计的具体要求。

由于叶片采用特种运输方式，道路的设计受塔筒运输控制。塔筒运输参数见表9-14。

表9-14 塔筒运输参数

塔筒	运输尺寸/(mm×mm)	运输重量/kg	备注
第一节	22430×ϕ3777	30689	
第二节	22090×ϕ4300	48498	
第三节	17916×ϕ4660	42835	
第四节	19910×ϕ4660	64296.5	
合计		186318.5	

2. 设计标准

场内道路及安装平台主要技术指标表见表9-15。

表9-15 场内道路及安装平台主要技术指标表

序号	项目	单位	指标
1	公路等级		参照四级公路
2	设计速度	km/h	15
3	设计汽车荷载等级		公路-Ⅱ级
4	路面宽度	m	5.0 (4.0)
5	路基宽度	m	6.0 (5.0)
6	平曲线最小半径	m	内弯25，外弯20
7	平曲线最小长度	m	一般值30，极限值25m
8	最大纵坡	%	主线14、支线18；当道路转角大于90%且半径小于30m时，道路纵坡不大于10%

续表

序号	项目	单位	指标
9	纵坡小于10%的最大坡长	m	300
10	凸型竖曲线最小半径	m	200
11	凹型竖曲线最小半径	m	250
12	路面类型		土质路基：20cm厚山皮石路面 石质路基：20cm厚山皮石路面+30cm厚块石基层
13	风机安装平台尺寸		≥2000m^2（包括基础）

注 1. 部分地形极其复杂、坡陡弯急的路段，适当地降低了道路设计标准。
2. 括号内的数据为支线道路，括号外的为主线道路。
3. 当道路半径小于20m时，设置转弯平台，平台宽度不小于30m，纵坡不大于5%。

3. 路线

本风电场场区由X455、X456两条南北向的县道将场区分为西部、中部和东部三个独立的区域。根据前面章节的论述结果，本风电场设置一条进场道路。

（1）进场道路。进场道路起点位于城岗乡东北部约3km的山脊马鞍处，全部为新建道路，终点为A11号风机附近，总长6.8km。道路沿山脊布线，不穿过村庄和农田，基本不涉及拆改。

（2）西部场区。西部场区共布置A1～A11号风机共计11台，道路总长约14km。其中W1号路的K4+300～5+200段利用现有道路改建，该段道路穿过村庄，道路改建工程量较小。该段道路的比较路段长约1.6km，为新建道路，平均每公里道路开挖工程量为2.5万m^3，工程量较大。推荐该段道路利用现有道路改建。

（3）中部场区。中部场区共布置A12～A37号风机共计26台，道路总长约30km。

其中对W1号路的K8+650～11+500段进行了比较，推荐方案为新建路段，尽可能地避开了村庄和农田，部分路段无法完全避开村庄，且工程量较大，开挖工程量约为7.8万m^3。比较路段利用现有道路改建，长约2.9km，穿过村庄，其中1.9km现状为水泥混凝土路面，改建开挖工程量约为2.9万m^3。

该条道路为风电场的主要道路，本风电场有40台风机的运输要从这条路上通过，而且，风电场二期工程的运输道路也利用该条道路作为主要运输道路。启用比较方案，大量的交通量可能会破坏现有的水泥混凝土路面，穿过村庄带来的协调工作量也会不少。因此，不建议启用比较方案。

（4）东部场区。东部场区共布置A38～A54号风机共计17台，道路总长约22km，全部为新建路段。

4. 路基、路面及排水

（1）一般路基设计原则、依据。路基设计主要参照《公路路基设计规范》（JTG D30—2015）的要求，认真做好调查研究，贯彻因地制宜、就地取材的原则，采取必要的排水防护措施，防止各种不利的自然因素对路基造成的危害，确保路基有足够的强度和稳定性。

1）填方路基。路基的填方边坡坡率采用1∶1.3。本道路填方用土优先考虑路基挖方土，然后再考虑路外借方。填方路基应分层铺筑均匀压实，填料应用指定的料场且经过试验确认后方能填筑。路基压实度及填料必须满足表9-16的要求，当填料不满足表9-16中的相关要求时，必须采取适当的处理措施或换填符合要求的土。每层填土最大松铺厚度应根据现场压实试验确定，一般最大松铺厚度不大于30cm，也不小于10cm，同种材料的填筑层累计厚度不宜小于50cm，压实层的表面应整平并做成路拱。土的压实应控制在接近最佳含水量进行。施工过程中对土的含水量必须严加控制、及时测定、随时调整。

表9-16　　路基压实度及填料要求

项目分类		路面底面以下深度/cm	填料最小强度/%	压实度（重型压实）/%
填方路基	上路床	0～30	5	≥94
	下路床	30～80	3	≥94
	上路堤	80～150	3	≥93
	下路堤	150以下	2	≥90
零填及挖方路堑路肩		0～30	5	≥94

2）挖方路基。一般挖方路基边坡率1：0.3～1：0.5。在施工过程中，当岩层产状及地质条件发生变化时，可报监理工程师批准后适当放陡或放缓边坡坡度。当开挖边坡大于20m，设置马道，马道宽1m，每15m一级。

（2）路基超高、加宽方式。道路曲线段路基超高方式为绕曲线内侧行车道边缘旋转，最大超高为2%。

本风电场叶片采用举升车运输，平曲线加宽值主要受塔筒运输控制。本项目轮毂高度为85m，塔筒为4节，顶端一节最长，为22.5m。采取的平曲线加宽值：$R>60$m，不加宽；60m$\geqslant R\geqslant$45m，加宽值为1m；45m$>R\geqslant$30m，加宽值为2m；30m$>R\geqslant$20m，加宽值为3m；$R<20$m，根据地形特点设置转弯平台。

（3）路基防护。路基防护按照设计、施工与养护相结合的原则，采取工程防护为主，确保稳定、协调景观。

1）填方边坡防护。沿线的路堤，因受地形及沿路冲沟的影响，须设置防护措施加以支挡，以保证路基的稳定性。本项目沿线根据地形、填方边坡高度及地质、地层等情况设置衡重式路肩挡土墙、重力式路堤挡土墙等。

2）挡土墙材料要求。一般路段挡土墙石料极限抗压强度应不小于40MPa；一般路段挡土墙砌筑砂浆为M7.5，勾缝砂浆为M10；墙背回填石渣应采用不易风化的路基开挖石料，粒径应不大于8cm。

3）挖方边坡防护。尽量避免深挖边坡的开挖，必要时采用浆砌片石护面墙进行防护。在采用防护措施的同时考虑系统的截排水工程。

（4）路面设计。

1）路面形式。道路横断面设计采用单幅的路幅形式，同时兼顾施工期间风机运输和安装的大型车辆及施工设备的通行要求。主线道路路基宽6.0m，路面宽5.0m；支线道路路基宽5.0m，路面宽4.0m。进站道路加铺水泥混凝土路面，路基宽6.5m，路面宽

6.0m。在直线路段采用双向横坡，由路中央向两侧倾斜，形成直线式路拱，行车道横坡为2%，路肩横坡为3%。曲线段圆曲线半径小于150m时，按规定设置超高，形成单一横坡。

2）路面结构：

a. 场内道路路面。石质路基，采用山皮石路面，厚度20cm。对于土质开挖路基和回填路基，路面结构为：30cm块石基层＋20cm山皮石面层。以路基开挖料中强、弱风化岩填筑，或就近取材。严禁使用覆盖层开挖料。路面材料最大粒径不应超过100mm；石料中无黏土块、植物等有害物质。块石基层材料最大粒径不应超过200mm。部分陡坡路段需要在雨季运输时应设置防滑层，防滑层一般为混凝土骨料，或采取硬化路面。防滑层另行设计。

b. 进站道路。进站道路路面参照《公路水泥混凝土路面设计规范》（JTG D40—2011）设计，道路设计基准期10年，安全等级三级。结合进站道路的交通量、施工条件及类似工程项目的经验，进站道路采用水泥混凝土路面结构型式：22cm C30水泥混凝土面层＋20cm水泥稳定级配碎石基层（水泥掺量4%）。水泥稳定级配碎石基层压实度不小于98%，7d无侧限抗压强度不小于4.0MPa，水泥掺量不小于4%；C30水泥混凝土路面设计弯拉强度不小于4.0MPa。接缝施工按照《公路水泥混凝土路面施工技术细则》（JTG/T F30—2014）要求执行。进站道路路面结构待大件设备运输结束后再行施工。筑路材料及施工措施应满足有关路面设计及施工技术规范的要求。

（5）路基、路面排水设计。路基排水方面，对于填方地段，道路所处区域降雨量较大，地形陡峭，填方地段路面排水经路堤就近排到自然水沟或路基低洼处；对于挖方路段，靠山侧设40cm×40cm（高×宽）的矩形边沟。汇水面积大时，采用M7.5浆砌石砌筑防护厚20cm。边沟汇水须引出路基范围。

路面排水一般通过路拱横坡采用漫流形式排除。

5. 涵洞

（1）技术标准采用情况。桥涵设计依据交通部颁布的《公路工程技术标准》（JTG B01—2014）、《公路桥涵设计通用规范》（JTG D60—2015）、《公路钢筋混凝土及预应力混凝土桥涵设计规范》（JTG 3362—2018）、《公路桥涵地基与基础设计规范》（JTG D63—2007）、《公路工程抗震规范》（JTG B02—2013）、《公路桥涵施工技术规范》（JTG/T 3650—2020）。

全线采用的设计标准为：设计汽车荷载等级：公路-Ⅱ级；设计洪水频率：大、中桥为1/50，小桥及涵洞为1/25；桥涵宽度：涵洞与路基同宽。

（2）沿线桥梁、涵洞的分布情况。全线无新建桥，于地势低洼需过水处设置涵洞，一般采用单孔或双孔直径1m的圆管涵。

（3）圆管涵主要材料。

管身混凝土：C30。

管身钢筋：采用HPB300钢筋。

基础：管身及进出口基础采用M7.5浆砌片石。

洞口：洞口墙身及帽石采用M7.5浆砌片石，石料强度不低于40MPa；洞口铺砌、隔水墙均采用M7.5浆砌片石，石料强度不低于40MPa；勾缝材料用M7.5砂浆。

6. 沿线设施

道路路线布置于山腰且坡度较大时，应布置安全防撞措施。本工程采用墙式防撞护栏，M7.5浆砌石砌筑，表面刷反光漆。

沿线根据需要设置道路交通广角镜、限速标志、转向标识等。

7. 环境保护

施工期间，做好土石方调配工作，开挖弃渣采取集中堆存的原则，严禁随意弃渣，以避免水土流失污染环境。

新建道路改变地表水的自然流态，因而对沿线排水做了系统的设计，使整个排水系统自成体系，避免破坏天然植被，保护环境。

在施工期间应注意加强管理，尽量减少施工机械噪声和灰尘对沿线环境和村庄的污染，高填深挖裸露坡面施工应同步实施防护。严禁向江河、水库、水塘倾倒弃方和垃圾。强化施工人员环境教育，确保各项环保措施得到具体实施。

（五）风机安装场

1. 布置形式

为满足风电机组的施工吊装需要，在每个风机基础旁，设一处施工安装平台，并与场内施工道路相连。根据地形，安装场布置为饱满的多边形布置，布置原则为依照山体地形开挖，面积不小于2000m^2，包括风机基础，安装场宽度不小于30m以保证吊装需要。

根据吊装要求，需对部分安装平台进行扩挖，保证在安装场具备风机叶片拼装条件。

2. 技术要求

风机安装平台技术要求如下：

（1）安装场尺寸。包括风机基础不小于2000m^2。

（2）场地最小坡度为0.3%；场地最大坡度为1%。

（3）地基承载力不小于200kPa。

（4）挖方边坡为1∶0.5；填方边坡为1∶1.5。

（5）填筑材料及压实标准同场内道路路基。

（六）弃土场设计

本项目地形复杂，道路和安装场基本以挖方为主，填方很少，各部位土石方无法平衡，需要设置弃土场。

弃土场根据风电场道路和风机位的具体布置，在道路沿线选取9个弃土场，均匀分布在风电场范围内，使得各部分弃渣运输距离相当，平均运距2km。弃土场一般设置在山脊马鞍处、上游汇水面积小、地势平坦的位置，有利于渣场的防护和安全。本工程弃土场主要工作内容有：M7.5浆砌石挡渣墙、排水沟及截水沟砌筑；场地平整等。

挡墙基础埋深不小于2m，基础地基承载力不小于250kPa。如遇不良地基，经现场工程师确认后可采用碎石换填基础或抛填石块压实置换。基础周边做好排水设施，排水孔出口高出地面或边沟水位30cm。挡墙回填土压实度不小于0.92。周边排水沟离挡墙水平距离不小于10m，就近接入当地排水系统或适当位置自流。

在挡墙砌石体强度达到规范要求后可以进行土石方回填施工，土石回填由反铲或人工将运至现场的土石料分层填至后膛，每层铺厚 25～40cm，人工用小型夯机夯实。夯填中严禁夯机夯碰砌体，同时投料要轻、均匀，同层等高等厚度施工，尽量保持水平。在与排水孔接触部位回填中铺料与夯实均要人工小心进行，以保持水孔后期能正常排水。

第十章　风电场道路国内外发展现状与展望

【本章要点】

风电场地形条件复杂，风电机组设备重量大、尺寸长，运输道路经济性要求较高以及相关标准和规范的匮乏，导致风电场道路设计及选线工作非常困难；此外，风电场建设工作开挖、填埋等工作频繁，使原生地表的植被覆盖物和土壤结构遭到一定程度破坏，造成风电场周边出现水土流失现象。针对上述问题，本章通过对风电场道路设计相关文献进行大量调研，归纳了道路选线优化、圆曲线设计、纵断面设计的研究进展，并对其进行比较分析；总结了风电场水土流失的成因及特点，列举了目前风电场水土流失强度预测的方法，并根据以往研究中的水土流失防治措施进行归纳整理，提出风电场水土流失防治措施体系。最后根据现有研究成果和风电行业的发展现状，对风电场道路建设面临的问题进行了总结，并对其发展前景进行了展望。

第一节　选线方法优化

传统线路路径的选择分为纸上定线和野外勘测选线，室内选线在小比例尺地形图上进行，根据收集的资料，比较分析后确定几个较优方案，待野外勘测后最终确定最佳路径。地形图受制于比例尺较小和现势性较差等缺点，地形地物与实际情况有较大出入。针对该问题许多学者对选线方法进行了改进与优化，改进方法可分为航空测量设备辅助勘测、专业软件辅助设计与道路智能选线模型三种。

一、航空测量设备辅助勘测

风电场地形勘测是整个道路设计阶段中的一个重要环节，地形勘测准确程度间接影响了风电场道路工程整体造价以及施工难度。传统的风电道路设计方式是由设计人员使用测量设备进行实地现场勘测，但外部作业测绘工作量较大，且一些特殊地形无法进行精准测量。为提高电力勘测设计质量，提高勘测设计进度，航空测量技术作为一种勘测手段目前已被广泛应用于电力行业勘测设计中。

刘伟等[1] 结合内蒙古某风电场无人机航测技术的应用实例，利用航测技术，一次性完成了风电场航测工作，由该技术生成的数字高程模型效果图如图10－1所示。张杰[2] 提出了无人机搭载雷达生成数字化风电场走廊，通过介绍LiDAR（激光雷达）技术在湖南大马风电场项目中的实际应用，说明了LiDAR技术在风电场项目中应用的

图10－1　数字高程模型效果图

可行性，其工作流程如图 10-2 所示。

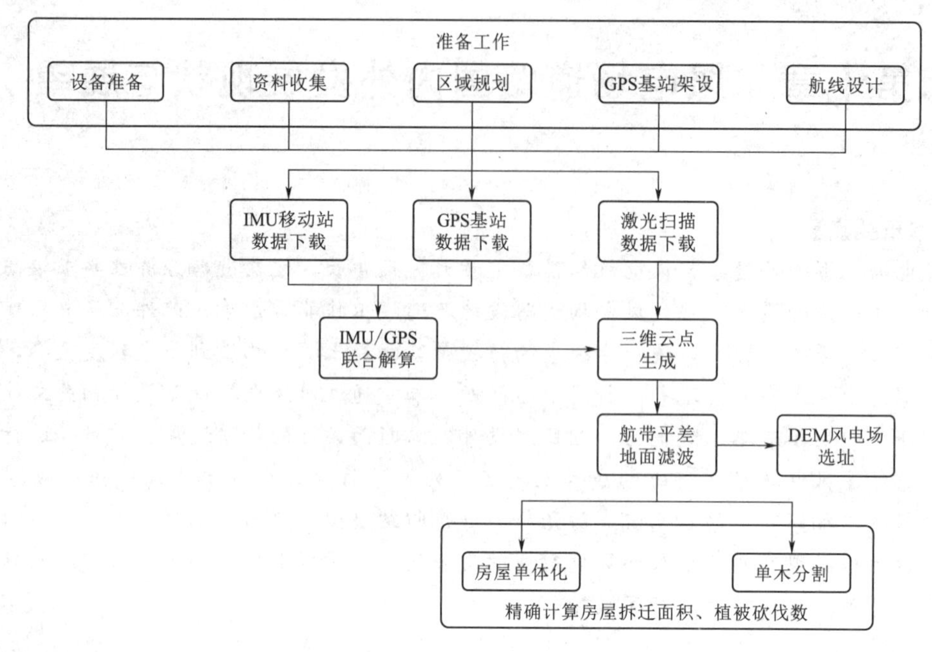

图 10-2　LiDAR 工作流程

二、专业软件辅助设计

K. Nassar 等[3] 使用 Stroboscope 模拟工具对风电场的施工过程进行了模拟，工具模拟结果可以在修建进场道路时根据不同的路线，计算出产生的挖方和填方量，显著降低了施工成本和时间；马风有等[4] 将设计结果附加到 Google Earth 卫星图像上，如图 10-3 所示，并根据实际自然地形，对数字地形图上道路路径的位置进行合理性修正，提高了设计质量；肖剑等[5] 利用 BIM 结合地形信息系统，对拟建场地和建筑物进行三维建模，并基于无人机三维实景建模实现了道路自动选线和集电线路自动规划设计；陈可仁等[6] 首次将 GIS 与 BIM 融合，将三维设计模式应用到风电设计当中，风电场三维数字化设计平台的开发，辅助各专业设计人员进行同步设计，同时利用三维数字化模型指导设备的现场安装施工，提高了项目建造的精细程度。

图 10-3　数字地形图上设计的路径

三、道路智能选线模型

曾诗晴等[7] 针对风机设备安全运输的道路智能化设计需求，建立了一种综合考虑风电场多维复杂地形环境的道路中心线规划网络模型，在传统 GIS 寻径算法基础上提出多维地形及风机参数约束的风电场道路优化设计方法，该方法算法流程如图 10-4 所示，突破了传统道路设计主要依托 CAD 辅助制图技术在多维空间整体表达上的局限性，实现了风电场道路三维实景信息的完备表达。

周涛等[8] 利用多元线性规划（LP）模型的道路优化设计方法，该模型算法流程如图 10－5 所示，实现了在三维 GIS 环境下顾及风电工程建设成本及道路线形设计规范的平面道路快速构建，最终获得建设成本最优及规范化修正的线路设计方案。

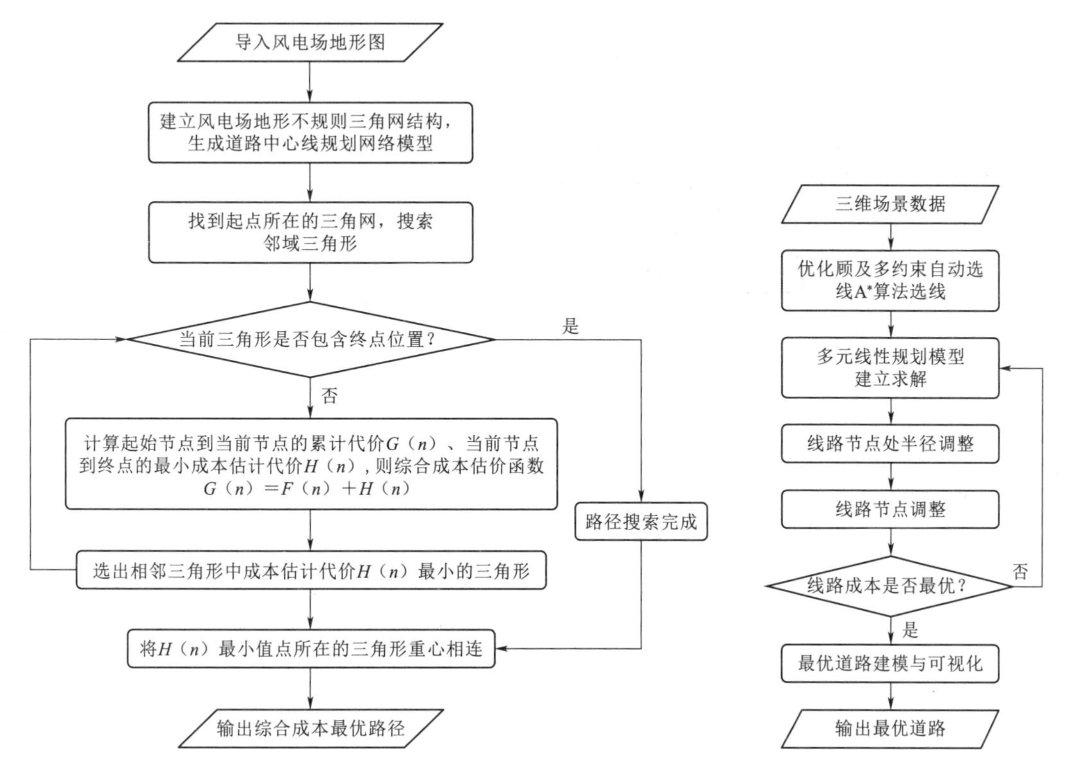

图 10－4 多维地形及风机参数约束算法流程　　图 10－5 LP 模型算法流程

王月爽[9] 采用 GIS 对地理空间信息进行采集、存储、管理和分析，并基于改进 A* 算法（图 10－6）的山地风电场道路智能选线模型，根据山区特征，对道路选线进行最优化处理，再通过使用 Python 编程，最终通过 GIS 实现智能选线。

Longfei Wang 等[10] 基于车载 GPS 数据，结合风电运维业务场景，采用 SOM 聚类方法建立风电机组的扩展网络结构，然后利用 Dijkstra 算法寻找机组间的最优路径，解决了风电场运行维护中机组间的道路规划问题，减少了运营和维护成本，其算法逻辑如图 10－7 所示。杨奎滨等[11] 基于 Jensen 尾流模型的风电场布局优化问题建模成目标函数及约束的形式，并考虑尾流叠加区域面积的影响，使用遗传算法与数学规划法进行求解，提出了一种基于软件算法的风电场场内道路机位排布联合自动优化方法。

航空测量设备与专业软件辅助这两种方法仅通过提高地形图的精确性与减少野外作业这两方面改进了设计工作。但建立道路智能选线模型能够考虑当地地理环境，道路平、纵、横组合、设计规范等方面综合选线。因此，道路智能选线模型相比上述两种方法更加适合于道路选线工作。

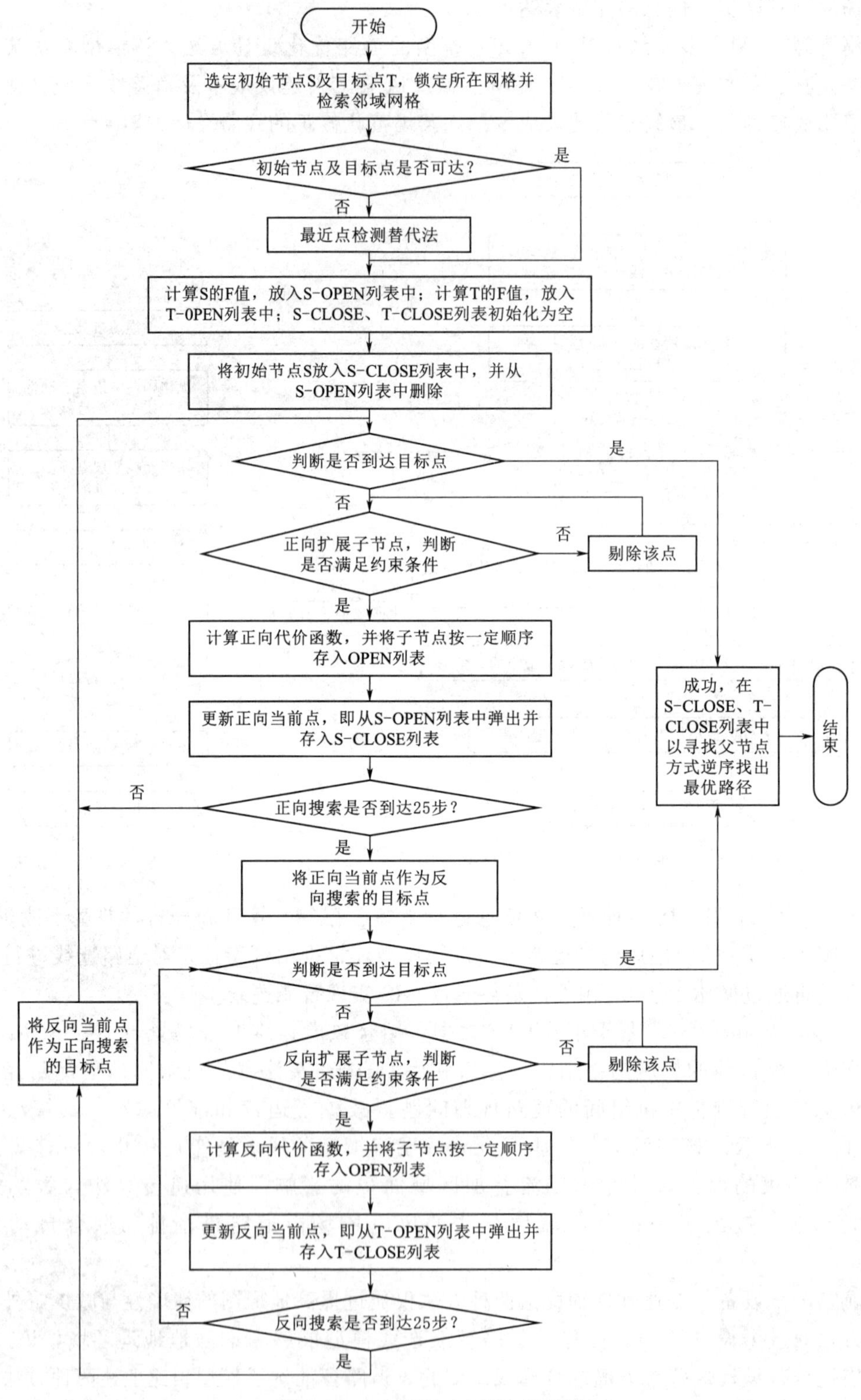

图 10-6 改进后 A* 算法流程图

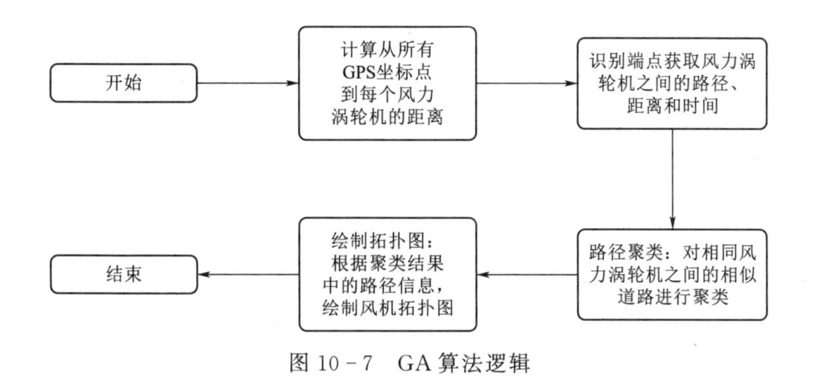

图 10-7　GA 算法逻辑

第二节　线形设计相关研究进展

一、圆曲线加宽

圆曲线加宽可以分为两种情况，第一种情况是由于车辆在圆曲线上行驶时车辆后轮向圆心偏移，导致车辆通过所需的横向空间增加，道路宽度不能满足车辆通行需求，故道路内侧需要加宽；第二种情况是当风机叶片采用平板半挂车运输时，由于叶片长度较长，会在挂车尾部有一段悬空部分，在车辆转弯时，这一部分也会增加车辆通过圆曲线所需的横向空间，道路宽度不能满足装载叶片车辆的通行需求，故道路需要拓宽，如图 10-8 所示。

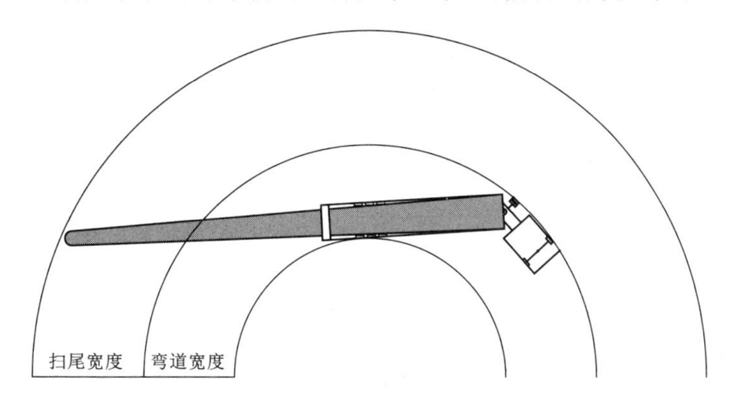

图 10-8　风电叶片平板车运输示意

郭迎福等[12] 针对叶片举升车的最小转弯半径与道路占用情况进行了理论计算，并与普通半挂车对比分析，通过实例分析论证了叶片举升车相对普通车辆对道路条件具有更高的适应性；姚昕亮[13] 根据道路两侧填挖情况的不同将弯道分为全挖方型内弯、内填外挖型内弯、内挖外填型外弯和全填方型外弯，在此基础上建立了风电道路平曲线内弯与外弯的几何加宽计算模型，并结合风电场常用运输车辆与风机设备尺寸，计算出 750kW 级、1500kW 级与 2500kW 级风机的内、外弯加宽值；陈康东、杜建文等基于公路加宽计算模型并结合风电场常用设备尺寸计算得到不同半径下的路面加宽值[14-15]；杨永红等[16] 通过建立几何模型计算出不同半径对应的道路加宽值及甩尾值；计枚选[17] 结合风电场道路设计经验建立了几何加宽值计算模型；陈康东[18] 对功率为 1500kW、2000kW 的风机机组内、外弯加宽值进行了计算，并对风电道路扫尾空间进行了分析；赵一鸣[19] 总结了目前国内外具有代表性的运输车辆和叶片尺寸，通过模拟空载和运载风机叶片的牵引车和半挂车转弯过程，得出推荐的路面加宽值；杨永红等[20] 根据铰接列车的后轮转向原理，结合车辆尺寸和平曲线要素分析车轮运行轨迹，完善路面加宽值模型；任腊春等[21] 利用 Auto TURN 转弯模拟软件对路肩加宽值进行计算，对比传统方法 Auto TURN 得到的模拟车辆转弯具有准确、快捷、方便的特点；除上述研究外，《风电场工程道路设计规范》（NB/T 10209—2019）也建立了后轮转向与非后轮转向运输车的加宽计算模型；上述加宽设计模型如图 10-9～图 10-11 所示。

1. 模型一（图 10-9）

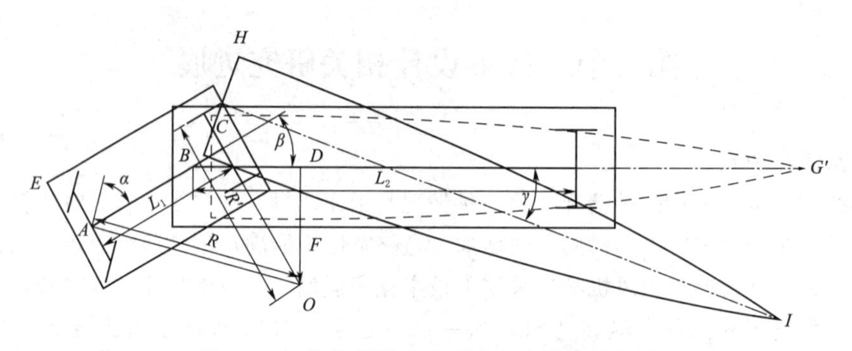

图 10-9　旋转风机叶片时道路占用情况分析

理论模型为

$$OF=\frac{L_1(1-\cos\beta\cos\alpha)}{\sin\alpha}+BC\sin\beta+\frac{W'}{2} \tag{10-1}$$

叶片根部连同托架向外旋转时

$$OH=\sqrt{\{[BD-S(1-\cos\delta)]^2+(OD+S\sin\delta)^2\}}+\frac{W'}{2} \tag{10-2}$$

叶片尾部向内旋转，则

$$OI=\sqrt{\{[OD-(L_b-S)\sin\delta]^2+[L_2+L_3-BD-L_b(1-\cos\gamma)-(L_b-S)(1-\cos\delta)]^2\}} \tag{10-3}$$

$$W_4=\max\{OI-OF,OH-OF\} \tag{10-4}$$

式中　α——牵引车前外轮最大偏转角，rad；

L_1——牵引车轴距，m；

L_2——半挂车车轴至牵引销的距离，m；

β——牵引车与半挂车中轴线的夹角，rad；

L_3——装载叶片后叶片尾部伸出的长度，m；

L_b——风机叶片长度，m；

W_4——牵引车宽度，m；

W'——半挂车宽度，m；

δ——风机叶片以距离安装端部长度为 S 的点为中心的旋转角度，rad。

2. 模型二（图 10－10）

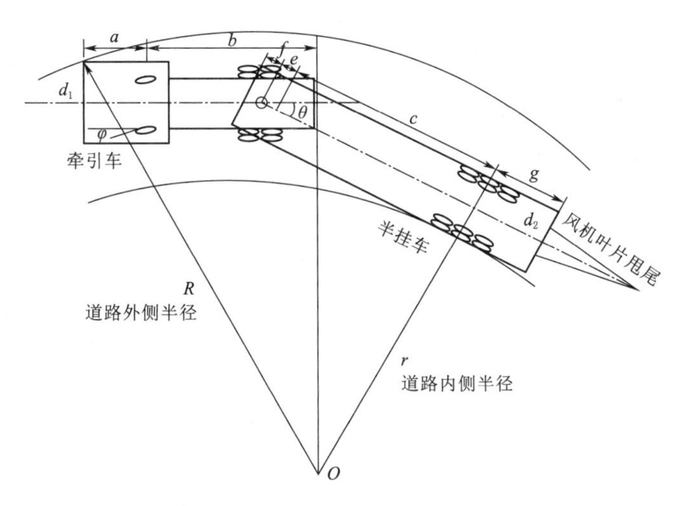

图 10－10　半挂车几何加宽计算模型

理论模型为

$$W=\sqrt{(a+b')^2+\left(\frac{d_1}{2}+\frac{c}{\sin\theta}+e\sin\theta\right)}-\left(\frac{c}{\tan\theta}-\frac{d_2}{2}\right) \tag{10-5}$$

$$\varphi=\arccos\frac{\frac{d_1}{2}+\frac{c}{\sin\theta}+e\sin\theta}{R'} \tag{10-6}$$

式中　a——牵引车前悬，m；

b'——牵引车轴距，m；

c——牵引车后轴中心线与半挂车纵轴的交点至半挂车后轴中心线的距离在水平面上的投影，m；

d_1——牵引车车宽，m；

d_2——半挂车宽度，m；

e——牵引车后轴中心线与半挂车纵轴线的交点至铰接点的距离在水平面上的投影，m；

θ——牵引车与半挂车的铰接角，rad；

φ——牵引车前轮转角；

R'——牵引车前端转弯半径，m；

W——道路宽度，m。

3. 模型三（图 10－11）

铰接列车驶入圆曲线时

$$\theta_{\text{in}}=2\arctan\frac{R_1\left[e^{(\varphi R_1A_1+B_1)}\left(A_1-\frac{2}{L_2}\right)+A_1+\frac{2}{L_2}\right]}{1-e^{(\varphi R_1A_1+B_1)}} \tag{10-7}$$

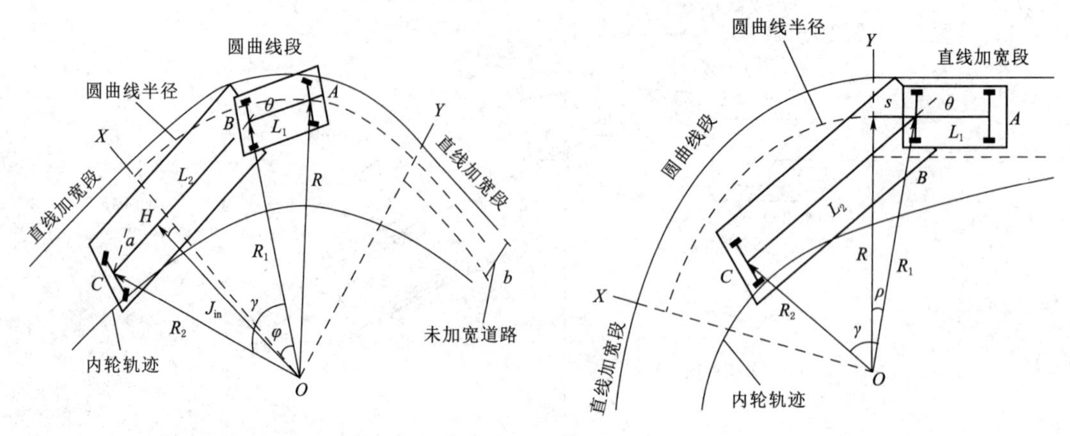

（a）后轮列车驶入圆曲线　　　　（b）后轮列车驶出圆曲线

图 10－11　后轮转向车加宽计算模型

$$\theta'_{\mathrm{in}}=2\arctan\frac{R_1\left[e^{(\varphi R_1 A_2+B_1)}\left(A_2-\frac{1}{L_2}\right)+A_2+\frac{1}{L_2}\right]}{1-e^{\varphi R_1 A_2+B_1}} \tag{10-8}$$

$$B_{\mathrm{in}}=\begin{cases}R-\sqrt{R_1^2+L_1^2-2L_2R_1\sin\theta}\cos\left[\left(\arccos\dfrac{2R_1^2+L_1^2-2L_2R_1\sin\theta-L_2^2}{2R_1\sqrt{R_1^2+L_1^2-2L_2R_1\sin\theta}}\right)-\varphi\right],0<\varphi\leqslant\\ \arccos\dfrac{2R_1^2+L_1^2-2L_2R_1\sin\theta-L_2^2}{2R_1\sqrt{R_1^2+L_1^2-2L_2R_1\sin\theta}}\\ R-\sqrt{R_1^2+L_1^2-2L_2R_1\sin\theta},\arccos\dfrac{2R_1^2+L_1^2-2L_2R_1\sin\theta-L_2^2}{2R_1\sqrt{R_1^2+L_1^2-2L_2R_1\sin\theta}}<\varphi\leqslant\Phi\end{cases} \tag{10-9}$$

铰接列车驶出圆曲线时

$$\theta_{\mathrm{out}}=\theta'_{\mathrm{out}}=2\arctan e^{\ln\tan\left(\frac{\theta_0}{2}\right)-\frac{2S}{L_2}} \tag{10-10}$$

$$B_{\mathrm{out}}=\begin{cases}R-\sqrt{R_1^2+S^2+L_2^2-2L_2\sqrt{R_1^2+S^2}\sin\left[\theta+\arctan\left(\dfrac{S}{R}\right)\right]},\\ \arctan\left(\dfrac{S}{R}\right)\leqslant\arccos\left(\dfrac{R_1^2+S^2+R_2^2-L_2^2}{2\sqrt{R_1^2+S^2}R_2}\right)\\ R-\sqrt{R_1^2+S^2+L_2^2-2L_2\sqrt{R_1^2+S^2}\sin\left[\theta+\arctan\left(\dfrac{S}{R}\right)\right]}\\ \times\cos\left[\arctan\left(\dfrac{S}{R}\right)-\arccos\left(\dfrac{R_1^2+S^2+R_2^2-L_2^2}{2\sqrt{R_1^2+S^2}R_2}\right)\right],\\ \arctan\left(\dfrac{S}{R}\right)>\arccos\left(\dfrac{R_1^2+S^2+R_2^2-L_2^2}{2\sqrt{R_1^2+S^2}R_2}\right)\end{cases} \tag{10-11}$$

加宽值

$$B=\max[B_{in},B_{out}]+\frac{0.05v}{\sqrt{R}} \tag{10-12}$$

式中　R_1——铰接角处与圆心 O 点的距离，m；

R_2——半挂车后轴中心与圆心 O 点的距离，m；

L_1——牵引车前轴中心至铰接销距离，m；

L_2——铰接销至挂车后轴中心距离，m；

φ——牵引车绕圆心 O 点行驶的转角，rad；

γ——R_1 与 R_2 的夹角，rad；

S——驶出圆曲线的距离，m；

θ_{in}——非后轮转向车驶入圆曲线时的铰接角，rad；

θ'_{in}——后轮转向车驶入圆曲线时的铰接角，rad；

θ_{out}——非后轮转向车驶出圆曲线时的铰接角，rad；

θ'_{out}——后轮转向车驶出圆曲线时的铰接角，rad；

B_{in}、B_{out}——驶入和驶出圆曲线的加宽值，m；

Φ——平曲线转角值，rad。

二、圆曲线半径

目前，对于风电场道路圆曲线最小半径的研究主要有两个方向，第一种是从车辆行驶时的横向滑移稳定性和横向倾覆稳定性进行分析，在此基础上考虑甩尾的影响，如杨永红等[16] 根据风机道路运输车辆代表车型转弯稳定性和行驶轨迹，系统研究了横向滑移稳定性、横向倾覆稳定性和甩尾悬挂稳态转弯的影响，并进行计算分析，研究得出风机运输道路平曲线转弯半径主要受甩尾悬挂稳态转弯的影响，推荐出风机运输道路平曲线一般最小半径和极限最小半径值，见表 10-1。赵一鸣[19] 总结了目前国内外具有代表性的运输车辆和叶片尺寸，从甩尾悬挂稳态转弯、横向滑移稳定性和抗倾覆性三个方面分析了圆曲线半径的设计要求；马开志等[22] 以实际工程为背景，结合风电场投资成本构成、风电设备特点和运输车辆性能，从横向滑移和横向倾覆两方面研究了风电运输道路平曲线转弯半径的最大值及极限值，得出风机运输道路平曲线半径取值主要受稳态转弯时汽车行驶轨迹及风机叶片运输专用车辆的影响这一结论。

表 10-1　　平曲线最小半径推荐（考虑横向滑移、倾覆）

车速 V/(km/h)	一般最小半径/m	极限最小半径/m	车速 V/(km/h)	一般最小半径/m	极限最小半径/m
10	40	30	20	160	80
12	60	35	22	190	100
15	90	45	25	250	120
18	130	60			

第二种是以加宽限制为确定圆曲线最小半径的因素，如姚昕亮[13] 根据风电场设计经验提出以平曲线加宽不大于 10m 为限制条件来确定平曲线内、外弯最小半径，并计算出 750kW、1500kW、2500kW 级风机的最小半径，见表 10-2。杨永红等[16] 提出在填挖限制时，以路面加宽值为限制条件的圆曲线半径选取方法，并以道路宽度不足 3m 为例，提

出“转向后轮”和“非转向后轮”两种类型车辆在不同轴距、转角条件下的转弯半径建议值为 20～80m。

表 10-2　　加宽限制为 10m 的最小半径（加宽限制）

风机机组/kW	内弯/m		外弯/m	
	最小半径	不设加宽最小半径	最小半径	不设加宽最小半径
750	15	60	15	45
1500	25	110	20	85
2500	35	135	30	110

表 10-1 为考虑横向滑移、倾覆条件下的最小半径推荐值，表 10-2 为时速 15km/h 时以加宽限制为条件下的最小半径推荐值。对比两表中的数值可发现，表 10-2 中的半径要更小，此外考虑横向滑移、倾覆条件适用于车速较高的道路；风电场地形条件较为复杂，如果无法改变道路几何布局或消除限制能见度的障碍物，设计人员将降低速度限制，风电场道路设计车速一般为 15km/h，横向滑移、倾覆的影响较小，而由于风电设备尺大的特点，其对道路横向通行空间有更高的要求。因此，以加宽为限制的最小半径确定方法更加适用于风电场道路设计。

三、竖曲线设计

赵艳亮[23] 采用纬地三维道路设计软件基于三维地面模型，利用实时拖动技术，在计算机上动态交互式完成公路路线的平、纵、横断面设计，通过对金紫山风电场二期工程采用纬地三维道路辅助系统来绘图工作，大幅提高了工作效率；关元渊[24] 分析了风沙活动对风电场道路产生的危害，结合实际工程，阐述了沙漠地区风电场道路的选线思路和设计要点，为减少沙埋对风电场道路造成的影响，在路线纵断面设计时应采用适当高度的路堤方案；郑蓉美等[25] 在地形条件复杂的高山风电场地设计中，通过 PowerCivil 的模板设计功能，建立工程中道路需要的模板，根据工程地形生成各种道路，在横断面模板库中，根据设计需要，生成复核实际的道路模型，使道路建模更加高效，避开险峻地段，协助推进风电场场区道路三维模型的应用。

风电机组大件设备中机舱最重，因此道路的最大坡度应该以运输车辆的爬坡能力为参考，计枚选根据风电机组厂家运输手册的要求，结合多年来我国风电场建设经验，阐述了最大纵坡确定的方法，道路纵坡最大取 14%能够满足风电机组的运输要求。一般来说，在条件相对较好的地区，风电场道路平均纵坡不宜大于 5.5%。道路纵坡连续大于 5%时应设置缓和坡段，缓和坡段坡度不应大于 3%，长度不应小于 50m。

姚昕亮、杜建文等[26-27] 通过对风电场常用风机设备及国内常用风机运输车型的分析，针对汽车驱动轴上的牵引力及行驶时的阻力计算问题，提出了汽车驱动轴上的牵引力与汽车行驶时的阻力的计算公式，并以此结合汽车的驱动平衡方程，对机舱运输车辆的最大爬坡坡度值进行了计算，得到运输车辆最大爬坡倾角和最大爬坡的计算公式［式（10-13)］，通过对三类中国常用风机在不同海拔的风电场道路运输的计算，分别计算所用代表车型的最大爬坡，得出可供设计人员参考的风电场道路最大纵坡设计值，见表 10-3。

$$\begin{cases}\alpha_{\text{Imax}}=\arcsin\dfrac{\lambda D_{\text{Imax}}-f\sqrt{1-\lambda^2 D_{\text{Imax}}^2+f^2}}{1+f^2}\\ i_{\max}=\tan\alpha_{\text{Imax}}\end{cases}\tag{10-13}$$

式中　α_{Imax}——最低挡所能克服的最大爬坡倾角；
D_{Imax}——最低挡的最大动力因数；
λ——动力因数的海拔荷载修正系数；
f——滚动阻力系数；
$i_{\max}$——最大爬坡。

表 10-3　　不同级别机组所用代表车型的最大爬坡倾角及最大爬坡值

风电场海拔/m	最大爬坡倾角 α_{Imax}/(°)			最大爬坡 $i_{\max}$/%		
	1500kW	2000kW	3000kW	1500kW	2000kW	3000kW
0～500	8.749	5.537	3.31	15.4	9.7	5.8
500～1000	8.054	5.037	2.943	14.2	8.8	5.1
1000～1500	7.395	4.562	2.595	13.0	8.0	4.5
1500～2000	6.768	4.111	2.264	11.9	7.2	4.0
2000～2500	6.174	3.683	1.950	10.8	6.4	3.4
2500～3000	5.611	3.276	1.651	9.8	5.7	2.9

（1）牵引力

$$T=\frac{M_k}{r}=\frac{M\gamma\eta_{\text{T}}}{r}\tag{10-14}$$

式中　T——牵引力，N；
M_k——汽车驱动轮扭矩；
M——发动机曲轴扭矩，N·m；
γ——总变速比；
η_{T}——传动系统的机械效率；
r——车轮工作半径，m。

（2）空气阻力。

$$R_{\text{W}}=\frac{1}{2}KA\rho v^2=\frac{KAV^2}{21.15}\tag{10-15}$$

式中　R_{W}——空气阻力，N；
K——空气阻力系数；
A——汽车迎风面积；
ρ——空气密度；
v——汽车与空气相对速度，m/s；
V——汽车与空气相对速度，km/h。

（3）道路阻力。

$$R_{\text{R}}=R_{\text{f}}+R_{\text{i}}=Gf\cos\alpha+G\sin\alpha=G(f\cos\alpha+\sin\alpha)\tag{10-16}$$

式中　R_R——道路阻力，N；

R_f——滚动阻力，N；

R_i——坡度阻力，N；

G——车辆总重力，N；

f——滚动阻力系数；

α——风电场道路坡道倾角。

（4）惯性阻力。

$$R_I=\delta \frac{G}{g}a \tag{10-17}$$

式中　R_I——惯性阻力，N；

δ——惯性力系数；

G——车辆总重力，N；

g——重力加速度，m/s^2；

a——汽车加速度，m/s^2。

风机运输道路项目因运输车辆超长，纵断面设计时，为了行车安全，应对道路纵坡的变坡处竖曲线最小半径和最小长度等指标进行着重考虑，杨永红等[28]针对车辆行驶过程中不同竖曲线线性给车辆行驶带来的问题，研究得出竖曲线线最小半径和长度的计算模型，凹形竖曲线设计时，主要保证叶片甩尾悬空部分不与地面发生刮擦，得出凹形竖曲线计算模型［式（10-18）］，凸形竖曲线设计时，主要满足半挂车后仰角限制要求和缓和冲击，竖曲线长度确定主要考虑行驶时间不过短，确定适用坡差范围，得出凸形竖曲线计算模型［式（10-19）］，最后总结出不同的设计速度和坡差范围选用不同的竖曲线半径和最小长度，见表10-4，为相关设计单位提供了参考。

$$\begin{cases} R_{\min}=\dfrac{V^2}{4.1} \\ L_{\min}=\dfrac{V}{1.2} \\ D=3-\left(29.8-\dfrac{L}{2}\right)w, L\leqslant 29.8\text{m} \\ D=3-\dfrac{29.8^2}{2R}, L>29.8\text{m} \end{cases} \tag{10-18}$$

$$\begin{cases} R_{\min}=\dfrac{V^2}{4.1} \\ L_{\min}=\dfrac{V}{1.2} \end{cases} \tag{10-19}$$

式中　$R_{\min}$——最小竖曲线半径；

$L_{\min}$——最小竖曲线长度；

D——叶片尾部距地面距离，在竖曲线长度小于等于或大于叶片尾部长度两种情况分别计算距离，以不超过1m作为安全性判断条件；

R——竖曲线半径，半挂车在凹曲线行驶时，半挂车在运行过程中安全前俯角对应的最小曲线半径为98.22m，在凸曲线行驶过程中安全前俯角对应的最小曲线半径为85.94m；

L——竖曲线长度；

V——汽车行驶速度，km/h；

w——相邻两直坡段的坡度差。

表10-4　　风机运输道路竖曲线最小半径及最小长度推荐

设计速度/(km/h)	凹形曲线最小半径		凸形曲线最小半径/m	竖曲线最小长度/m
	推荐值/m	坡差/%		
5	200	$4\leqslant w\leqslant 10$	100	10
10	200	$6\leqslant w\leqslant 10$	100	12
15	200	$8\leqslant w\leqslant 10$	100	16
20	250	$8\leqslant w\leqslant 30$	150	20
25	250	$10\leqslant w\leqslant 30$	200	25
30	300	$10\leqslant w\leqslant 30$	250	30

杨文等[29]以桃花山风电场为例，针对风电场重大设备运输问题，对场内运输车辆的轴距和底盘离地高度进行充分分析。根据主要尺寸参数，分别作图确定满足风电场重大设备运输的路面凸曲线的最小半径不小于135m、凹曲线的最小半径不小于210m。在进行路面竖曲线修改时，结合公路工程相应规范的最小半径选取较大值，作为该工程路面竖曲线的最小半径；张闪林等[30]针对山区风电项目的特点，提出纵断面设计充分利用自然地形，同时考虑大件运输的需要，控制最大极限纵坡不超过运输车辆的极限爬坡能力。在避免车身底板碰地的前提下，道路竖曲线半径一般不小于300m。同时，为了节省投资，在纵断面设计时，尽量满足道路挖方、填方的工程量降到最合理的范围；马开志等[22]以实际工程为背景，针对山地风电场车辆运输所遇到的问题，对纵断面进行了全面分析，将汽车性能和交通条件综合考虑，提出了汽车等速行驶时可爬最大坡度的计算方法，并得出在实际工程中因地形条件及经济性的影响，选用纵坡极限值时可采用“前拉后推”的运输方式来增加车辆整体的动力。

第三节　风电场项目产生的水土流失

水土流失是指由于自然或人为因素的影响，雨水不能就地消纳、顺势下流、冲刷土壤，造成水分和土壤同时流失的现象。部分学者对风电场内部及周围的植被情况及土地情况进行了调查，如张力琛等[31]调查了云南省将军山风电场不同分区及周边林地、灌丛、草地和农田的植被覆盖度（*FVC*），结果表明2020年研究区归一化植被指数及植被覆盖度均值较2015年均有减少，分别降低了7.04%和10.02%；相较于2014年研究区土地利用类型转换数据，2017年林地、灌丛和草地面积分别减少了4.65%、3.95%和4.17%，农田及建设用地面积分别增加了1.73%和315.3%；Li Guoqing等[32]利用2000—2014年MOD13Q1-NDVI数据，分析了内蒙古辉腾梁风电场周围50km缓冲区的植被变化。

结果表明，在风电场区域内，风电场不利于植被生长；刘青春等[33]以辉腾锡勒草原风电场为例，通过植被样地调查和土壤理化性质分析，结果表明：风电场的建设降低了风电场内的植被生长各指标，相对于风电场外，风电场内的植被 Patrick 丰富度指数、Simpson 优势度指数、Pielou 均匀度指数、Shannon－Wiener 多样性指数、地上生物量、植被株高均减少。由上述研究可知风电场建设造成的水土流失会使耕地土壤被侵蚀、土地肥力降低、植被难以恢复，严重影响工业、农业生产，破坏当地生态环境。因此，对风电场建设带来的水土流失进行防治是十分必要的。

一、水土流失的影响因素

风电场项目产生的水土流失，总的来说，其影响因素主要有两种，一种是自然因素，即由风力、水力侵蚀造成的水土流失；另一种是人为因素，即由人类生产生活活动对地表造成破坏，损毁植被而造成的水土流失。对于造成水土流失的原因，部分学者做了以下研究：

孟宪华[34]以康平县大富山风电场工程为例，分析了该风电项目产生水土流失的因素。主要有：①发电机组及箱变区基槽开挖，打桩、临时堆放弃土、建筑物建设、设备材料堆放、输电线路埋设等，使地面裸露、表土破损破坏原地表；②施工及设备存放场地施工材料堆放等占压地表、破坏地表植被，造成水土流失；③输电线路区塔基清理、平整，开挖，塔架埋设，输电线路架设等，导致地表破损、破坏原地表；④升压站基槽开挖，打桩、临时堆放弃土、建筑物建设、设备材料堆放，使地面裸露、表土破损、破坏原地表；⑤道路修筑时扰动地表及土层结构，破损植被，造成地表裸露，局部地段形成开挖和堆垫边坡。

荀辉[35]以蒋公岭风电项目为工程背景，根据项目地类型和性质、工程布置和施工顺序、扰动特点，从不同项目组成来分析产生水土流失的因素主要有：①风电机组防治区场地平整（含挖填边坡），基础开挖，材料堆放及搬运，机械碾压及设备吊装，临时堆土存放；②输变电工程防治区升压站场地平整（含挖填边坡），基础开挖，输电线路埋设与线塔吊装；③道路工程防治区路基大量土方开挖与回填，挖填边坡的修整；④施工临时用地防治区场地平整，设备及材料的堆放、搬运，混凝土搅拌场地等。以上施工行为使原有地貌、土地及植物被损坏扰动，造成地面裸露抗侵蚀力降低，进而诱发水土流失。

孙凯[36]通过对斗山风电项目的水土流失进行分析，发现在风力发电项目建设期造成水土流失的主要因素有：①场地清理与整平，机械碾压等；②道路修筑是扰动地表及土层结构造成植被破坏，集电线路铺设土石开挖导致地表破损，破坏了原有地貌。在风电项目运营期造成水土流失的主要原因是在风电场建设完成后没有对原有生态植被进行恢复，导致其丧失原有的防护功能。

由此不难看出，风电场建设过程中会不可避免地扰动地表，损毁植被，降低植被覆盖率与土壤抗侵蚀能力，诱发或加剧水土流失。

二、风电场项目产生的水土流失的特点

1. 侵蚀形式多样性

孟宪华等[34,37-42]对不同地区的风电项目进行分析，得出风电场水土流失呈点状侵蚀、

线状侵蚀、面状侵蚀结合的特点，点状侵蚀主要集中于风电机组区、风机箱变基础开挖、回填，将扰动原地貌改变土层结构；线状侵蚀主要集中于道路工程、集电线路等表土剥离、路基填筑、路面铺设破坏原有植被及土壤，形成人工边坡及临时堆土，线路架设、杆基开挖造成临时堆土流失，扰动地表；面状侵蚀集中于风机安装场地、升压站、弃渣场等场坪施工、机械碾压和施工材料堆放等均会造成原地貌的扰动破坏，损坏地表植被。

2．时间分布不均匀性

孙继成等[43-46]对不同风电项目的不同时段的水土流失情况进行分析，发现水土流失主要发生于施工建设期。施工期所造成的水土流失具有突发性，在整个流失过程中水土流失有时轻微，有时非常剧烈。陈奥林[47]以山西汾阳孝义新阳风电场建设项目为依托，对该项目不同区域扰动后全年产沙量进行了统计，如图 10－12 所示。根据各分区扰动后各月份产沙量来看，在 6—8 月会有明显增长趋势，因为 6—8 月正是汛期，伴随着降雨量的增加，产沙量也逐渐增加，水土流失程度也愈加剧烈。

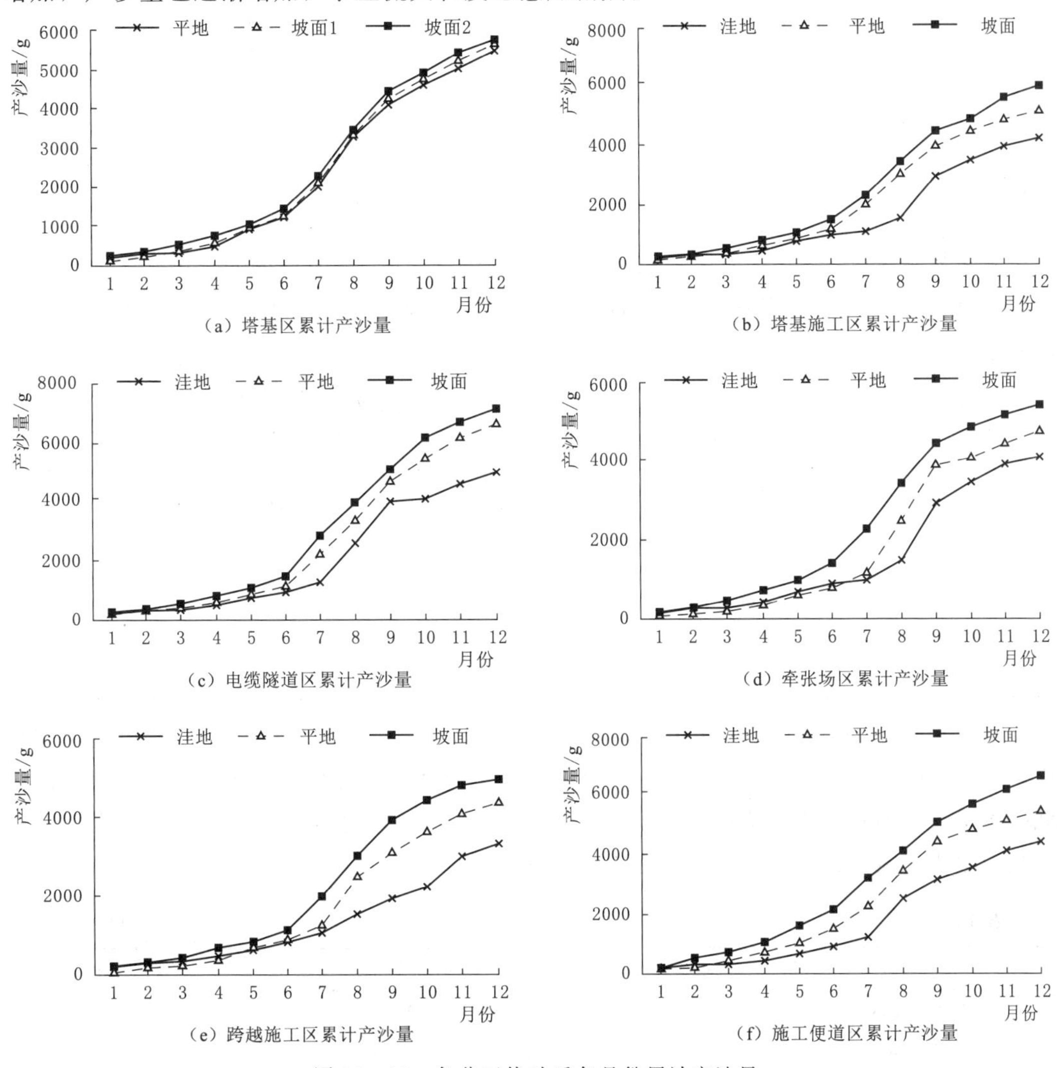

图 10－12　各分区扰动后各月份累计产沙量

总而言之，施工期产生的水土流失量最大，是水土流失最为严重时期，此外，水土流失量会随着降雨量的增大而增大，要尽量避免在雨期施工，防止水土流失加剧。

3. 空间分布不均匀性

郭少飞[48] 以姬塬风电场为例，对该风电项目不同区块的水土流失量进行了预测，如图 10-13 所示，从图中可看出该风电项目水土流失主要集中在风机设备区和道路工程区，升压站、输电线路区和施工生产生活区的水土流失量较少。

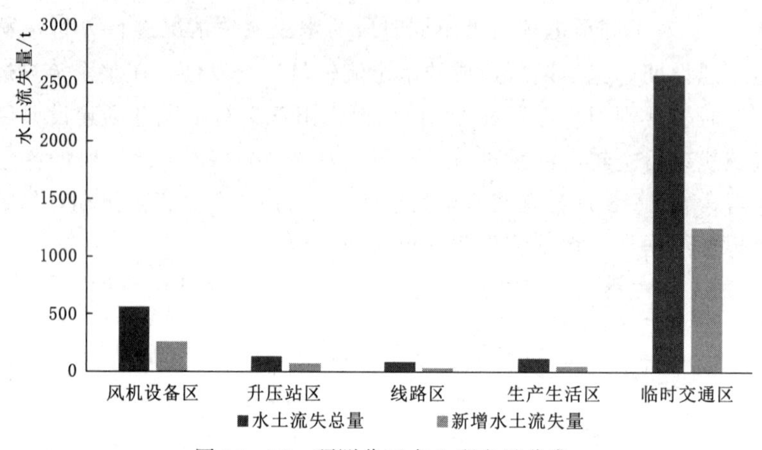

图 10-13　预测分区水土流失量分布

陈俊松等[49] 以云南大理某风电场为工程背景，统计了该项目水土保持分区面积及所占比例（表 10-5），其中，以风电场道路工程所占比例最大及面积最大，其次为弃渣场区，再次为风机机组区。

表 10-5　　项目区水土保持分区面积及所占比例

序　号	水土保持分区	占地面积/hm^2	比例/%
1	风机机组区	8.7	13.84
2	集电线路区	0.94	1.49
3	升压站区	0.94	1.53
4	道路工程区	37.56	59.73
5	弃渣场区	13.15	20.91
6	施工生产生活区	1.57	2.50

王焜平[50] 以喀左县双庙风电场为例，探讨了风电场的建设期和运营期对周边生态环境产生的影响，同时提出了风电场生态环境恢复的具体方法和措施。对比了该项目不同区域的水土流失面积和水土流失量（表 10-6、图 10-14），得出在施工建设期，施工道路区是产生水土流失的主要区域，占水土流失总量的 59%。

表 10-6　　各区域水土流失面积　　单位：hm^2

分　　区	项目建设区	直接影响区	合　　计
风机及箱变区	3.53	0.60	4.13
场内道路	14.98	9.32	24.30

续表

分　　区	项目建设区	直接影响区	合　　计
输电线路	1.17	2.53	3.70
66kV 升压站	0.54	0.00	0.54
临建场地	0.81	0.07	0.88
合计	21.03	12.52	33.55

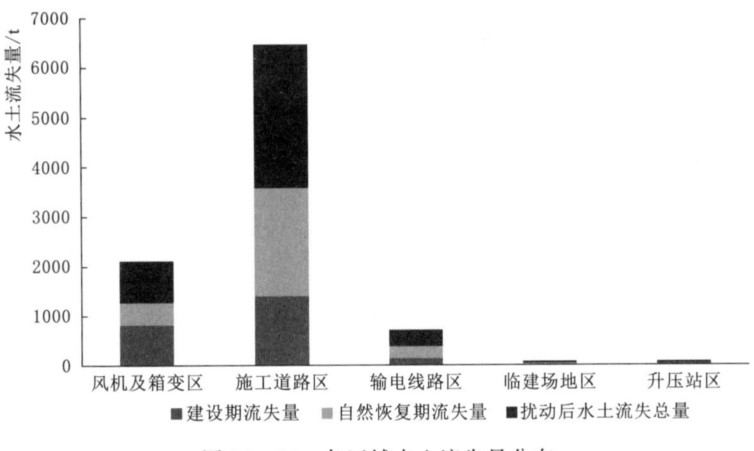

图 10－14　各区域水土流失量分布

综上所述，风电场水土流失主要集中在道路工程及风机机组区，升压站、集电线路、生产生活区水土流失较少，风电场水土流失防治应以道路工程及风机机组区为重点防治区域，升压站、生产生活区、集电线路区为次重点防治区域。

三、风电场项目水土流失强度预测

1. 水土流失预测单元划分

从进场道路、大型组装起重机的工作平台和地下电气基础设施开始，风电场的建设涉及大量的岩土工程。根据风电场建设过程中不同功能区域，分为堆垫面（土质低堆垫面、土质高堆垫面）、开挖面（土质开挖面）、平台（升压站场地、道路路面）建设。依照同一扰动类型的流失特点和流失强度基本一致、不同扰动类型的流失特点和流失强度明显不同的原则，有的学者将预测单元划分为风机工程区、升压站、施工道路、集电线路、汇流路线、施工营地，有的学者将预测单元划分为风机区、监控中心、电缆区、道路区、施工生产生活区；有的学者将预测单元划分为风机基础区、升压站区、集电线路区、施工道路区、施工生产生活区、弃渣场区、表土堆存场区；有的学者将预测单元划分为风机设备区、升压站区、线路区、生产生活区、临时交通区。

2. 水土流失强度预测

孟宪华经统计分析得出不同地区、不同地类的土壤侵蚀经验公式［式（10－20）、式（10－21）］，预测结果与实际结果相近，适用于预测辽西地区土壤侵蚀量[34]。孙继成、魏志军、郭少飞针对如何预测风电场区土壤流失量，提出了不同时段土壤流失量和新增土壤流失量的经验公式［式（10－22）、式（10－23）］，为风电场道路建设过程中将会带来的水土流失提供了强度预测，为防治措施选择、防治措施体系布设、施工进度安排和水土保持监测提供依据[43,45,48]。

以下是适用于辽西地区的土壤侵蚀模型：

盖度公式

$$E=\begin{cases}506.87-5.22C, & S<5\\ 2315.56-24.58C, & 5<S\leqslant 10\\ 4614.4-51.59C, & 10<S\leqslant 15\\ 9818.58-115.75C, & 15<S\leqslant 25\end{cases} \tag{10-20}$$

坡度公式

$$E=62.95S^{1.53} \tag{10-21}$$

式中　C——林草覆盖度；

S——坡度，(°)。

不同时段土壤流失量按下式计算

$$W=\sum_{j=1}^{2}\sum_{i=1}^{n}(F_{ji}M_{ji}T_{ji}) \tag{10-22}$$

新增土壤流失量按下式计算

$$\Delta W=\sum_{j=1}^{2}\sum_{i=1}^{n}(F_{ji}\Delta M_{ji}T_{ji}) \tag{10-23}$$

式中　W——土壤流失量，t；

ΔW——新增土壤流失量，t；

F_{ji}——某时段某单元的预测面积，$km^2\cdot a$；

M_{ji}——某时段某单元的土壤侵蚀模数，$t/(km^2\cdot a)$；

ΔM_{ji}——某时段某单元的新增土壤侵蚀模数，$t/(km^2\cdot a)$，等于扰动后土壤侵蚀模数减去扰动前土壤侵蚀模数，只计正值，负值按 0 计；

T_{ji}——某时段某单元的预测时间，

i——预测单元，$i=1, 2, 3, \cdots, n$；

j——预测时段，$j=1$、2，指施工期含施工准备期和自然恢复期。

四、水土流失防治措施

风电场建设区的水土流失防治一般分为植物措施、工程措施、临时措施，其中，植物措施应当遵循适地适树的原则，根据立地条件选择适宜的树种，根据树种的生物学及生态学特性选择相应的立地类型，同时为提高植物的防虫害能力且具有一定的观赏性，需要设置多种类植物；工程措施主要涉及各分区的土地整治和排水等问题；临时措施主要是针对临时堆土进行防护，采用草袋装土叠砌和苫布遮盖。进行水土流失防治设计时，部分学者结合工程建设时序及水土流失防治特点，对不同功能区域实行各分区合适的水土流失防治措施。通过对学者们提出的防治措施进行整理与归纳，提出风电场水土流失防治措施体系，见表 10-7。

表 10-7 风电场水土流失防治措施体系

防止分区	工程措施	植物措施	临时措施
风机基础区	(1) 浆砌石排水沟； (2) 土地整治； (3) 表土剥离与回填； (4) 浆砌石挡土墙； (5) 铺设碎石	混播草籽	(1) 临时堆土阻拦； (2) 表土临时防护； (3) 临时排水沟； (4) 临时沉砂池
升压站区	(1) 浆砌石排水沟； (2) 土地整治； (3) 表土剥离与回填； (4) 浆砌石挡土墙； (5) 浆砌石护坡	(1) 混播草籽； (2) 站区绿化； (3) 种植灌木	(1) 表土临时防护； (2) 临时排水沟； (3) 临时沉砂池
集电线路区	(1) 土地整治； (2) 表土剥离与回填	混播草籽	(1) 临时堆土阻拦； (2) 表土临时防护
施工道路区	(1) 浆砌片石排水沟； (2) 土地整治； (3) 表土剥离与回填； (4) 浆砌片石挡土墙； (5) 浆砌片石护坡	混播草籽	(1) 临时堆土阻拦； (2) 表土临时防护； (3) 临时排水沟； (4) 临时沉砂池
施工生产生活区	(1) 土地整治； (2) 挡土墙； (3) 截洪排水沟； (4) 沉砂池； (5) 浆砌石网格梁护坡	(1) 混播草籽； (2) 播撒灌木草籽	(1) 表土临时防护； (2) 苫布遮盖； (3) 临时排水沟； (4) 临时沉砂池
弃渣场区	无防护措施	(1) 混播草籽； (2) 种植乔木	临时拦挡和覆盖等防护
表土存放区	无防护措施	混播草籽	临时拦挡和覆盖等防护

第四节 风电场道路设计面临的问题及展望

一、风电场道路设计面临的问题

1. 智能选线模型约束条件不明确

智能选线模型的功能是将抽象难懂的空间信息进行有机整合，并采用 A* 算法、遗传算法、Dijkstra 算法等技术，并以选线过程中存在的干扰因素为约束条件，对道路最优路线进行求解。目前，中国在智能选线模型约束条件的选取问题上，研究者持有各自的看法，曾诗晴等[7] 以距离、坡度以及填挖方量这三种干扰因素为约束条件进行了智能选线模型的设计；周涛等着重考虑道路线形设计规范以及道路运输安全对选线的影响；王月爽[9] 以道路纵坡坡度、纵坡坡长、竖曲线转角及禁止型障碍物允许通过区域为约束条件；Longfei Wang 等[10] 更加注重时间成本对道路选线的影响；杨奎滨等[11] 选取的约束条件为时间成本、不可占用区域以及尾流叠加区域面积这三种干扰因素。由此可见，中国风电道路智能选线领域的研究专家对模型干扰因素，尚未形成统一、明确的界定。

2. 圆曲线设计指标研究采用的设计车辆种类较为单一

在道路几何设计中，设计车辆的外廓尺寸、重量、运转特性等特征作为道路几何设计的依据，对道路几何设计具有决定性控制作用。风电设备运输车辆种类繁多，目前主要采用平板叶片运输半挂车、低平板半挂车、风电叶片举升车以及后轮转向运输车等。由于不同类型车辆的外廓尺寸差别较大，故对道路设计指标的要求也有很大不同。在圆曲线设计指标研究领域中，杨永红[16] 选取叶片平板半挂车与后轮转向车为设计车辆；郭迎福[12] 选取叶片举升车为设计车辆；姚昕亮[13]，陈康东[14]、杜建文[15]、计枚选[17]、赵一鸣[19]、任腊春[21] 等学者均以叶片平板半挂车为设计车辆。由此可见，该领域研究所采用的车辆较为单一，缺乏关于特种车辆对道路设计指标影响的研究。

3. 水土流失强度预测模型不完善

风电场水土流失与环境条件密切相关，风电场当地的气象因子、植被因子以及地形因子均对风电场水土流失有着不同程度的影响。目前关于水土流失预测的研究主要是以上述三种影响中的某一个作为关键参数对风电场水土流失强度进行预测，气象因子方面，王万忠等[51-52] 用水文数据分析了相关区域水沙时空变化特征；黄志霖等[53] 用降水资料分析了不同坡度、土地利用模式和降水变化的水土流失分异；植被因子方面，S. K. Jain、钟红平、郭金停等采用 *NDVI* 指数作为植被因子指数[54-56]。地形因子方面，刘新华等[57] 提出了根据侵蚀地貌学理论拟订替代指标。由此可见，在水土流失强度预测领域，现有水土流失强度预测模型并不完善，尚未出现一种考虑综合因素影响的水土流失模型。

二、风电场道路设计展望

1. 风电道路设计智能化

道路设计是一项较为复杂的工程，在满足叶片运输要求的同时还要考虑路线选择与道路平纵横设计的整合，在其设计阶段要考虑多种因素所带来的影响。因此，为风电场道路建设开发一套设计系统，实现道路设计三维数字化、可视化是响应清洁能源发展的一项重要举措，风电行业的智能化、信息化，是未来道路交通行业和风电行业共同的发展方向。

2. 风电场区生态环境评价与生态恢复

随着科学技术的不断发展和人类社会的不断进步，保护环境已成为当今社会的热门话题，而保护生态环境则是环境保护的重中之重。目前风电场采取的水土流失防治措施的主要目的是降低水土流失对风电场工程设施造成的破坏，保证风电场的正常运行。有研究表明，风电场开发建设过程中不但造成当地水土流失，还对当地生物量造成损毁，此外从生态景观学角度来看，风电场建设还会使当地景观连续性变差。因此，对风电场水土流失进行治理的同时，对风电场建设后当地的生态环境进行评价，并根据评价结果对当地生态环境进行恢复也是未来风电场建设发展的重要方向。

3. 风电叶片运输方式多样化

为了降低能源成本，国内外有增加风力涡轮机叶片长度的趋势，这导致了制造和运输问题。许多学者对传统运输方法进行了各种改进。一种改进方法是使叶片装载位置在运输过程中可变。Jensen[58] 提出一种叶片两端悬挂，并可以各自举升的系统，这种系统可以使叶片通过小型障碍；Wobben[59] 提出在运输中通过旋转叶片的方式来通过障碍物；Nies[60] 建议使叶片倾斜装载来缩短运输车辆长度；Pedersen[61] 对上述方法进行改进，提出轻重量卡车运输时叶片尖端可以在卡车前方。另一种是将叶片进行分段运输，在直线道路上，叶片边界框的宽度和高度是主要限制因素。许多学者对如何分段以缩减组件长度进行了研究，Mikhail[62] 在最大弦长区域对叶片进行了分段尝试，但该方法会降低叶片的性能；Wobben[63]、Vronsky[64] 等认为叶片后缘段可以单独分段；此外，Siegfriedsen[65]、Judge[66]、Broome[67]、De La Rua[68]、Mark[69] 等认为叶片可以分为承载结构（翼梁）和空气动力学蒙皮两个部分，这样可以减小结构宽度。上述研究使叶片分段运输成为可能，因此，顺应风力涡轮机叶片发展趋势，对叶片运输方式进行改进，降低风电叶片运输难度，也是未来风电运输发展的重要方向。

参 考 文 献

[1] 刘伟，朱正荣．无人机航空摄影测量技术在风电场勘测设计中的应用 [J]．内蒙古电力技术，2013，31 (2)：75－79.

[2] 张杰．无人机载 LiDAR 在风电场道路勘测设计中的应用研究 [J]．风能，2019 (3)：66－71.

[3] NASSAR K，MASRY M E，OSMAN H. Simulating the effect of access road route slection on wind farm construction [C] //Proceedings of the Workshop on Principles of Advanced and Distributed Simulation. IEEE Computer Society，2010.

[4] 马风有，李凯，孟祥彬．关于卫星影像与数字化地形图在风电场中的应用研究 [J]．风能，2014 (3)：66－69.

[5] 肖剑，丛欧，郝华庚，等．BIM 技术在风电场建设中的开发应用 [J]．风能，2018 (2)：56－59.

[6] 陈可仁，王亚强．基于 GIS＋BIM 的风电场三维数字化设计系统研究 [J]．能源科技，2021，19 (4)：50－53.

[7] 曾诗晴，谢潇，张越，等．多维地形环境与风机参数约束的风电场道路优化设计方法 [J]．地理信息世界，2018，25 (3)：54－59.

[8] 周涛，朱庆，曾浩炜，等．基于多元 LP 模型的风电场道路优化设计方法 [J]．地理信息世界，2019，26 (1)：61－65，76.

[9] 王月爽．基于改进 A～*算法的山地风电场道路智能选线方法研究 [D]．石家庄：石家庄铁道大学，2021.

[10] WANG L，LIU J. Route optimization of wind turbines based on vehicle GPS data [C] //2020 Global Reliability and Prognostics and Health Management (PHM-Shanghai)，2020.

[11] 杨奎滨，杜昊天，王其君，等．风电场道路优化设计算法及应用 [J]．分布式能源，2022，7 (5)：56－62.

[12] 郭迎福，刘亦，刘厚才，等．风机叶片山地运输车辆转弯半径与道路占用分析 [J]．公路与汽运，2013 (4)：11－14.

[13] 姚昕亮．风电场道路设计研究 [D]．杭州：浙江大学，2013.

[14] 陈康东，李晓梅．丘陵地区风电场道路路线设计及要点分析 [J]．太阳能，2013 (24)：57－60.

[15] 杜建文，祁建学．风电场道路转弯半径加宽设计 [J]．低碳世界，2014 (23)：279－280.

[16] 杨永红，陈志达，王选仓，等．风电场大型风机运输道路平曲线半径指标研究 [J]．公路工程，2014，39 (6)：73－75，90.

[17] 计枚选．风电场道路参数选取与路径选择 [J]．风能，2016 (3)：52－54.

[18] 陈康东．山区风电场的道路平曲线研究 [J]．太阳能，2017 (3)：55－57.

[19] 赵一鸣．山地风电场场内道路圆曲线半径和路基宽度设计指标研究 [J]．公路工程，2018，43 (2)：124－128.

[20] 杨永红，邓卓．满足铰接列车安全通行的平曲线指标研究 [J]．华南理工大学学报（自然科学版），2019，47 (6)：87－93.

[21] 任腊春，许海楠，柴亮．AutoTURN 在西南山地风电场道路设计中的应用 [J]．水电站设计，2019，35 (4)：23－25.

[22] 马开志，周向阳．山地风电场运输道路设计要点分析［J］．南方能源建设，2018，5（S1）：172－176.

[23] 赵艳亮．纬地三维道路辅助系统在山区类风电场吊装平台设计中的应用［J］．红水河，2012，31（1）：15－18.

[24] 关元渊．沙漠地区风电场道路设计及要点分析［J］．山西建筑，2014，40（28）：156－158.

[25] 郑蓉美，王梦琤，华溪江．高山风电场道路的数字化设计研究［J］．科技资讯，2019，17（1）：79－80.

[26] 姚昕亮．风电场道路最大纵坡研究［J］．公路与汽运，2015（4）：77－79.

[27] 杜建文，祁建学．山区风电场道路设计［J］．低碳世界，2015（1）：307－308.

[28] 杨永红，侯煌，陈星光，等．山地风电场道路竖曲线最小半径和长度研究［J］．华南理工大学学报（自然科学版），2015，43（12）：85－90.

[29] 杨文，陈科辉，赵英联．浅析湖南桃花山风电场内道路设计［J］．水电与新能源，2016（2）：76－78.

[30] 张闪林，陈玲．山区风电场道路设计总结［J］．应用能源技术，2016（11）：56－59.

[31] 张力琛，范立张，马常威，等．山地风电场建设对土壤性质和植被覆盖的影响：以云南省将军山风电场为例［J］．生态学杂志，2022，41（12）：2397－2405.

[32] Li G，Zhang C，Zhang L，et al. Wind farm effect on grassland vegetation due to its influence on the range，intensity and variation of wind direction［C］//Geoscience & Remote Sensing Symposium. IEEE Computer Society，2016.

[33] 刘春青，张韬，汪超，等．风电场内外植被组成和土壤肥力质量的比较［J］．内蒙古农业大学学报（自然科学版），2020，41（2）：30－36.

[34] 孟宪华．风电场工程水土流失规律及其防治技术研究［D］．北京：中国农业科学院，2010.

[35] 荀辉．风电场工程水土流失特点及防治措施［D］．南昌：南昌大学，2017.

[36] 孙凯．山地风电场水土流失特点及防治对策［J］．科技创新与应用，2021，11（17）：99－101.

[37] 易仲强，陈小燕，魏浪，等．贵州高海拔山地风电场工程水土流失特点及防治技术初探［J］．水土保持应用技术，2013（5）：30－32.

[38] 莫莉．桂东北中低山丘陵区风电场工程水土流失特点及防治措施［J］．企业科技与发展，2014（20）：27－28.

[39] 尹晓煜．风电场项目交通道路防治区水土保持措施探讨［J］．中国水土保持，2015（7）：32－33，41.

[40] 唐琦．湖南省山区风电场项目水土保持重点防治区防治措施探讨［J］．湖南水利水电，2016（4）：86－88.

[41] 曹百会．安徽省风力发电项目水土流失特点及防治对策［J］．江淮水利科技，2017（2）：5－6，28.

[42] 贾志军，李江华．沿海地区风电场项目水土保持措施设计初探［J］．河北水利，2017（12）：28－29.

[43] 孙继成．甘肃酒泉千万千瓦级风电基地工程对生态环境的影响研究［D］．兰州：兰州大学，2011.

[44] 陈玮，史玉柱，刘刚，等．湖北省49.5MW风电场水土流失分析及保持方案研究［J］．绿色科技，2014（1）：9－11.

[45] 魏志军．利川安家坝风电场工程水土保持措施设计［D］．杨凌：西北农林科技大学，2014.

[46] 赵心畅．湘中地区望云山风电场水土保持设计［D］．杨凌：西北农林科技大学，2014.

[47] 陈奥林．山前冲积平原区风电场水土流失监测与评价研究［D］．晋中：山西农业大学，2019.

[48] 郭少飞．生态脆弱区风电场建设对环境影响及水土流失防治研究［D］．西安：西安理工大

学，2018.

[49] 陈俊松，文毅．山地风电场水土流失特点及防治对策 [J]．亚热带水土保持，2016，28 (4)：51-53.

[50] 王焜平．风电场建设对周边生态环境的影响及其恢复措施 [J]．环境保护科学，2015，41 (2)：105-108.

[51] 王万忠，焦菊英，马丽梅，等．黄土高原不同侵蚀类型区侵蚀产沙强度变化及其治理目标 [J]．水土保持通报，2012，32 (5)：1-7，305.

[52] 王万忠，焦菊英．黄土高原侵蚀产沙强度的时空变化特征 [J]．地理学报，2002 (2)：210-217.

[53] 黄志霖，傅伯杰，陈利顶．黄土丘陵区不同坡度、土地利用类型与降水变化的水土流失分异 [J]．中国水土保持科学，2005 (4)：11-18，26.

[54] JAIN S K，GOEL M K. Assessing the vulnerability to soil erosion of the Ukai Dam catchments using remote sensing and GIS [J]. Hydrological Sciences Journal，2002，47 (1)：31-40.

[55] 钟红平，王宏志．2007—2016 年湖北省归一化植被指数时空变化特征分析 [J]．华中师范大学学报（自然科学版），2018，52 (4)：582-588.

[56] 郭金停，胡远满，熊在平，等．中国东北多年冻土区植被生长季 NDVI 时空变化及其对气候变化的响应 [J]．应用生态学报，2017，28 (8)：2413-2422.

[57] 刘新华，杨勤科，汤国安．中国地形起伏度的提取及在水土流失定量评价中的应用 [J]．水土保持通报，2001 (1)：57-59，62.

[58] JENSEN J. A method for the transport of a long windmill wing and a vehicle for the transport thereof：WO2006000230 (A1) [P]. 2006-01-05.

[59] WOBBEN A. transport vehicle for a rotor blade of a wind-energy turbine：US20050031431 [P/OL]. [2024-04-22].

[60] NIES J. transport device for an elongate object such as a rotor blade for a wind turbine or the like：US8226342 (B2) [P]. 2012-07-24.

[61] PEDERSEN G. A vehicle for transporting a wind turbine blade，a control system and a method for transporting a wind turbine blade：WO2007147413 (A1) [P]. 2007-12-27.

[62] MIKHAIL A. Low wind speed turbine development project report [J]. 2009.

[63] WOBBEN A. Rotor blade for a wind Power installation：WO02051730 (A3) [P]. 2002-11-07.

[64] VRONSKY T，Hancock M. Segmented rotor blade extension portion：WO2010013025 (A3) [P]. 2010-11-04.

[65] SIEGFRIEDSEN S. Rotor blade for wind power installations：WO0146582 (A2) [P]. 2001-06-28.

[66] JUDGE P W. Segmented wind turbine blade：US7854594 (B2) [P]. 2010-12-21.

[67] BROOME P，HAYDEN P. An aerodynamic fairing for a wind turbine and a method of connecting adjacent parts of such a fairing：WO2011064553 (A3) [P]. 2012-01-05.

[68] DE LA RUA I A，PASCUAL E S，COLLADO S A. Blade insert：US83883165 [P]. 2013-03.

[69] MARK H. Modular wind turbine blade with both spar and foil sections forming aerodynamic profile：GB2488099 (A) [P]. 2012-08-22.

[70] 许金良，等．道路勘测设计 [M]．4 版．北京：人民交通出版社，2016.

[71] 孙家驷．道路勘测设计 [M]．4 版．北京：人民交通出版社，2019.

[72] 张金水．道路勘测与设计 [M]．3 版．上海：同济大学出版社，2015.

[73] 余志生．汽车理论 [M]．5 版．北京：机械工业出版社，2017.

[74] 周荣沾．城市道路设计 [M]．北京：人民交通出版社，1988.

[75] 大塚胜美，木仓正集．公路线形设计［M］．沈华春，译．北京：人民交通出版社，1981.
[76] 日本道路协会．日本公路技术标准的解说与运用［M］．王治中，张文魁，冯理堂，译．北京：人民交通出版社，1980.
[77] 汉斯·洛伦茨．公路线形与环境设计［M］．中村英夫，中村良夫，编译．尹家骅，赵恩棠，张文魁，等译．北京：人民交通出版社，1984.
[78] 杨少伟．道路立体交叉规划与设计［M］．北京：人民交通出版社，2000.
[79] 高速公路丛书编委会．高速公路规划与设计［M］．北京：人民交通出版社，1998.
[80] 国外道路标准规范编译组．道路交叉口安全设计指南［M］．北京：人民交通出版社，2006.